流域水环境风险管理技术与战略研究

符志友　主编

科学出版社

北京

内 容 简 介

本书基于"十三五"国家水体污染控制与治理科技重大专项的相关研究成果，包括对支撑流域水环境风险管理的关键技术集成、研究与应用实践，并针对我国流域水环境风险管理面临的挑战，进行机制、思路、政策体系框架等方面研究的成果总结。本书内容以水环境风险为主，主要从水环境风险评估、重点行业风险管控、水环境风险管理机制与战略三大方面进行阐述，涵盖突发与累积性水环境风险，为流域水环境风险防控提供关键技术、管理思路等方面的支持，为推进将国家水环境风险管理纳入常态化管理，构建全过程、多层级的水环境风险管理体系提供参考。

本书可供水环境风险管理学科科研人员及相关政府部门工作人员，以及环境科学、环境工程等专业的本科生和研究生参考。

审图号：苏S（2023）28号

图书在版编目（CIP）数据

流域水环境风险管理技术与战略研究 / 符志友主编. —北京：科学出版社，2023.12

ISBN 978-7-03-077313-5

Ⅰ. ①流… Ⅱ. ①符… Ⅲ. ①流域-区域水环境-风险管理-研究-中国 Ⅳ. ①X143

中国国家版本馆 CIP 数据核字（2023）第 255769 号

责任编辑：郭允允 李 洁 / 责任校对：郝甜甜
责任印制：徐晓晨 / 封面设计：图阅社

科学出版社 出版
北京东黄城根北街 16 号
邮政编码：100717
http://www.sciencep.com
北京中科印刷有限公司印刷
科学出版社发行 各地新华书店经销
*
2023 年 12 月第 一 版 开本：787×1092 1/16
2023 年 12 月第 一 次印刷 印张：14 1/4
字数：340 000
定价：158.00 元
（如有印装质量问题，我社负责调换）

前　　言

　　风险管理一词主要运用于金融投资领域，在环境保护领域它还是一种较新的管理理念与管理方式。20 世纪 60 年代以来，环境污染对生态系统安全与健康的损害大大超过自然界的自我修复能力和已有技术的修复能力。环境风险的提前防范化解逐渐引起环境管理者的关注，90 年代后欧美等发达国家和地区在相关政策法规中明确了环境风险防范的原则，环境风险管理被认为是环境管理发展的高级阶段。

　　环境风险管理是环境管理发展到一定阶段的必然要求，突发污染事故及数以万计的有毒有害污染物的管控，用常规的标准管理都难以根本解决，主要体现在两方面：一是管理成本问题，环境风险如果从潜在的危险转变为现实压力则会极难防范和化解，一旦转化为突发污染事件则损失和代价极大，事实上，环境风险可以说是一个中性词，如果提前管控防范化解，意味着收获或收益，如果没有进行有效管控导致环境事故或灾难发生，则将面临重大损失；二是管理效率问题，数以万计的化学污染物不可能都按照化学需氧量（COD）、氨氮等常规污染物的管控方式全部制定环境质量标准与排放标准，进行日常监管。2018 年全国生态环境保护大会，习近平总书记提出"要把生态环境风险纳入常态化管理，系统构建全过程、多层级生态环境风险防范体系"，为我国推进环境风险管理工作提供了目标与遵循。纵观我国生态环境管理工作近 40 年的发展，是不断从排放浓度管理、总量控制向以环境质量改善为核心的管理转变的发展历程。近十多年来，我国水环境管理由总量管理—质量控制—风险管控的战略转型已逐渐形成共识。

　　为了加强支撑环境风险管理，国家水体污染控制与治理科技重大专项（简称水专项）从"十一五"以来就布局了相关的研究工作，"十一五"期间布局了突发性水环境风险管理的相关工作，"十二五"期间布局了累积性水环境风险管理的相关工作，"十三五"期间对"十一五"以来的相关工作进行集成，围绕有毒有害污染物的风险管理开展了关键技术与成套技术研究、应用与推广实践，并对管理的机制、政策体系框架与战略路线等进行了研究。国内同行也围绕着水环境风险管理的政策框架、关键技术、管理机制、标准规范等方面开展了大量的研究工作，取得了重要成果。虽然近年来相关工作进展显著，但由于起步晚，要推进我国的环境风险管理，还有大量的工作要做，例如支撑技术规范等还比较少、与现行管理体系的有效衔接还需要进一步厘清和加强，相关体制与机制还需要进一步完善，面临的突出问题与挑战还比较多，有技术层面的，也有管理政策层面的，亟须进一步攻坚克难。水环境风险管理是一项系统工程，在解决好短期突出问题的同时，进一步加强战略统筹逐级推进。在突发性风险防控方面，我国体制与制度优势在突发事故应急处置中得到体现，需要进一步完善相关的法规制度和应急预案，加强监管落实相关预案和管理办法的实施；在累积性风险防控方面，结构型、布局型污染以及沉积物等在环境介质中的累积，难以在短期内得到根本解决，相关支撑技术突破也不可能一蹴而就，需要管理体系顶层设计与技术框架、工作程序先行，做好风险评估，长期抓早抓小以消除隐患，避免发生灾难性水生生态系统破坏和重大健康危害事件。在本书成稿之际，很高兴看到国务院已发布《新污染物治理行动方案》，标志着在治理传统污染物的同时，非常规有毒有害污染物的治理也正式提上了议事日程，这将会从法规制度建设、调查监测与风险评估制度、源头与过程管控、末端治理等方面对我国水环境有毒有害污染物的累积性风险防控产生重大而深远的影响。

本书是在水环境风险管理关键支撑技术、技术应用模式、管理机制与战略路线等方面所做的一些研究探索、实践与思考，希望能抛砖引玉，为接下来深入研究解决阻碍水环境风险管理工作的关键问题提供技术支持与应用经验参考。通过阅读本书，读者在拓展知识的同时，可提升对水环境风险管理的认识和理解。全书共 6 章，各章执笔人员分工如下：第 1 章由符志友、孙宇巍、次仁卓嘎、赵津仪执笔；第 2 章由佟宇俊、李慧珍、裴媛媛、鲍恋君、游静执笔；第 3 章由郭昌胜、刘铮、陈月芳、吕佳佩、孙善伟执笔；第 4 章由张衍燊、於方、只艳、周夏飞、李超执笔；第 5 章由徐泽升、王鲲鹏执笔；第 6 章由符志友、只艳、张衍燊、冯承莲、吴代赦、赵晓丽、鲁红玥、项硕、郭飞、刘泉利、籍瑶、周俊丽执笔。全书由符志友、孙宇巍统稿并审定。

本书得到了水专项"流域水环境风险管理技术集成"课题与"国家水体污染控制与治理技术体系与发展战略"课题的资助，感谢在项目研究与成书过程中做出贡献而在本书中未提及的工作者。水环境风险管理是一个多学科综合的领域，涉及环境科学、环境毒理学、环境管理学等领域，在国内外都属于相对前瞻性的研究领域，近年来相关研究与管理工作不断取得新突破及新进展。由于作者知识水平有限，书中不足之处在所难免，请广大读者批评指正。

《流域水环境风险管理技术与战略研究》编委会

2023 年 3 月

目　　录

第1章 水环境风险管理的发展及需求

近三四十年来国际上环境风险管理取得较大发展，标志着环境管理由传统的污染后末端治理逐渐向污染前预防管理的战略转型，20世纪70年代以来，欧美各工业化国家较好地解决了常规污染问题，先污染后治理的沉重代价以及零风险的环境管理逐渐暴露出局限性，美国与欧盟于20世纪90年代提出环境风险管理的相关理念和政策，目的是通过较小的代价来减少环境风险，通过对环境风险的识别、分析、评估，研究并实施各种控制环境风险的预警、对策和处置方案等。

在我国，环境风险管理工作尤其是突发环境事件的防控是国家环境保护工作强调严守的底线，防控生态环境风险是国家重大需求，近10年来，我国水环境质量持续好转，但水环境风险防控形势不容乐观。环境公报统计数据显示，从2005年吉林石化双苯厂车间爆炸事故到2020年黑龙江伊春鹿鸣尾矿库泄漏污染事故，过去10多年间生态环境部直接参与调度处置超过1000次，约有50%属于水环境污染事件；我国多种重金属矿产在过去10年的产量均居世界首位，目前化学品产量约占全球的1/3，流域污染负荷巨大；典型流域水环境突发风险隐患突出，习近平总书记2018年在深入推动长江经济带发展座谈会上的讲话指出，长江经济带内30%的环境风险企业位于饮用水源地周边5公里范围内。

1.1 水环境风险管理的基本概念与内涵

1.1.1 环境风险

风险一词由来已久，我国古代渔民出海捕鱼时，有风即意味着危险，因此有风险一说。风险的英文risk一词来源于意大利语中的risco和法语中的risque，产生于早期的航海贸易和保险业中，risco的意思是撕破（rips），源于暗礁（reef）或礁石（rock），指在深海中运行的货船所具有的危险性。16世纪以来有关风险的表述进一步明确，表示可能发生的危险和尚未发生的灾难。环境风险主要是指生态系统受一个或多个胁迫因素影响后，产生不利生态后果的可能性，包括自然灾害引起的结构与功能的损害，以及环境污染引起的生态系统安全与健康损害，是具有隐蔽性、不确定性的潜在危险。《环境科学大辞典（修订版）》（周生贤等，2008）中提出，环境风险是"由人类活动引起或由人类活动与自然界的运动过程共同作用造成的，通过环境介质传播的，能对人类社会及其生存、发展的基础环境产生破坏、损失乃至毁灭性作用等不利后果的事件的发生概率"。本书所提的水环境风险主要是指环境污染风险，包括突发性和长期累积性的污染风险，突发性风险主要是指人为因素导致的水环境污染事故，累积性风险主要是指水环境中污染物长期累积释放或食物链传递进而危害水生态和人群健康的可能性，累积性风险如果得不到有效防控也会向突发性风险转变。例如，20 世纪日本长期的镉污染和汞污染分别引发骨痛病和水俣病等重大突发环境危害事件；我国在 2020 年启动编制的《重点流域水生态环境保护规划》，已将突发性风险和累积性风险作为水环境风险防控的主要内容。

1.1.2　水环境风险管理

风险管理最早起源于 20 世纪 20 年代，多应用于金融领域，在其发展过程中，由于不同学者对风险管理出发点、目标、手段和管理范围等强调的侧重点不同，从而形成了不同的学说，其中最具有代表性的风险管理学说有美国学说和英国学说。美国学者通常从狭义的角度解释风险管理，他们把风险管理的对象局限于纯粹风险，且重点放在风险处理上；英国学者对风险管理的定义侧重于对经济的控制和处理程序方面；不同阐述是从不同的角度来理解风险管理的，都具有一定局限性。现代的风险管理已经从一门技术、一种方法逐步发展完善成为一门管理学科，在此发展过程中，形成了许多较为成熟且全面的定义。按照有关风险管理的概念，可以把环境风险管理看作风险管理在环境保护领域的应用，它既可以看作一种特殊的管理功能，又可以归为风险管理学科的分支学科。

环境风险管理指由环境管理部门、企事业单位和环境科研机构运用各种先进的管理工具，通过对环境风险的分析、评价，考虑到环境的种种不确定性，提出供决策参考的方案，力求以较少的环境成本获得较多的安全保障。事实上，环境风险管理作为常规管理发展到一定阶段的必然转型，其内涵与金融风险管理是一致的，都强调投入与效益，实现最经济化的管理，体现在加强评估预警，管控高风险。大多数机构认为环境风险管理是基于环境风险评估的结果，采取的防范和化解环境污染风险决策和措施等，例如美国环境保护局（EPA）将风险管理定义为明确是否管理风险和如何管理风险的过程，风险管理的主要目的是确定可能存在的环境风险，并据此确定保护人体健康和环境的最佳风险管理措施。

我国现有标准规范文件与相关研究工作对环境风险管理的内涵进行了不同维度的剖析。《风险评估术语和释义》（刘兆平等，2018）从化学品暴露风险评估的角度，将环境风险管理定义为"结合某危害因素的风险评估信息，考虑相关的政治、社会、经济以及技术因素而进行的决策制定过程，以便制定、分析和比较管理和非管理的备选方案，并针对该危害选择和实施适宜的监管措施"。《生态文明建设大辞典：第一册》（祝光耀和张塞，2016）一书中对环境风险管理进行了定义，即"根据环境风险评价结果，按照相关的法律法规，在可接受的风险及损害水平之上，综合考虑各种因素的影响，采用适合的管理机制，制定风险防范、安全管理、风险减缓以及风险应急措施并付诸实施，从而降低或消除风险，以达到保护资源环境、生物健康以及生态系统安全的目的"。同时提出，环境风险管理主要有三种类型，即环境风险的减轻、转移及避免。《流域水环境风险管理技术与实践》（郑丙辉等，2016）认为环境风险管理不同于常规环境管理，提出"为改善水环境质量和保障水环境安全，一方面需要建立以水环境容量为基础的水污染物总量控制管理体系，实现从浓度管理和目标总量控制向质量管理和容量总量控制的转变；另一方面需要构建水环境风险评估与预警技术体系，实现水环境从常规管理向风险管理的转变。水环境风险管理需要构建水环境风险监控、评价和预警体系，基于全面准确地把握各类基础信息开展管理工作"。

本书所提的水环境风险管理主要针对河湖水环境污染风险，尤其是有毒有害污染物环境污染对人群和生态系统健康的危害，事实上近年来我国颁布/修订的《中华人民共和国水污染防治法》和《水污染防治行动计划》，以及《重点流域水生态环境保护规划》中提及的水环境风险都主要是针对有毒有害污染物环境污染。根据医学统计资料，在致癌因素中有毒化学物质污染占 60%以上（林玉锁，1993；USEPA，2002）。王金南等（2013）认为目前我国重金属、危险废物、持久性有机污染物、化学品等环境风险问题突出，其是环境风险的重点防控对象，他们提出要系统考虑环境风险防控的主体、对象、过程、区域等要素，以及法律、法规、政策、标准、基准和相关基础研究等保障与支撑措施，构建"四位一体"的国家环境风险防控与管理体系。吴丰昌和查玮（2014）提出"环境风险管理是管理的最高阶段，特点是强调风险防范、事先评估和预防决策，而环境风险评估和预警是风险管理的关键技术与基础，目前的重点工作就是在我国已有的浓度和总量控制基础上，加强流域尺度上包括常规污染物在内的众多有毒有害污染物及其累积毒性效应的水环境风险评估，强化风险防范和预警，从源头上进行主动管理，促进我国环境向风险管理战略转变"。

1.2 水环境风险管理的发展

国际上环境风险管理体系是针对发展过程中出现的实际问题逐渐建立起来的。突发性风险方面始于早期应对洪水、地灾等自然灾害，在摸索中逐渐完善，以问题为导向完善相关法规制度，累积性风险方面起源于对职业污染管理、健康风险的重视，从健康风险防控逐渐拓展到生态环境风险领域，从 20 世纪 70 年代开始不断完善累积性风险防控相关政策法规，80 年代在国际重大突发环境事件频发的背景下，开始集中出台并不断完善突发性风险防控的相关政策法规。我国水环境突发性风险防控工作起步较晚，但自 2005 年松花江水污染事件以来取得了长足进步，尤其是突发性环境风险的应对充分发挥了制度优势，形成了以"一案三制"为核心的环境应急管理模式，累积性风险防控方面主要以综合管理的方式，以问题为导向，通过化学品准入管理、环境影响评价、排污许可等机制统筹推进，在《中华人民共和国水污染防治法》《水污染防治行动计划》等政策法规的支持下不断深化，目前新污染物的环境风险管理工作已启动，环境风险综合管理的覆盖面显著提升，逐渐向纳入常态化管理的方向发展。

1.2.1　美国水环境风险管理的发展历程

美国的环境风险管理起源于对健康风险的重视，并且长期以来以健康风险防控为重点，20 世纪 90 年代以后逐渐拓展到生态环境风险领域。美国的风险管理主要从有毒物质生产、加工运输、排放处理几方面进行管理。在环境管理活动中，环境风险防范的思想渗透到众多领域，并在环境管理决策中得到普遍的体现。相关法律法规基础比较完善，许多环境相关法律都涉及风险防范的内容，如《有毒物质控制法》《联邦危险物质法》《应急计划和社区知情权法》《危险物品运输法》《清洁水法》《安全饮用水法》《综合环境反应、赔偿和责任法》（俗称《超级基金法》）等，联邦政府发布了解释性裁决、政策声明和指导性文件指导规范各地区、各领域的工作。在环境管理发展的过程中，美国逐渐意识到源头风险防控的重要性。例如，1990 年美国 EPA 发布了题为《减轻风险：环境保护重点和战略的确定》的报告，标志着风险管理成为美国环境管理的重要策略；再如，美国于 2008 年修订《全国响应预案》为《全国响应框架》，强调风险管理在预防、保护、减除、响应、恢复五个领域的作用，以五大框架来建立相应的预案，改善了传统的预案仅涉及响应预案的不足。

针对突发性环境风险的应对，20 世纪 40 年代以来发生的系列重大公害事件，如洛杉矶光化学烟雾事件等，促使美国开始高度重视突发性环境污染应急，1969 年美国的凯霍加河燃烧污染事件等推动了 1970 年《清洁空气法》和 1972 年《清洁水法》的相继颁布实施，并催生了 1970 年美国 EPA 的成立。美国应急处置工作总体上由安全应急管理部门总负责，环境事件的应对没有从其他安全生产事件中独立出来。例如，美国于 1979 年设立了直属总统领导的联邦紧急管理局（Federal Emergency Management Agency，FEMA），协调其他 27 个联邦政府机构应对各种突发应急事务，经历了无头管理—多头管理—集中管理的发展过程；美国突发环境事件的应对主要遵循基层化解的原则，中央政府层面主要通过统一的应急反应部门负责支援协调等工作，上级管理部门统一制定决策，基层部门负责各司其职分散实施，同时动员和吸收非政府组织参与应急管理，形成以地方政府直接处理为节点的扁平化应急网络，只有当地政府解决不了时，才请求上一级政府提供物资、技术、人员等方面的必要帮助。在事件发生后的损害评估及经费支持方面，美国已建立了一套基本完备的生态环境损害评估程序，1980 年通过的《超级基金法》为事后损害赔偿、公共资金支持等方面提供了法理依据，在生态环境损害的计算上美国主要基于补偿性原则而不带惩罚色彩。政策法规方面，在印度博帕尔氯气泄漏、莱茵河危化品污染等重大环境事件影响的大背景下，1986 年美国颁布了对其突发环境风险防控影响较大的《应急计划和社区知情权法》，明确了应急管理部门职责，落实安全风险防范责任，为保障安全事故高效处理提供了有力支持，通过强制的信息传递减少公众对突发事件的恐惧并加强了公众对应急处理的参与。《应急计划和社区知情权法》带来的影响还体现在两方面：①基于《应急计划和社区知情权法》，建立了有毒化学物质排放清单（toxic release inventory，TRI）制度，美国 EPA 据此制定并发布"国家有毒化学品清单"，要求制定应对极危险物质（EHS，包括甲醇和 350 多种其他有毒物质）释放的地方应急计划，以便为公民和地方政府提供关于危险化学品使用、生产或储存的信息，要求拥有 10 个或 10 个以上的雇员，生产、制造或使用含规定数量的有毒化学品的设施的所有者和经营者每年向美国 EPA 提交包含有毒化学品生产、处置、排放量信息的"有毒物质排放表"；1990 年，美国国会又通过了《污染预防法》（PPA），要求工业企业报告有毒化学物质的废物管理信息和削减源排放活动信息。②《应急计划和社区知情权法》实施后，美国本土又陆续发生了多起化工事故，这让国会认识到仅由地方实施应急制度并不能有效防范化工事故发生，因此 1993 年建立了 EPA 直接负责的风险管理计划（risk management plan，RMP）制度，发布《化学品事故防范法规/风险管理计划综合指南》，针对 77 种有毒物质和 63 种易燃物质控制清单与临界量标准对企业进行三级分级管理，将超过危险物质临界量的企业划分成三级，对其提出基本的预防要求，对于 2 等级、3 等级增添了针对性的附加要求，并提出一套风险管理计划。

　　针对新化学品进入市场可能导致累积性环境风险，美国分别于 1947 年、1976 年发布《联邦杀虫剂、杀菌剂与杀鼠剂法》（FIFRA）、《有毒物质控制法》（TSCA）两项联邦法律，旨在从源头防止有毒物质生产及下游使用排放对环境生物和人体健康造成的潜在风险。1970 年，随着美国 EPA 的成立，FIFRA 将农药管理的责任从美国农业部转移到了美国 EPA，这两项法律都要求企业在开始生产化学物质之前通过登记通知美国 EPA，并向美国 EPA 提交测试数据和其他产品信息，要求美国 EPA 依据成本效益方法来决定是否监管该产品，同时授权美国 EPA 禁止或限制新的和现有的产品市场准入。FIFRA 和 TSCA 立法意图明确，但实际实施效果并不理想。农药再登记过程十分缓慢，法律实施的几十年中登记的成千上万种农药产品均未依照现代标准复审过，只有少数的农药被暂停、注销或限制。TSCA 未对生产企业开展新化学品毒性测试进行强制性要求，致使美国 EPA 缺乏足够的数据来识别新化学品的潜在健康和环境风险，现有化学物质的风险评估工作烦琐、耗时且成本高昂导致据此开展的监管只能针对有限的化学物质；TSCA 历经 40 年后于 2016 年首次进行修订，该修订对企业提供化学品测试数据提出了更高要求，原 TSCA 要求美国 EPA 只有发现某化学品可能给环境或健康带来高风险时，才能要求企业对该化学品危害特性进行测试，并且规定除非美国 EPA 认定某化学品不安全，否则该化学品就可以进入市场；修订后的法规赋予美国 EPA 更多权限，以便在化学品风险评估和优先级评定时获取足够的化学品测试信息，使化学品安全评估完全基于科学事实，同时规定只有美国 EPA 认定某种新化学品的安全性后，才能允许其进入商业市场，这一要求本质上提高了化学品管理要求，强化了企业的主体责任。

　　针对企业向水体排放污染物的累积性风险，美国 1977 年修订了《清洁水法》，该法成为控制美国污水排放的基本法规，授予美国 EPA 建立工业污水排放标准的权力，其最成功的污染防控职能之一是禁止未经许可的点源污染，要求污染者取得国家污染物排放削减许可证，由美国 EPA 制定全国适用的以可行性污染控制技术为基础的排污限制标准，并据此对个体污染源发放排污许可证。《清洁水法》监管有毒物质排放的方法有国家污染物排放削减许可证制度和每日最大负荷总量（total maximum daily load，TMDL）控制制度。国家污染物排放削减许可证制度是美国水污染防治法的基础和核心。该制度主要是管制点源排放污染物进入美国水域，许可证提供了两个层次的控制：以技术为基础的限制和以水质为基础的限制。①基于技术的标准。美国 EPA 首先确定待削减的有毒物质排放的最佳可行技术（BAT），然后要求废水排放单位使用最佳可行技术处理废水，将有毒污染物排放削减到可能的水平，有毒污染物主要筛选出了 65 类有毒化学物作为当前控制的重点。最佳可行技术反映了行业内污染控制最好的企业所能达到的污染削减水平，美国 EPA 需要至少每 3 年调查一次排污执行情况，并每 5 年更新一次基于技术的排污许可。此外，要求企业在 1984 年 7 月 1 日之前必须采用最佳可行技术标准处理有毒污染物，对新列入名单的有毒污染物必须在 3 年之内遵守最佳可行技术标准，后来这个有毒污染物名单扩展到涵盖 34 个主要企业行业的 126 种优先控制有毒污染物。②基于水质的标准。当基于技术的排放标准无法充分削减有毒污染物时，各州政府分别设定基于水质的排放标准，从而实现保护水体功能的总体目标。基于水质的标准是当受纳水体水质达标时，采取反退化措施，当不达标时，实施总量控制，采取措施分配或削减污染物产生量。③TMDL：实施基于技术和水质的标准都无法使受纳水体达标时，《清洁水法》要求各州在其各自行政辖区内，鉴定并列出水质受损水体的污染物清单，并按危害优先等级排序，在此基础上针对目标污染物制定 TMDL 计划。TMDL 是指某一特定污染物可以被排放进入水体而保证水体仍能满足水质标准的最大可允许负荷量，由点源污染物分配（WLA）、非点源污染负荷分配（LA）以及一个安全限度阈值组成。

针对污染物进入水环境后的累积性风险，《清洁水法》规定了水体功能作为美国水环境管理的最终目标，通过对点源和非点源污染控制实现水体功能目标，美国先后制定了相应的水质标准和水质基准，各州政府将按照这些标准和基准，对州内的水环境实施管理，以实现水体功能目标。《清洁水法》第 101 条明确规定了水环境保护的目标，即"恢复和保持国家水体化学、物理和生物的完整性"。虽然到目前为止这两个目标都没有达到，但美国并未因为没有达到目标而受到指责。相反让公众意识到水污染是一个很严重的问题，需要做更多的努力才能实现这一目标。因此《清洁水法》一直得到公众的大力支持，为美国水环境保护工作指明了方向。风险评估方面，美国十分重视环境风险评估，在长期的基础研究与实践当中，逐渐建立起了比较完善的健康风险评估、生态风险评估方法体系。在早期健康风险评估研究的基础上，美国 EPA 于 1992 年提出"生态风险评估框架"，并对其进一步完善修订后，于 1998 年颁布《生态风险评估指南》，确立了生态风险评估 3 步法的框架体系，即问题描述、问题分析和风险表征，20 世纪 90 年代后期至 21 世纪初，生态风险评估逐步向区域生态风险评估发展。在水体综合生物毒性评价方面，美国 EPA 提出毒性鉴别评价（toxicity identification evaluation，TIE）技术，通过物理化学方法改变污染物的生物可利用性，识别不同类别污染物的毒性效应，并于 2007 年发布适用于废水、环境水体和沉积物中污染物识别的标准方法，可以实现对复合污染主要致毒污染物类别（氨氮、重金属和有机污染物）的识别。由美国 EPA 开展的生态风险评估主要应用于以下方面：以控制新型工业品生产为目的的风险评估，由《有毒物质控制法》（TSCA）约束开展；以控制新型农药为目的的风险评估，由《联邦杀虫剂、杀菌剂与杀鼠剂法》（FIFRA）约束开展；以保护和恢复生态资源为目的的点源污染风险评估，由《资源保护及恢复法案》（RCRA）约束开展。联邦环境风险管理工作由美国 EPA、农业部、食品药品监督管理局、商检局 4 个机构主要负责开展；各州环境风险评估管理由各相应分支机构开展。

1.2.2　欧盟水环境风险管理的发展历程

风险防范是欧盟国家立法、执法等环境保护活动中重要的原则之一，同时，环境风险评估被视为风险防范原则能否适用的选择依据之一。欧盟国家相关立法主要起源于职业污染防范和职业健康保护等领域，然后逐渐过渡到环境污染风险防范。1992 年颁布的《马斯特里赫特条约》（简称"马约"）将风险防范上升到欧盟宪法性原则，2000 年欧盟通过了《关于环境风险防范原则的公报》，为环境风险防范特别是环境风险评估制定了明确有效的指南。欧盟的环境风险管理与安全管理联系较为紧密，特别关注化学品与工业污染事故防控。通过化学物质的控制立法，出台了一系列的条例、指令和决定，以预防原则开展危险化学品管理。

对于突发性环境风险的防控，1976 年意大利塞维索二噁英泄漏事故造成了极其严重的人员伤亡和环境污染，促使欧洲于 20 世纪 80 年代开始通过系列《塞维索指令》加强对企业突发性风险的识别分级管控，通过明确危险化学品临界值进行分类分级管控，突出环境风险管理的针对性与高效性。1982 年发布的《塞维索指令 I》针对过程安全管理，旨在预防重大事故对人和环境的影响，划定了危险化学品低级临界值和高级临界值；后续在 1996 年进行了修订，修改和扩大了指令的使用范围，规定了 34 种（类）化学品的临界量，要求危险物质储存量在 25000t 以上的企业要制定应急预案；2012 年欧盟发布《塞维索指令 III》更新到 48 种（类）化学品的临界量。在突发环境事件后的损害评估方面，欧盟将环境违法的严重程度与其造成的环境损害的数额进行关联。对于环境污染事件应急，欧洲国家做得比较好的主要有以下几方面：一是应急工作层次与分工明确。例如，英国政府的"金、银、铜"3 级应急处置机制，"金级"由相关政府部门主要解决"做什么"的问题，以召开会议的形式运作；"银级"由事发地相关部门解决"如何做"的问题，直接管控所属应急资源和人员；"铜级"由现场指挥处置的人员负责具体实施应急处置任务，直接管理应急资源。二是注重专业队伍与普通公民结合的救援培训和教育制度，很多发达国家建立了较为完善的警察、消防、环保、海上及海岸警卫、通信及电力保障等突发事件应急专业队伍，同时强化公民应急培训和教育，建立了完整的紧急救援教育或培训基地，建立了多种专业的志愿者组织。三是重视信息共享与沟通机制，国际上高度重视应急救援的信息收集共享的及时性与畅通性，从而加强联邦各部门之间、联邦与各州之间以及国家与各国际组织间在灾害预防领域的协调和合作。例如，德国成立了共同报告和形势中心，负责优化跨州和跨组织的信息和资源管理；荷兰成立了统筹危机管理行政问题的国家信息中心；西班牙民防局成立了信息共享和集成程度较高的信息和通信协调中心；比利时成立了由相关部门信息传播管理人员或发言人组成的国家联络中心。

针对新化学品进入市场可能导致累积性环境风险，欧盟的风险评估主要从化学品的综合管控出发，综合考虑生态环境及人体健康，主要通过《化学物质注册、评估、授权和限制条例》（REACH 法规）对化学品进入市场进行源头防控；为履行《基辅污染物释放与转移登记制度议定书》的要求，欧盟于 2006 年颁布了《关于建立欧洲污染物释放与转移登记制度的法规》（No.166/2006），建立了欧盟污染物排放与转移的登记制度（E-PRTR）。2007 年 6 月 1 日起欧盟实施的 REACH 法规对化学物质生产者、使用者的有关义务与行为进行了规定，针对可能进入水体的有毒物质，REACH 法规旨在促进化学物质危害信息与风险评估透明化，通过授权和限制减少有毒物质进入市场，从而尽可能减少有毒物质的排放，保护人类健康和环境。

针对企业向水体排放污染物的累积性风险，20 世纪 70 年代以来，欧盟相继出台了一系列的水政策，其目的是缓解、停止并逐步消除人类活动对水体的影响，保证人民群众和环境健康，促进经济社会的可持续发展。1973 年，欧盟制定第一项环境行动计划，对水资源进行独立管理和保护。与美国相似，欧盟的水环境风险管理也源于对健康风险的重视，1975 年欧盟颁布《欧洲水法》并制定了饮用水的水环境质量标准。1975～1980 年，为改善境内不断恶化的自然水体，欧盟主要关注公共卫生并制定了水环境保护目标，以确保水体质量能满足生产生活的安全使用（Kaika and Page，2003）。1980～1990 年，欧盟更加关注污染源头控制，对汞、镉、六氯环己烷和特殊危险物质（滴滴涕、五氯苯酚）等污染物的排放限值做出统一规定。1991～2000 年，欧盟开始关注城市废水和农业径流造成的污染，先后发布了有关城镇污水处理厂污水处理、农业面源硝酸盐污染控制、植物保护产品、自然栖息地和野生动植物保护的指令。1993 年欧盟发布的《生态水质指令》（COM93680）第一次提出通过点源和扩散源污染的举措改善所有地表水体的生态环境质量（Giakoumis and Voulvoulis，2018）；1996 年欧盟通过了《综合污染防治指令》，建立了一套完整的可交易许可证，特别规定工业生产过程中涉及有害物质使用、生产或排放，要求经营者在开始安装运行或获得许可证之前必须提供环境本底报告，确保对污染的综合预防与控制，2008 年该指令被重新修订，提出了对工业污染源排放控制要求，确立了针对有排污潜能的工业项目的审批要求及发放许可的程序，该指令从 2011 年开始被欧盟《工业排放指令》（2010/75/EU）替代，新指令要求欧盟成员国采取一切必要措施，确保产生污染的工业活动包含在许可证范围内，许可条件应以最佳可行技术为基础设定。欧盟国家需将排放控制与最佳可行技术方法结合在一起，从源头控制污染，从而确保欧盟国家境内水体达到良好的水质状态，当水质无法达到要求时，则需要减少企业的排污许可，最终实现水环境保护目标。

针对污染物对水环境的累积性环境风险，影响最大的政策法规是 2000 年 12 月欧盟颁布的《水框架指令》（Water Framework Directive，WFD）（2000/60/EC），这是在莱茵河与多瑙河等大型河流治理成功经验的基础上建立起来的欧盟水资源管理核心法令，虽然 WFD 在具体实施等方面仍存在各种问题，但在系统治理观、对水生态的重视、将水资源管理的重点放在目标设定上等方面具有很强的前瞻性，具有立法法理严密、评估系统科学、实施路径可操作性强、时间明确等优点。事实上在 WFD 之前，欧盟的水环境管理的重点抓手主要经历了环境水质标准、工业点源排污标准、综合指令统筹管理等，WFD 是欧盟整合许多零散的水资源管理法规后形成的统一的水资源管理框架，在水管理范畴、工作开展方式及任务实施上都实现了新的突破。为了达到良好状况的水体管理目标，WFD 将化学指标作为评价水体质量的重要内容，要求欧盟委员会针对具有显著水生环境风险的物质制定优先污染物和优先危害物质清单，提交关于逐渐消除释放和排放的控制建议及时间表，采取特别的污染防控措施；制定优先污染物清单的目标是削减其排放，并每 6 年对优先污染物清单进行更新，优先污染物识别后，要求在 2 年内制定地表水、沉积物和生物体环境质量标准（EQS），以及排放标准和控制措施；制定优先危害物质清单是为了实施更严格的防控措施，以防止对淡水、滨海和海洋环境的污染影响；优先危害物质主要是指具有 PBT 特性及同等关注的物质，要求在 20 年内停止释放或逐步淘汰（周林军等，2019）。优先污染物的筛选遵循预防原则，综合考虑化学物质的危害性和暴露水平两方面，通过欧盟指令，或针对水生生态毒性和经由环境的人体健康靶向风险评估确定，或通过识别化学物质的危害性、在环境中广泛检出和生产使用量、使用方式等可能导致环境普遍污染的因素，以及公约履约的简化评估程序确定。2001 年欧盟根据 COMMPS 程序进行计分排序，综合考虑了污染物在环境中的暴露含量、污染物的自身特性及毒性效应，第一次发布了优先污染物清单（2455/2001/EC），共包含 33 种化学物质，取代了《危险物质指令》（76/464/EEC）中的物质清单；2008 年，欧洲议会和理事会制定并发布了优先污染物和优先危害物质的水环境质量标准（2008/105/EC），替代并废除了汞、镉、六氯环己烷等多项污染物的排放限值指令；2013 年欧盟发布《水框架优先污染物修订指令》（Directive 2013/39/EU），该指令对 2008/105/EC 做出了修改和进一步完善，制定了 45 种优先污染物和 9 种优先危害物质的水环境质量标准，WFD 要求欧盟国家境内水体达到良好的水质状态，并通过调整排污许可限值来实现预期的水环境质量目标。此外，《水框架优先污染物修订指令》提出了观察清单，要求建立不超过 10 种潜在高风险物质的观察清单，并确定监测介质，在部分监测站开展不超过 4 年的环境监测，每两年更新一次观察清单，排除无风险的优先污染物（Carvalho et al.，2015），为实时掌握水体其他优先污染物的风险状况，动态调整水环境监管污染物提供了科学依据。在水体综合生物毒性评价方面，欧盟主要倡导效应导向分析（effect-directed analysis，EDA）技术，根据有机污染物的物理化学性质进行提取分离，识别不同污染物活性组分的毒性效应，虽未发布标准，但有成熟的方法流程，可以实现具体致毒有机污染物的识别，TIE 与 EDA 结合基本能实现对流域主要已知/未知污染物的风险识别。

1.2.3　中国水环境风险管理的发展历程

我国水环境风险管理处于起步发展阶段，但还未纳入常态化环境管理。与国际上相似，我国对水环境风险管理工作的推进也因一些突发污染事故而逐渐受到重视，1971 年北京官厅水库发生水质污染导致死鱼事件，国务院成立官厅水系水源保护领导小组，于 1973 年提出以预防为主的建设项目"三同时"制度（曲格平，2012），并于 1979 年在通过的《中华人民共和国环境保护法（试行）》中规定项目先评价再建设，20 世纪 90 年代我国重大项目的环境影响报告中普遍开展了环境风险评估；《中华人民共和国环境影响评价法》和《规划环境影响评价条例》分别于 2003 年和 2009 年通过并实施，环境影响评价制度在风险源的环境准入及底线宏观管理上发挥了重要作用；2005 年松花江水污染事件后，我国大力完善突发环境事件应急法规体系和管理体制，并于 2006 年和 2007 年相继通过了《国家突发环境事件应急预案》和《中华人民共和国突发事件应对法》；基于我国环境风险防控的严峻形势，2011 年《国家环境保护"十二五"规划》明确将环境风险防控作为一项重要任务全面推进，2016 年《"十三五"生态环境保护规划》强调要实行全程管控，有效防范和降低环境风险，提升风险防控基础能力，2018 年的全国生态环境保护大会提出将环境风险管理提高到纳入常态化管理的更高要求。

在突发性风险防控方面，我国政府出台了相关法规政策文件，环境应急预案管理体系也逐渐完善。例如，《中华人民共和国突发事件应对法》（2007 年）规定了我国各级人民政府应当对危险源、危险区域进行调查、登记、风险评估，定期进行检查、监控、应急处置等工作要求；《国家突发环境事件应急预案》（2006 年发布，2014 年修订）为突发环境事件应急预案的制定提供了模板；《突发环境事件应急管理办法》（2015 年）对企事业单位的风险管理责任提出了具体要求，这些法律法规和政策文件积极推动了突发环境风险防控和应急处置工作。此外，相关部门发布了多个支撑技术标准并不断修订完善，例如，《危险化学品重大危险源辨识》（GB 18218—2018）、《企业突发环境事件风险评估指南（试行）》《企业突发环境事件风险分级方法》（HJ 941—2018）、《行政区域突发环境事件风险评估推荐方法》《事故状态下水体污染的预防与控制技术要求》（Q/SY 1190—2013）、《水体污染事故风险预防与控制措施运行管理要求》（Q/SY 1310—2010）等，支撑了相关工作的具体实施。总体上，我国对突发环境风险防控高度重视，相关政策法规不断完善，已经基本形成了由国家、部门、地方、企事业单位组成的环境应急预案管理体系，并明确了地方政府的主体责任与企业风险防范的责任与要求。

在累积性风险防控方面，除了《中华人民共和国环境影响评价法》外，我国目前主要有两部重要法规政策对水环境风险管理提出了明确要求，2015 年国务院发布的《水污染防治行动计划》规定要严格环境风险控制，要求定期评估沿江河湖库工业企业、工业聚集区环境与健康风险；2017 年发布的《中华人民共和国水污染防治法》要求通过公布有毒有害水污染物名录实行风险管理，要求企业对排污口和周边环境进行监测评估，并采取有效措施防范环境风险。生态环境部主要围绕化学品风险管理、建设项目环境影响评价与新污染物治理开展了系列工作：①针对化学品进入市场的风险管控，发布了《新化学物质环境管理登记办法》（2010 年发布，2020 年更新），对新化学品进行登记与风险评估提出要求；2016 年发布《清洁生产审核办法》对排放毒害污染物的企业实施强制性清洁生产审核；2017 年会同多部委发布了《优先控制化学品名录（第一批）》（包括 22 种污染物），要求采取纳入排污许可、实行限制措施和清洁生产审核等风险管控措施，降低化学品的生产、使用对健康和环境的重大影响；针对毒害污染物进入水体，先后颁布了系列污染物排放标准，并且发布《有毒有害水污染物名录（第一批）》，规定通过公布有毒有害水污染物名录实行风险管理，要求企业对排污口和周边环境进行监测评估，并采取有效措施防范环境风险。②针对建设项目的环境风险防控，通过《中华人民共和国环境影响评价法》和《规划环境影响评价条例》对建设与规划项目实施后的环境影响进行评估并提出对策及措施，后来陆续发布几十项系列技术导则支撑了环境影响评价方面的风险防控，涉及水环境风险防控的相关技术指南如《环境影响评价技术导则　地表水环境》（1993 年发布，2018 年修订）和《环境影响评价技术导则　地下水环境》（2011 年发布，2016 年修订）等。③针对有毒有害污染物的风险综合管控，多年来社会各界的呼声一直很高，2020 年 10 月的十九届五中全会上强调要重视新污染物治理，此后国家“十四五”相关发展规划和打好污染防治攻坚战的相关部署等都不断推进新污染治理的相关工作，2022 年 5 月国务院发布《新污染物治理行动方案》，针对国内外广泛关注的持久性有机污染物、内分泌干扰物、抗生素等新污染物加强治理，这是深入打好污染防治攻坚战要延伸深度、拓展广度的具体体现，在与水环境领域已有工作的结合上，可能最直接的是有毒有害水污染物名录将进一步得以拓宽并动态发布，而从综合防控的角度看，行动方案将会从法规制度建设、调查监测与风险评估制度、源头与过程管控、末端治理等方面对我国有毒有害污染物的治理产生重要而深远的影响。

在管理支撑理论技术研究方面，我国环境风险管理研究近 10 年开展了大量工作，但针对水环境风险管理战略对策方面的研究报道相对较少，相关学者针对管理制度体系完善和应急处置技术水平提升（袁鹏和宋永会，2017；徐泽升等，2019；朱文英等，2019a；赵玉婷等，2020；李翔等，2020；王红梅等，2016）、化学品及危险废物风险管理的需求和管控（于相毅等，2013；赵静等，2020；黄启飞等，2018）等方面进行了广泛深入的研究探讨。例如，林玉锁（1993）提出要根据我国的实际情况建立风险评估制度，立足于国内，加强与风险评估有关的基础研究；宋国君等（2006）提出加强重点风险源直接管理等方面的环境风险管理制度建设建议；于相毅等（2013）提出以优先控制化学品为出发点的“由点及面”化学品拓展管理思路；曹国志等（2016）提出从完善法律法规体系、健全环境治理体系、加强全过程管理机制建设、强化基础支撑能力建设等方面着手构建高效的环境风险防范体系；毕军等（2017）提出从法律法规、标准指南、应急能力、基础研究、科技支撑等方面建立和完善环境风险管理支撑体系与环境风险交流体系。国家科技研发项目相继布局了相关课题进行研究，例如，国家水专项“十一五”以来围绕水环境风险管理的关键支撑技术开展研究，比较有针对性地着眼于突发污染事件防控与化学污染物管控这两大环境管理难题，分别于"十一五""十二五""十三五"期间开展了突发性风险防控技术的研发示范、累积性风险评估预警技术研发示范、流域水环境风险管理技术集成与应用，形成水环境风险评估相关技术规范草案和建议稿等共 50 余项，初步构建了流域水生态环境风险管理技术体系，在三峡库区、太湖流域、辽河流域和东江流域建立风险评估及预警系统并实现业务化运行。相关研究成果为推进我国水环境风险管理提供了理论、技术及应用支持与储备。

1.3　我国水环境风险管理的挑战

目前我国水环境管理由浓度控制、总量控制、水质管理向风险管理转变的发展趋势和战略转型已逐渐形成共识，在突发性风险和累积性风险防控方面开展了相关支撑理论技术研究并取得积极进展，国家生态文明"四梁八柱"的顶层设计以及相关研究成果为推进我国水环境风险管理奠定了良好的工作基础，但现阶段要将风险管理纳入常态化管理还存在系列突出问题亟须解决（符志友等，2021）。

1. 法律法规要进一步完善加强

我国目前涉及水环境风险管理法规制度的建设虽然取得了积极进展，但总体上环境风险管理在环境管理体系中的地位相对较弱，部分关键环节和风险防控的可操作性及力度不够。例如，《中华人民共和国水污染防治法》关于有毒有害水污染物的规定，形成了我国水环境风险管理的基本制度，但是相关规定过于原则、笼统，系统性、整体性和协同性还比较欠缺，未明确有毒有害水污染物风险管理的总体思路和实施路径；又如，《有毒有害水污染物名录（第一批）》落实了《中华人民共和国水污染防治法》要求"公布有毒有害水污染物名录，实行风险管理"的规定，对水环境毒害污染物的风险管理意义重大，但名录中的污染物数量还比较有限（包括重金属 5 项，有机物 5 项），随着源头防控与污染治理工作的推进，名录需要不断完善更新，让排污责任主体自行监测评估并采取防范措施难以保证执行效果，名录中提出了纳入排污许可制度管理、实行限制措施和实施清洁生产审核及信息公开制度的管控建议，但尚未落实到生态环境管理工作中；此外，环境影响评价法针对风险防控的着力点在准入制度上，规定对规划和建设项目实施后的环境影响进行评估并提出对策和措施，但对项目建设完成后跟踪评估的规定相对弱化。

2. 管理体系顶层设计的几个衔接问题

（1）常规污染物管理、化学品管理、水环境风险管理的衔接问题：主要反映在地表水环境质量标准、优先控制化学品名录和有毒有害水污染物名录的关系。我国现行的《地表水环境质量标准》（GB 3838—2002）的 24 项基本限值中，有毒有害污染物包括 8 项重金属和 3 项有机污染物，每月监测排名并考核，该标准的实施多年来对我国水质改善起到了重要作用,虽然针对集中式生活饮用水源地的特定项目限值中包括 69 种有机物和 10 种重金属,但其不属于一般地表水环境常规监测的指标;目前我国发布的两批优先控制化学品名录主要是根据其毒性和危害性,发布的《有毒有害水污染物名录(第一批)》主要是从优先控制化学品名录中筛选出来的,二者是单向从属关系,但有毒有害水污染物名录重点管控的依据不仅是其毒性大或产量高,还应综合考虑对流域水生态安全和人群健康危害大的高风险污染物,通过有针对性的风险防控措施,将重大环境危害解决在未萌发状态;此外,环境风险管理的关键环节是管控关口前移,对水环境风险高的有毒有害水污染物应纳入优先控制化学品名录,通过管控高风险源,解决末端治理投入过大的问题。因此,水环境质量标准主要着力于常规污染物的污染评估,优先控制化学品名录主要着力于化学污染物未进入市场/水体之前的把关,有毒有害水污染物名录主要着力于排污口毒害污染物的排放,三者各有侧重,互相衔接。

(2)国家有毒有害水污染物名录、流域有毒有害水污染物名录之间的衔接问题:其核心是应做好"一刀切"与"切一刀"的衔接问题,虽然国家制定发布了有毒有害水污染物名录,但名录主要是以排污口为风险管控抓手,国家层面的名录难以代表各大流域区域排污口污染排放特征,不同流域区域排污口风险污染物存在较大差异,水污染物名录针对排污口风险管理的精准性问题需要考虑,各流域需要开展复合污染风险评估并识别高风险污染物,制定流域的风险污染物清单,流域区域有毒有害水污染物名录可以作为国家名录的补充,在科学化的基础上进一步实现精准化管理。

(3)基于技术的排污许可管理与基于风险评估的精细化排污管理的衔接问题:其核心是做好"自上而下"和"自下而上"风险管控的相互衔接,水环境风险管理的目标是有效管控有毒物质通过水环境对公众健康和水生态环境的风险,涉及化学品风险管理、有毒有害水污染物的排放管理以及危险废物的风险管理,因此,实施流域水环境风险管理,需要综合利用多种管理措施,抓住优先管理的物质、流域、行业并管细管透,其中实现基于技术的排放管理向基于水质的排放管理的转变是关键,在全面实施基于技术的排放限制的基础上,逐步实施基于水质的排放限制,将有毒有害污染物排放要求纳入排污许可证,严格控制有毒有害污染物排放。

3. 支撑技术规范有待提高

在突发性风险防控方面,自 2005 年松花江水污染事件后,针对特定情境的突发水污染事件应急处置技术取得了积极发展,但是如何在已有的技术和实践经验基础上构建我国突发水污染事件应急处置技术体系仍存在很多困难,如应急处置技术的研究基础薄弱,在机理、技术、工程实施以及设备研发等方面缺乏长效的研究投入和成果转化机制,应急处置标准缺失,应急处置技术储备不足,复杂环境及极端气候条件下常规水处理技术的适用性较差等问题。例如,2015 年甘肃锑污染和 2020 年黑龙江钼污染事件,暴露出针对锑、钼等水体非优控污染的应急处置技术研究储备比较薄弱的问题。在累积性风险防控方面,近年来随着高通量分析和毒性鉴别评价(卜庆伟等,

2016；Helbling et al., 2010； Kadokami et al., 2013；Goldberg et al., 2018；李慧珍等，2019；Wolf et al., 2005；You et al., 2008；Li et al., 2013；Cheng et al., 2020；Wu et al., 2013）等技术方法的不断发展，进一步提升了识别评估高风险目标污染物和非目标污染物的科学性，但近 10 年发布的环境风险评估与评价相关标准还较少，涉及饮用水源地环境保护状况评估、建设项目地表水与地下水环境影响评价、化学物质的生产使用及进出口管理登记、环境健康风险评估总纲和尾矿库环境风险评估通则，但未直接针对水环境风险识别评估预警，缺乏规范化的流域水环境风险评估成套支撑技术指南体系，尚不能支撑流域水环境风险全过程防控。自"十一五"以来，国家水专项开展了突发性风险防控技术的研发示范、累积性风险评估预警技术研发示范、流域水环境风险管理技术集成与应用，初步构建了流域水生态环境风险管理技术体系，形成水环境风险评估相关技术规范草案和建议稿等共 50 余项，但正式发布的还比较少。

4. 突发性风险方面责任主体主动性不够

在实施监管层面，我国已发布的《企业突发环境事件风险分级方法》（HJ 941—2018）等技术标准支撑了相关工作的实施，我国集中力量办大事的制度优势和强大的动员能力优势，在突发环境风险防控中得以体现，重大水环境突发污染事件都得到了妥善处置，但是在风险防范方面仍存在一定的漏洞，具体的突出问题是企业风险防范自主性差，突发事故防范处罚成本低，对企业风险防范措施落实的日常监管这"最后一公里"还没打通。例如，《安全生产事故隐患排查治理暂行规定》第二十六条对于生产经营单位违反规定、未制定事故隐患治理方案等行为的由安全监管监察部门给予警告并处三万元以下的罚款，违规成本相对较低，企业普遍存在侥幸心理，应急预案的污染防控措施落实不到位，但发生环境突发事故时产生的损失将远超过罚款金额。2015 年天津港危化品燃爆事故中，由于涉事企业未能严格履行《危险化学品安全管理条例》及相关突发环境事件应急预案的要求，对化学品的基本信息、操作处置与储存、泄漏应急措施等 16 项重要信息未做到公开透明，致使应急救援人员无法在第一时间采取恰当的应急处置措施。由于一些企业责任主体不够重视，应急预案审查、应急演练和应急人员考核等没有严格要求，例如，2017 年甘肃锑污染和 2020 年伊春鹿鸣尾矿库泄漏事件中，企业应急预案也没有发挥到较好的应急处置作用。目前引导责任主体主动防控风险的倒逼机制和长效机制尚未建立，近年来水生态损害评估取得显著进展，地表水和沉积物的生态环境损害鉴定评估技术指南已发布，而环境污染责任保险的推进由于法律保障缺失、支撑技术不足等多方面的原因仍步履维艰（朱文英等，2019b）。

5. 累积性风险方面风险底数不清

我国是化学品生产和使用大国，长期以来粗放式发展积累形成的以重化工为主的产业结构，是水环境突发污染事件频发和累积性风险隐患突出的根源所在，全国现有化工生产经营单位 20 余万家，化学品产量约占全球的 1/3，进入市场的 4 万多种化学品中，有 3000 多种列入危险化学品名录，化学物质种类多、分布广、底数不清，环境和健康风险隐患大，直接影响经济社会持续发展。目前流域水环境风险评估方面开展的主要是一些科学研究工作，尚未统筹开展系统的风险评估，累积性风险底数不清，流域重点排污口及周边有毒有害污染物的环境风险评估工作亟须系统开展，以便将宝贵的监控资源集中在生态环境风险高的区域及污染物上。此外，河湖沉积物中污染物不断累积，存在较大不确定性的安全隐患（何佳等，2019；员晓燕等，2013），例如，长江和辽河沉积物中检测出有机污染物多环芳烃类 17 种，其中有 11 种被美国 EPA 列为优先控制污染物，6 种被我国列为环境优先污染物"黑名单"（Li et al.，2013；许士奋等，2000）；调查数据显示，我国江河湖库底质的污染率已经超过 80%，河湖沉积物是重要的累积风险源，也是流域风险识别与污染溯源的重要载体，但河湖沉积物的污染环境监管成为水环境管理的一个盲区，目前地表水环境质量标准中尚无沉积物质量标准，风险评估不确定性较高。

6. 风险防控体系和防控能力现代化需要提升

我国高度重视环境风险防控过程信息共享与交流机制。一方面，针对跨多领域的重大突发环境事件，建立国务院统筹的事件应对过程信息共享与交流机制，尤其是一些突发环境事件如沿江化工厂爆炸等，涉及安全生产、环保、住房和城乡建设、水利等部门，建立一个集中的信息共享与通信协调中心，对于避免事件信息迟报漏报、加强上下游及跨界事件高效应急处置、舆论导向至关重要，同时要明晰各部门责任边界并加强宣传，统分结合，在此基础上加强协作；另一方面，环境应急的专业性较强，要加强与消防等部门的协调沟通，避免处置不当导致污染扩大等问题，例如针对涉及有毒危化品的火灾事件，尤其是发生在沿河湖区域，如果用沙灭火技术可行，可以避免消防水的二次污染。同时，我国河湖流域众多，而且不同流域污染特征及风险因子存在明显差异，环境污染风险的信息量很大，但各大流域风险信息数据存在分散化和"部门私有化"等诸多难题，难以统筹掌握流域高风险区和风险污染物信息加强累积性风险监管防控，在突发性污染事故应急处置时耗费大量人力、物力和财力且比较被动。例如，当某一流域发生突发污染事故时，对于流域水生生物区系分布情况、污染物的流域环境背景值、水生态毒理数据、基准/标准/可接受风险阈值、监测数据、影响预测、环境风险与损害评估、应急预案及应急处置技术及经验案例库等的统一调用，目前尚缺乏实现大数据共享及智能防控的风险防控综合数据平台支持。此外，在环境风险防控中价格、税收、商业保险等经济手段的充分应用，公众参与等方面还有很多可加强的空间。

参 考 文 献

毕军, 马宗伟, 刘苗苗, 等. 2017. 我国环境风险管理的现状与重点. 环境保护, 45(5): 13-19.
卜庆伟, 王东红, 王子健. 2016. 基于风险分析的流域优先有机污染物筛查: 方法构建. 生态毒理学报, 11(1): 61-69.

曹国志, 贾倩, 王鲲鹏, 等. 2016. 构建高效的环境风险防范体系. 环境经济, (S1): 53-58.

符志友, 张衍燊, 冯承莲, 等. 2021. 我国水环境风险管理进展、挑战与战略对策研究. 环境科学研究, 34(7): 1532-1541.

何佳, 时迪, 王贝贝, 等. 2019. 10 种典型重金属在八大流域的生态风险及水质标准评价. 中国环境科学, 39(7): 2970-2982.

黄启飞, 王菲, 黄泽春, 等. 2018. 危险废物环境风险防控关键问题与对策. 环境科学研究, 31(5): 789-795.

李慧珍, 裴媛媛, 游静. 2019. 流域水环境复合污染生态风险评估的研究进展. 科学通报, 64(33): 3412-3428.

李翔, 汪洋, 鹿豪杰, 等. 2020. 京津冀典型区域地下水污染风险评价方法研究. 环境科学研究, 33(6): 1315-1321.

林玉锁. 1993. 对我国开展环境风险评价的一些看法. 环境导报, (1): 14-15.

刘兆平, 周萍萍, 张磊, 等. 2018. 风险评估术语和释义. 北京: 中国质检出版社.

曲格平. 2012. 曲格平谈《环评法》: 意义重大, 任重道远. 环境保护, (22): 7-9.

宋国君, 马中, 陈婧, 等. 2006. 论环境风险及其管理制度建设. 环境污染与防治, 28(2): 100-103.

王红梅, 郑丙辉, 席春青, 等. 2016. "互联网+"时代的环境风险评估探讨. 中国环境管理, 8(4): 65-70.

王金南, 曹国志, 曹东, 等. 2013. 国家环境风险防控与管理体系框架构建. 中国环境科学, 33(1): 186-191.

吴丰昌, 查玮. 2014. 风险评估与预警是环境管理必然趋势. 中国环境报, 8(2): 1-4.

徐泽升, 曹国志, 於方. 2019. 我国突发水污染事件应急处置技术与对策研究. 环境保护, 47(11): 15-18.

许士奋, 蒋新, 王连生, 等. 2000. 长江和辽河沉积物中的多环芳烃类污染物. 中国环境科学, 20(2): 128-131.

于相毅, 毛岩, 孙锦业. 2013. 我国化学品环境管理的宏观需求与战略框架分析. 环境科学与技术, 36(12): 186-189.

员晓燕, 杨玉义, 李庆孝, 等. 2013. 中国淡水环境中典型持久性有机污染物(POPs)的污染现状与分布特征. 环境化学, 32(11): 2072-2081.

袁鹏, 宋永会. 2017. 突发环境事件风险防控与应急管理的建议. 环境保护, 45(5): 23-25.

赵静, 王燕飞, 蒋京呈, 等. 2020. 化学品环境风险管理需求与战略思考. 生态毒理学报, 15(1): 72-78.

赵玉婷, 李亚飞, 董林艳, 等. 2020. 长江经济带典型流域重化产业环境风险及对策. 环境科学研究, 33(5): 1247-1253.

郑丙辉, 李开明, 秦延文, 等. 2016. 流域水环境风险管理技术与实践. 北京: 科学出版社.

周林军, 张芹, 石利利. 2019. 欧盟优先水污染物与环境质量标准制定及其对我国的借鉴作用. 环境监控与预警, 11(1): 1-9.

周生贤, 王文兴, 任阵海, 等. 2008. 环境科学大辞典(修订版). 北京: 中国环境科学出版社.

朱文英, 曹国志, 王鲲鹏, 等. 2019a. 我国环境应急管理制度体系发展建议. 环境保护科学, 45(1): 5-8.

朱文英, 曹国志, 於方, 等. 2019b. 全面推进环责险仍需强化制度保障. 环境经济, (S1): 33-37.

祝光耀, 张塞. 2016. 生态文明建设大辞典: 第一册. 南昌: 江西科学技术出版社.

Carvalho R N, Ceriani L, Ippolito A, et al. 2015. Development of the First Watch List under the Environmental Quality Standards Directive. Brussels: European Commission Directorate General Joint Research Centre.

Cheng F, Li H, Ma H, et al. 2020. Identifying bioaccessible suspect toxicants in sediment using adverse outcome pathway directed analysis. Journal of Hazardous Materials, 389: 121853.

Giakoumis T, Voulvoulis N. 2018. The transition of EU water policy towards the Water Framework Directive's integrated river basin management paradigm. Environmental Management, 62(5):819-831.

Goldberg C S, Strickler K M, Fremier A K. 2018. Degradation and dispersion limit environmental DNA detection of rare amphibians in wetlands: Increasing efficacy of sampling designs. Science of the Total Environment, 633: 695-703.

Helbling D E, Hollender J, Kohler H E, et al. 2010. High-throughput identification of microbial transformation products of organic micropollutants. Environmental Science & Technology, 44(17): 6621-6627.

Kadokami K, Li X, Pan S, et al. 2013. Screening analysis of hundreds of sediment pollutants and evaluation of their effects on benthic organisms in Dokai Bay. Japan Chemosphere, 90(2): 721-728.

Kaika M, Page B. 2003.The EU Water Framework Directive: Part 1. European policy-making and the changing topography of lobbying. European Environment, 13(6):314-327.

Li H, Sun B, Chen X, et al. 2013.Addition of contaminant bioavailability and species susceptibility to a sediment toxicity assessment: Application in an urban stream in China. Environmental Pollution, 178: 135-141.

USEPA. 2002. Guidance on Cumulative Risk Assessment of Pesticide Chemicals That Have a Common Mechanism of Toxicity. Washington DC: United States Environmental Protection Agency.

Wolf W, Siebel-Sauer A, Lecloux A, et al. 2005. Mode of action and aquatic exposure thresholds of no concern. Environmental Toxicology and Chemistry, 24(2): 479-485.

Wu F, Mu Y, Chang H, et al. 2013. Predicting water quality criteria for protecting aquatic life from physicochemical properties of metals or metalloids. Environmental Science & Technology, 47(1): 446-453.

You J, Pehkonen S, Weston D P, et al. 2008. Chemical availability and sediment toxicity of pyrethroid insecticides to *Hyalella azteca*: Application to field sediment with unexpectedly low toxicity. Environmental Toxicology and Chemistry: 27(10): 2124-2130.

第 2 章 流域水环境复合污染生态风险评估

2.1 流域水环境复合污染生态风险管理研究现状

2.1.1 我国流域水环境复合污染风险管理现状及科技需求

来自居民生活、工业和农业等排放源的多类污染物长期积累，使得我国流域水环境问题呈现典型复合污染现状。水环境中众多污染物及其降解产物共存，它们彼此又存在加和、拮抗、协同等复合效应，导致流域水生态风险评估复杂化，不确定性增加，局限了风险管理机制的研究。生态风险评估（ecological risk assessment，ERA）是指在生态系统或其部分暴露于一种或多种胁迫物时，对其出现不良结局的可能性（概率）开展定性/定量评估的过程，通常包括风险问题形成、风险分析和风险表征 3 步，其中风险分析包括暴露分析和效应分析。我国现有生态风险评估与管理的研究主要针对单个/单类污染物，从化学品风险评估的角度开展。这种单一化学品的研究角度，在评估复合污染条件下的水生态风险时不确定性高，故而需要从综合生态效应角度出发评估复合污染导致的生态风险。此外，流域具有空间异质性，不同区域的复合污染状况可能存在较大差异。因此，流域水环境复合污染生态风险评估，首先要识别高风险区域以重点防控，其次在该区域内识别关键风险因子（致毒污染物），最后以关键致毒物为重点，开展多层级生态风险评估，为精准风险管控提供科学支撑（李慧珍等，2019）。

对于流域生态风险管理者，注重眼下生态风险管控过程的同时，也需着眼于流域的未来风险动态变化趋势。结合我国实际国情，流域水污染相比其他发达国家，往往具有更高的复杂性，故此在开展流域水环境复合污染生态风险评估时，需要充分了解风险的来源和态势，不仅要考虑外部风险输入源，评估流域内部的综合生态风险，而且对复合污染风险的成因也需要进行深层次的探讨。由于我国不同区域，经济发展状况、气候、地质背景等均有较大差异，不同地区所用评估模型和指标体系也不尽相同，迄今仅少数地区有相对成熟的流域水生态风险评估的应用案例。因此，为有效实施流域水环境风险管理，亟须建立完善适用于不同流域特征的评估框架和原则，以及能描述时间和空间尺度发展变化的流域水环境复合污染生态风险评估模型。

针对流域水环境复合污染特征，发展有效的生态风险评估方法体系，对水环境管理和污染防治具有重要意义。故此，本章对近年来国内外在复合污染生态风险评估方面的研究进行了梳理和总结，并在此基础上提出流域水环境复合污染生态风险评估的基本框架，以便为我国水环境污染风险管控提供方法支撑。

2.1.2　国内外流域水环境复合污染风险评估技术进展

　　开展流域水污染管控和治理修复的前提是对研究区域的生态风险进行有效评估，精准识别关键致毒污染物是准确评估和合理管控生态风险的关键环节。迄今为止，在美国化学会（American Chemical Society）数据库注册化学品已超过 1.9 亿种，其中正在使用的化学品超过 10 万种，这些化学品最终都可能进入环境中。然而，只有小部分化学品在环境中曾被识别和定量（几千种），而加入优控污染物清单，并进行常规监测的污染物则更为稀少（几十到几百种）。当区域污染物来源相对清晰的情况下，通过选择适合的目标污染物开展定性定量分析，应用阈值估算毒性贡献，并结合生物毒性测试，可以有效地进行区域生态风险评估。这种从污染物的化学分析出发来推断生物效应的方法对研究区域中关键致毒物正好在目标分析清单的情况较为有效，然而，在另外一些情况特别是污染源不清楚的流域复合污染条件下，所分析的目标污染物可能并非毒性效应的主要贡献者。相反，生态风险主要来自其他未知/未测的新污染物，对此目标污染物分析难以解释毒性效应。这种情况下，需建立基于生物效应的毒性评估与识别方法，通过不同手段简化样品组成，以生物效应为导向，结合目标物分析、可疑性筛查和非目标筛查全面准确识别复合污染环境中的主要致毒物。根据研究区域不同情况，发展不同层面的风险评估方法，对流域水环境生态风险的评估和管理具有重要意义。

　　综合分析我国生态风险评估的研究现状及发展动态可知，国内的生态风险评估于 20 世纪 80 年代开始对环境污染事故引起的风险加以重视，学习国外先进经验并进行相关基础研究。进入 20 世纪 90 年代，国家环境保护局于 1990 年下发了 057 号文件《关于对重大环境污染事故隐患进行环境风险评价的通知》，要求管理部门对重大环境污染事故隐患进行环境风险评估。1993 年，国家环境保护局发布《环境影响评价技术导则总纲》，标志着我国环境评价制度迈出第一步。1997 年国家环境保护局、农业部、化工部发布《关于进一步加强对农药生产单位废水排放监督管理的通知》，提出建设项目必须针对生产过程的特征污染物进行风险评估。进入 21 世纪后，我国于 2001 年发布了《职业安全健康管理体系指导意见》和《职业安全健康管理体系审核规范》，国家环境保护总局于 2004 年发布《建设项目环境风险评价技术导则》（HJ/T 169—2004），该导则规定我国所有建设项目的环境影响评价需要配套相关的风险评估内容，也促进了我国生态风险评估应用的发展。通过借鉴国外的研究资料或相似区域的研究成果和规划，我国于 2003 年和 2004 年先后颁布了《新化学物质环境管理办法》和《新化学物质危害评估导则》，在 2011 年发布了《化学物质风险评估导则》（征求意见稿），规定了生态风险评估的原则、内容、方法、程序和技术要求等内容，极大地促进了生态风险评估的发展。2011 年我国环境保护部发布了《环境影响评价技术导则 生态影响》（HJ 19—2011），明确了建设项目与区域规划的生态影响评价内容。

近年来，我国水环境生态风险评估方法与评估程序逐渐开始成熟完善，相应的评价程序与评估技术借鉴了美国、欧盟等国家或组织的评估框架，具体也分为风险问题形成、风险分析和风险表征三个阶段。然而，当前区域生态风险评估还基本上属于地区性单一风险要素的评估，涉及流域内累积和复合性的风险评估仍鲜有报道，流域生态风险评估尚没有形成统一的评价框架模型和评价指标体系，此外，现有风险评估方法也往往忽略了时空尺度上的变化，因此如何借鉴国外水环境生态风险评估技术方法的经验，发展准确有效的流域水环境复合污染风险评估方法，将其用于我国流域生态风险评估与管理是未来研究的重要课题。

1. 水环境风险评估基本框架和研究思路

水环境风险评估通常被划分为三个步骤，即风险问题形成、风险分析和风险表征。

风险问题形成即在开展生态风险评估前，评估者进行合理规划，收集关于研究目标的核心信息，提出具体的、有研究意义的科学问题，以确保做出科学明智的环境决策。风险分析包括暴露分析与效应分析。暴露分析的目的在于描述污染物在时间、空间、强度、暴露途径、迁移转化等方面的实际情况，以全面了解如何、何时、何地发生或已经发生的暴露，通常结合实测数据或建模信息，以浓度水平高低评价残留污染物的风险。效应分析则侧重描述污染物对生物体、种群或群落会产生什么影响，这些影响与效应终点的关系如何，以及这些影响在不同暴露水平下如何变化。这些生物效应从基因、蛋白、细胞到个体、种群、群落，从短期（急性）到长期（慢性）暴露，从实验室毒性测试到野外原位暴露均可表征，测试结果可用于建立生物所暴露的污染物与生物影响之间的剂量-效应关系。通过剂量-效应关系可以推测目标污染物的效应阈值，如预测无效应浓度（predicted no effect concentration，PNEC）、无观测效应浓度（no observed effect concentration，NOEC）和半数致死浓度（median lethal concentration，LC_{50}）等。风险表征则是生态风险评估的最后阶段，主要包括风险估算与风险描述两部分。风险估算通常在关注程度（levels of concern，LOC）的背景下整合来自暴露特征与生态效应特征的结果，如通过商值法将污染物浓度归一化、以效应当量作阈值等手段，描述评估过程的不确定性并说明风险的可能性，供管理者做出决策。风险描述则根据评估终点，结合支持或反驳风险估计结果的证据链对生态风险进行解释，如数据的充分性和质量、不确定性的程度和类型、证据链与风险评估的科学问题的关系。

近年来，环境科学相关领域发展迅猛，与水生态风险评估密切相关的学科，如环境毒理学、环境化学和生态学也取得了长足发展，但准确获取污染物暴露水平和毒性效应信息仍是水生态风险评估中的关键步骤。化学分析和生物测试不可互相取代，两者有机结合却可互相提供信息，从而实现水环境复合污染风险的综合评估。在开展风险评估时，根据暴露和效应研究顺序上的区别，可形成两种研究思路，即"先暴露后效应"的污染物化学分析为主和"先效应后暴露"的生物活性导向识别与评估。

污染物化学分析的开展通常基于一定的先验背景，选取研究区域检出率高、对生物毒性强、持久性长等特点的污染物作为目标污染物，通过化学分析手段获取目标污染物的环境浓度，再进一步探究其潜在风险，预测目标污染物的毒性风险及贡献。这也是目前使用最为广泛的环境风险评估手段。然而，由于可分析的目标污染物有限，仅为众多潜在致毒物中的"冰山一角"，且由于现代分析技术及仪器的限制，许多"冰山"下的化学物质无法被检测，且混合物相互作用的复合效应评估难以实现，使得该评估方法在来源不清晰的复合污染体系中难以准确获取生态风险信息，因而以生物活性为导向的识别方法逐渐崭露头角。

环境样品的生物活性导向识别基于体内和体外生物测试，通过生物效应提供风险信息。通常，观测到的不良效应反映的是体系中共存污染物的混合效应，却无法提供由哪些化学物质引起。因此，被证实具有生物活性的样品致毒物识别前，可进行分组简化样品组成，为后续判别致毒物提供保障。生物活性较低的组分不再进行后续关注，具有显著活性的组分则作进一步简化，再结合高分辨检测仪器定性潜在致毒物。最后，确认致毒物的浓度、效应、致毒机制等信息，推测其毒性贡献从而表征其风险。这种以生物测试为指导的方法可以实现潜在毒性效应筛选并对毒性作用模式进行分类，特别适用于复合效应评估。

对某一区域开展系统全面的环境风险评估，应有效结合两种思路和方法。污染物化学分析，是进行生物活性导向识别的目标；在获得可疑或非目标污染物信息后，将其作为"目标污染物"进一步化学分析确认，将充分提高新污染物风险评估的准确性。目标化合物风险的低估，是进行后续可疑性和非目标筛查，探究更多潜在风险贡献物质的必要条件。

2. 水环境复合污染风险评估技术发展现状

至今，基于化学分析或单一生物测试方法仍是水生态风险评估最常用的方法。然而，随着时代的发展，越来越多的污染物及其转化产物进入水环境，虽然单一的污染物可能浓度痕量，且大部分远低于其可产生效应的浓度水平，但这些混合物却可能因为复合作用产生可观测的生物效应。生物测试因其可直观展现实际水环境中的综合毒性效应，表征已知或未知污染物的复合毒性，在水环境复合污染风险评估中不可或缺，这也是其在复合污染风险评估中的优势所在。正如前所述，进行新污染物识别工作是当今生态风险评估领域亟待解决的重要问题。发展行之有效的生物活性识别方法，成为现在复合污染风险评估领域中的重中之重。目前，依据国内外关于生物活性导向识别的研究思路，已发展出两种有效的毒性识别方法：毒性鉴别评价（toxicity identification evaluation，TIE）和效应导向分析（effect directed analysis，EDA）。前者在北美地区被广泛使用，并已由美国 EPA 标准化，后者则在欧盟地区广泛发展。

1）毒性鉴别评价技术

A. TIE 基本概述

TIE 概念由美国 EPA 于 1984 年明确提出，其应用范围由最初的应用于工业废水和生活污水中毒性物质鉴别与评价，逐渐扩展到其他水样。近年来，TIE 也被应用至沉积物的毒性评价中。TIE 的核心是将生物测试与化学分析相结合，将生物作为毒性效应的检测器，通过生物测试判断效应的有无或大小，结合化学分析测定致毒污染物的身份及含量。TIE 方法的具体操作流程可分为以下三个步骤。

（1）毒性表征。通过一些特定操作，改变样品中可能致毒的污染物的理化性质或者生物可利用性，然后比较处理前后生物毒性的变化，推断毒性致毒污染物的种类。例如，加入阳离子交换树脂、硫化物等吸附材料判断重金属是否为致毒物，加入椰壳活性炭、XAD 树脂等鉴定有机污染物，或加入沸石、海藻等降低氨氮毒性。

（2）毒性鉴定。根据第一阶段推测的主要致毒污染物类型开展具体分析。若主要致毒物质为重金属，则可使用电感耦合等离子体质谱法（inductively coupled plasma-mass spectrometry，ICP-MS）、原子发射光谱法（atomic emission spectrometry，AES）、原子吸收光谱法（atomic absorption spectroscopy，AAS）等测定其含量。若有机物为可能的毒性物质，则可结合气相色谱-质谱法（gas chromatography-mass spectrometry，GC-MS）、液相色谱-质谱法（liquid chromatography-mass spectroscopy，LC-MS）进行定性定量分析。若主要致毒物质为氨氮，则可使用氨氮电极或分光光度法测定其含量。

（3）毒性确认。对前两阶段的测试结果进行验证。相应的方法有相关性分析、质量平衡、标准品加标测试等，通过收集多方面的证据确认污染物与生物效应间的因果关系，以及估算其毒性贡献。

TIE 凭借简单有效的方法在水生态风险评估中实现了致毒污染物分类（重金属、有机污染物和氨氮），而且在获得致毒污染物类型的同时，还可粗略识别可疑污染物信息。

B. TIE 在生物活性识别中的应用

近年来，TIE 操作中引入了一些针对某些常见类别的有机污染物的新方法。在常规的水体 TIE 操作中，沸石用于检验氨氮，乙二胺四乙酸（ethylene diamine tetraacetic acid，EDTA）络合剂检验重金属，C_{18} 固相萃取（solid-phase extraction，SPE）柱检验非极性有机物等。但因每种方法并不具有完全专一性，如 C_{18} SPE 柱不仅会除去非极性有机物，还有可能吸附一些金属，因而在实际使用中测试结果的不确定性大大增加。一些新方法的出现使得 TIE 操作更具有针对性，特别是可为第三阶段中的毒性确认带来很大方便，测试结果也更加明确。例如，加入胡椒基丁醚（piperonyl butoxide，PBO）可以降低某些有机磷农药的毒性，因而可以用于选择性地鉴别一些有机磷农药。此外，PBO 会增强拟除虫菊酯的毒性，因而也可用于鉴定样品中拟除虫菊酯是否存在。羧酸酯酶可用于鉴定水样中某些拟除虫菊酯农药引起的毒性。温度也可作为一种 TIE 方法，温度的升高会增强有机磷、氨基甲酸酯等的毒性，而拟除虫菊酯的毒性却随温度升高而降低。可见，PBO、羧酸酯酶、温度都可作为鉴定拟除虫菊酯、有机磷、氨基甲酸酯农药的有效方法。

沉积物基质复杂，进行毒性测试和有毒物质的分析不如水体 TIE 测试直接。沉积物孔隙水 TIE 因可直接借用水体 TIE 的成熟方法而得以迅速展开，并且孔隙水实验便于观察受试生物的各种效应。孔隙水可通过离心、真空过滤、加压过滤等方式获取。然而，近年来的研究显示沉积物孔隙水实验和全沉积物实验的测试结果往往可能出现显著不同，如 Liβ 和 Ahlf（1997）发现孔隙水测试难以鉴别出沉积物中疏水性的毒性物质，而 Mehler 等（2010）也发现孔隙水 TIE 用于伊利诺伊河流沉积物的毒性鉴别发现的关键致毒物不同于全沉积物 TIE 测试的结果，这便促进了全沉积物 TIE 的发展。

全沉积物 TIE 和以上水相 TIE 的原理基本相同，但在毒性测试过程中，全沉积物 TIE 使用沉积物和一定体积的上覆水进行测试。受试生物可通过上覆水、孔隙水、直接接触沉积物或摄食颗粒物等不同方式进行暴露，可模拟自然环境状态。Yi 等（2015）将全沉积物 TIE 应用于广州市内河涌沉积物的毒性识别。在毒性表征阶段，以摇蚊幼虫致死性为毒性终点，在分别使用沸石、阳离子交换树脂和椰壳活性炭处理沉积物样品后，样品毒性表现出显著差异。其中，经过沸石处理后，摇蚊幼虫致死性无变化，说明氨氮无明显毒性贡献；经过阳离子交换树脂处理后，一半的样品中摇蚊幼虫致死性显著降低，表明重金属在部分沉积物中具有显著毒性贡献；而经过椰壳活性炭处理后，所有样品中摇蚊幼虫致死性均显著降低，表明有机污染物在该区域具有显著的毒性贡献。之后，通过毒性鉴定，多种重金属（包括 Cd、Cr、Cu、Ni、Pb 和 Zn）被检出，具有较高浓度水平；有机污染物中多种当前使用农药（包括氯氰菊酯、高效氟氯氰菊酯、溴氰菊酯和氟虫腈）被广泛检出。最后，在毒性确认阶段，依据毒性阈值的商值法，将检出的可疑化合物使用毒性单位（toxic unit，TU）法计算各种化合物的风险商，比较后发现有机污染物是该区域的主要致毒污染物类别，其中氯氰菊酯是主要毒性贡献物。与水相 TIE 相比，全沉积物 TIE 中需要采用一些新的操作。例如，在针对氨氮的测试时，水相 TIE 测试中常用曝气、调节 pH 等操作，针对金属阳离子可以加入络合剂 EDTA、硫代硫酸钠（$Na_2S_2O_3$）及 pH 调节，针对非极性有机物可用 C_{18} 固相萃取柱，但这些操作在全沉积物测试中并不能实现或很难达到预期目的，因而需要使用一些适用于沉积物的新方法。

沸石因表面带负电荷易吸附某些阳离子，其对 NH_4^+ 的吸附可减少基质中 NH_3 的浓度（$NH_3 + H_2O \rightleftharpoons NH_4^+ + OH^-$），因而可作为全沉积物 TIE 除氨的一种方法。海洋藻类 *Ulva. lactuca* 因可以吸收水体中的氨，可用于除去海水沉积物中的氨。阳离子交换树脂可用于全沉积物中金属阳离子的去除，但在使用过程中应考虑树脂可能会导致生物毒性。在缺氧沉积物中硫化物为金属离子的主要结合相，因而加入硫化物可作为全沉积物 TIE 中除去金属离子的一种方法。椰壳活性炭既可高效吸附沉积物中有机污染物，又不会显著影响氨氮和金属离子的毒性，因而可以作为沉积物中有机污染物的特异性表征方法。同时，有机树脂也可作为测试提取沉积物中有机污染物的方法。Ambersorb 1500、Ambersorb 563、Ambersorb 572 均对有机污染物表现出良好的吸附性能，此外，Tenax、XAD-2、XAD-4 树脂也在全沉积物 TIE 测试中得到应用（Schwab and Brack，2007）。

C. TIE 中的生物可利用性问题

全沉积物 TIE 经第一阶段的毒性表征后，若结果表明可能的致毒物质为有机物，则往往使用溶剂萃取法提取沉积物中的污染物，进行化学分析，或者加标至水相中进行毒性测试，以期实现致毒污染物的鉴定确认。然而该方法在实际应用中面临两个主要问题：①萃取方式。耗竭式溶剂萃取方式提取的是污染物的总量，并非生物可利用的部分，易导致化学鉴定结果出现较大偏差，高估疏水性污染物毒性贡献，甚至得出错误的判定。②加标方式。将沉积物萃取物直接加标于水相中进行测试时，有机物在水相中的浓度与原沉积物孔隙水中的浓度可能出现较大偏差，导致得出错误的结果。

为克服萃取方式导致的偏差，许多研究尝试运用仿生萃取替代耗竭式溶剂萃取。大多运用吸附剂辅助解吸方法，提取沉积物中快速解吸部分的有机污染物，其中使用较多的吸附剂有 Tenax 树脂、XAD-2、XAD-4、环糊精等，也有研究尝试将超临界流体萃取用于沉积物的提取。而为克服传统加标方式导致的偏差，已有研究尝试运用平衡被动加标法代替溶剂加标法（Burgess et al.，2013）。平衡被动加标法利用污染物在有机相和水相之间的分配平衡，保持测试水体中有机物的浓度恒定，不仅水相中的污染物浓度不会因为物质的吸附、挥发、吸收和降解等情况而发生变化，且可模拟有机物在原沉积物介质中的分配。平衡加标可以多种方式实现，应用较多的有聚二甲基硅氧烷（polydimethylsiloxane，PDMS）、半渗透膜装置（semi-permeable membrane device，SPMD）等。全沉积物 TIE 测试中金属的生物可利用性也日渐受到重视。沉积物中的金属离子，部分自由溶解于孔隙水中，另有部分与固相基质相结合。例如，在缺氧沉积物中，金属离子主要结合于固相介质中的硫化物；沉积物有机碳也会结合金属离子。阳离子交换树脂 SR-300 对一些金属阳离子（如 Cd^{2+}、Cu^{2+}、Pb^{2+}、Ni^{2+}、Zn^{2+}）具有很高的吸附性能，并可将其从沉积物中回收用于后续的 TIE 测试。也有研究尝试运用分步提取法以评价沉积物中金属的生物可利用性。

虽然 TIE 已被广泛用于鉴定废水、海水、沉积物孔隙水及全沉积物的有机或无机类污染物，但是由于其使用的生物测试一般是生物个体的末端效应，而毒性鉴定手段主要是测试样品的直接化学分析，对污染物种类数量最庞大类别的有机污染物的识别能力有限，尤其在非目标化合物识别中表现不足，所以其适用范围一般局限于目标污染物。

2）效应导向分析技术

A. EDA 基本概述

单一的化学监测无法提供环境中的未知化学物质信息（如转化产物或其他非目标化合物），而仅基于生物测试的结果不能获得具有生物活性的污染物的身份信息。因此，为了弥补化学分析中的"测不到"和生物测试中的"测不准"的弊端，欧盟的一些科学家提出了 EDA 的方法，将化学分析和生物测试结合在一起，以生物测试的结果为导向，最终利用化学分析手段对污染物进行鉴定，得到未知的致毒污染物（Brack，2003）。

EDA 克服了单一化学分析或单一生物测试在环境样品应用中的不足，不仅可测试样品的生物效应，且能明确产生效应的物质，避免了化学分析中检测的盲目性和生物测试中效应物质的不确定性（Brack，2003）。由于萃取手段的限制，现有 EDA 仅针对有机化合物的鉴定。具体而言，EDA 的详细过程为：对环境样品提取物进行生物测试，然后对提取物进行组分分离并针对效应显著的组分进一步开展生物测试与分离，如此循环以得到表现特异性效应较强的简单组分，最终对这些组分进行化学分析，判断主要致毒化合物。最后使用可疑致毒物的标准样品进行生物测试，以确认该组分是否为主要毒性贡献物。若不是主要毒性贡献物，则改进化学分析方法以获得未知组分信息，确定最终结论。该方法将显著降低化学鉴定的工作量，提高可疑性筛查的准确性，并使得非目标筛查具有可行性。此外，大量污染物被组分分离后，单一生物测试组分中污染物的种类维度降低，进而降低了化合物复合毒性的概率，在一定程度上减弱了复合毒性作用和单一致毒污染物筛查的矛盾。因此，EDA 自提出以来，在全球范围内快速发展并应用，在多个地区纷纷被用于区域生态风险识别。后来发展起来的非目标筛查方法与之结合，也使 EDA 成为目前发现新污染物的主要途径之一。

从方法学上，EDA 主要通过交替进行生物测试和化学分析筛查复杂环境样品中的效应化合物，可具体分为提取、生物测试、净化分离、化学鉴定和毒性确认 5 个步骤。其常规操作步骤为：①提取，提取环境样品中的有机污染物，用于后续测试；②生物测试，运用一种或多种生物测试方法检测样品可能导致的生物效应；③净化分离，对于表现出生物活性的样品通过各种理化性质差异进行分离（如基于分子大小、极性、官能团等差异而进行的分离）；④化学鉴定，对于组成复杂的样品可能需多次交替进行步骤②、③，简化样品组成，从而得到一组或多组生物活性组分，然后进行仪器分析（如 GC-MS、LC-MS 等），鉴定主要的效应化合物；⑤毒性确认，通过剂量–效应关系，检验化学测定结果是否导致预期生物效应，以及生物效应在多大程度上由所测定的化合物导致。

B. EDA 在生物活性识别中的应用

不同于可使用直接暴露方式（如全沉积物暴露）的 TIE，EDA 方法仅可使用环境介质的萃取物作为测试样品，故提取出介质中的化合物通常是 EDA 的第一步。水样通常使用固相萃取或被动采样器原位提取，前者操作简便、成本低廉，但样品多为瞬时采集，因而准确性较低；后者可反映一段时间内水体中污染物的浓度水平和种类，且考虑了污染物的生物可利用性，可显著提高风险评估的准确性。沉积物的提取方法可分为耗竭式提取、结合生物可利用性的提取及基于平衡分配的被动采样。耗竭式提取因成本低、操作可重复性强在早期 EDA 中被广泛使用，然而没有考虑生物可利用性的情况下往往导致其评估结果与实际偏差较大，因而结合生物可利用性的提取受到更多关注。相比较，基于平衡分配的被动采样方法，因为作用于生物体内的化合物与进入生物体内的组分正相关，可更客观真实地获得其中的主要毒性贡献部分，是当前 EDA 提取中较精确的方法（You and Li，2017）。Henneberger 等（2019）提出，基于固相微萃取的被动采样提取物，是建立离体测试和活体测试的主要解决途径之一，而从缩小被测体系的角度去解决难以实现提取体系扩大的问题。

目前在 EDA 中使用的分离手段均是基于半制备型色谱实现的，具体包括吸附和分离型色谱，如高效液相色谱法（high performance liquid chromatography，HPLC）、离子交换色谱和体积排阻色谱。净化分离往往是通过半制备凝胶渗透色谱（gel permeation chromatography，GPC）系统，依据体积排阻原理，除掉沉积物提取液中的小分子（如硫等）和大分子（如腐殖酸等），从而获得用来分析的有机污染物的过程。区别于传统分析化学认知中在前处理时使用的凝胶渗透色谱柱净化，EDA 的净化分离使用制备色谱柱，同时配备检测器（如紫外检测器）和馏分收集器，以监测各组分出峰时间，准确收集到有机化合物组分。此外，考虑疏水性差异的反相色谱也是常用于 EDA 分离的方法。组分分离是 EDA 区别于传统生物活性识别研究思路的核心步骤；是用于简化识别步骤，降低测试维度的重要环节。因此，选择合理合适的分离方法对后续能否准确测试到生物效应具有重要作用。

生物测试方法也伴随着理论的发展和应用的深入而不断完善，用于效应检测的不同层级的模式细胞、模式生物也不断丰富。效应终点具有非特异性效应，如致死性、生长抑制、繁殖率下降等；但更多的是特异性效应，如遗传毒性、致突变性、芳香烃受体效应、内分泌干扰效应等。其他一些特异性效应也在发展与应用之中，如雄激素效应、神经毒性、甲状腺激素干扰效应等，随着这些测试方法的不断发展，多效应终点的检测覆盖范围将更加全面。

确定未知化合物（主要致毒污染物）的种类，是 EDA 工作的主要目的。而所谓未知化合物的定义也包含以下几层含义。

（1）区域毒性贡献物的未知：某地区在之前已有大量的区域生态污染现状的报道，具有较为明确区域毒性数据依据，从而可以确定该地区的主要毒性贡献物，但在进一步 EDA 研究中却发现，该地区的主要毒性贡献物还存在其他种类的物质，尽管这类物质目前是已知甚至熟知的毒害污染物，然而这一结果依然属于对未知化合物的发现，最终的毒性确认结果可说明，在该区域该种物质也将对某种生物或某些生理健康表现显著毒性。

（2）毒物种类的未知：某地区生态结构复杂，污染物种类繁多，化合物之间可能相互反应生成新的反应物，或污染物在环境中降解代谢物种类繁多，而反应物或代谢物并未出现在优控污染物的清单上，属于未知的具有毒性的化合物；此外，如果已知该地区某环境介质存在毒性效应，却不清楚由何种物质引起，也可以通过 EDA 的方法来调查。通过这些研究，可确定出未知种类中对环境具有危害的污染物类型，提升其关注度，从而进一步完善现有的优控污染物清单。

（3）复合毒性作用的未知：某地区包含多种主要毒性贡献物，且若干毒物之间存在协同作用关系，其作用效果可能引起毒性的显著增强（协同）或者降低（拮抗），且该种关系之前未知，因此通过 EDA 的研究，也可在污染物复合毒性作用方面获得新的信息。无论是哪种类型的未知化合物，最终都需要使用化学分析方法将其鉴定出来。对于区域性毒性贡献未知的化合物，一般来说，通过可疑性分析如 GC-MS 的快速筛选可进行鉴定（Simon et al., 2013）。快速筛选软件库中包含常用的接近千种目标化合物，基本涵括了目前公认的优控级污染物清单中所有类型的化合物，这也是目前在 EDA 中最普遍使用的化学鉴定方法。对于毒物种类未知的化合物，则需要通过质谱（MS），结合紫外可见光谱（ultraviolet and visible spectrum，UV）、核磁共振（nuclear magnetic resonance，NMR）波谱等仪器分析手段，确定最终目标化合物的结构式。

致毒污染物初步鉴定后，还需进一步验证，确认其为主要毒性贡献物。常用的确认依据是污染物的剂量-效应关系，通过毒性贡献物的标准品毒性测试获得的剂量-效应关系，计算该污染物在环境相应浓度的理论毒性，并根据其在组分中的总体贡献确定它是否为产生毒性的主要贡献物。此外，明确了致毒化合物清单后，可向基质空白中加入标准样品，再进行毒性测试，通过生物测试与化学测定结果的相关性，确定该种化合物是毒性贡献物。主成分分析等统计学方法也可为判断最终哪种化合物是样品中的主要毒性贡献物提供有效手段。

经过近 20 年的发展，EDA 技术在各环节已形成了较完整和充分的解决方案，通过标准化的操作流程，基本可实现高效快速的致毒污染物识别。但是，目前方法也存在诸多局限性，限制了 EDA 识别致毒污染物的准确性。第一，生物有效性在提取中考虑普遍不足，降低了沉积物风险评估的准确性（Brack and Burgess，2011）。第二，毒性终点选择同质化，可能会低估部分致毒物的毒性贡献。其中，对初步筛查的重视不足，将影响后续生物测试方法的选择；而生物筛查中单一毒性终点的考虑，误导了后续的识别方向，将使效应导向分析发展成"终点导向分析"。第三，评价结果与环境实际情况偏差较大。毒性测试基于理想化条件的离体测试得到，不能直接反映真实环境中致毒物对生物体的不良影响，而风险评估同样基于理想化条件的加和模型，难以准确反映致毒物的综合风险。为解决以上问题，对毒性终点的选择在较全面、客观反映真实情况的同时，需要考虑成组生物测试，并将离体测试结果与活体测试结果建立联系，增强结论的环境相关性。

C. EDA 中的生物可利用性问题

国际上 EDA 的研究与应用集中于欧洲。生物效应以芳香烃受体效应、内分泌干扰效应和遗传毒性等体内外测试为主，且对于某一环境样品常联合采用多种生物效应进行生物测试。国内已有关于 EDA 的研究工作和相关综述。相关研究为环境危害效应的评价和污染物的识别提供了新的方法，但目前多数研究对生物可利用性缺乏考虑。

对于沉积物的 EDA 测试，多采用沉积物提取液加标于测试体系中进行生物暴露。同时，化合物的鉴定也需先对沉积物样品进行提取。提取和加标测试过程改变了原始沉积物样品中污染物的赋存状态，生物测试和化学测定结果可能与实际情况不符，可能导致最终鉴定结果出现偏差。当前的沉积物 EDA 测试中多采用耗竭式萃取方法，如索氏抽提、加速溶剂萃取等，使得生物测试与化学测定结果不能反映真实环境状况，从而出现毒性效应和致毒物的误判。诸多研究已经表明，采用不同的提取与加标方法，生物测试会表现出不同程度的生物效应，化学鉴定结果也大为不同。为此，沉积物活体 EDA 测试中结合污染物的生物可利用性测定有望大大改善以上状况。

在沉积物 EDA 中使用结合生物可利用性的方法集中于提取和加标方法，研究较多的有基于生物可及性的提取方法、基于平衡分配的提取方法和基于平衡分配的被动加标方法（Brack and Burgess，2011）。目前运用较多的方法是利用吸附树脂如 Tenax、XAD 等提取生物可及性部分或用被动采样技术如 PDMS、SPMD 提取自由溶解部分（You et al.，2011）。Schwab 和 Brack（2007）的研究表明大体积 Tenax 树脂萃取方法提取沉积物生物可及性部分可为基于体内测试的 EDA 方法提供足量样品。

现有的 EDA 生物测试方法集中于内分泌干扰效应、芳香烃受体效应和遗传毒性，虽然这些效应关注度较高，对应的污染物在环境中普遍存在，且会导致显著的环境风险，但面对环境中可能存在的海量的污染物以及不同区域的不同污染特征，仅有的这些效应不足以检测所有可能的污染物。因此，大量的研究致力于开发新的生物效应测试方法。同时由于人们对新污染物的担忧，针对这些新污染物的生物测试方法也在快速发展中。而沉积物中污染物的生物可利用性问题则是目前大量研究关注的重点。

此外，绝大多数 EDA 测试均采用细胞离体测试，虽然效应机理明确，但效应指标与宏观生物效应缺乏相关性，难以为宏观生物个体和生物种群等实际环境危害效应提供有效参考，将活体生物测试用于 EDA 更具实用价值。一种常用的 EDA 活体测试生物为斑马鱼幼鱼及其胚胎，由于效应谱广，测试体系小、通量高，实验材料易获取，近年来得到广泛应用。Fang 等（2014）将斑马鱼胚胎畸形发育作为 EDA 测试效应，筛查了沉积物孔隙水中的产氧效应污染物，发现效应主要由高浓度的多环芳烃类化合物导致。

生物样品中污染物浓度是表征生物可利用性最直接的参数，但其具有样品量小、污染物浓度较低、前处理较困难、分析干扰大的特点，为了解决因样品量小难以满足 EDA 分离与生物测试的需求，需要发展降低内源性基质干扰的、灵敏度高的、无歧视性的高通量生物 EDA 方法。Simon 等（2013）使用固相萃取与液液萃取串联法去除奶牛血浆中内源性甲状腺激素，并将其应用于北极熊血浆中开展 EDA 研究，结果表明 OH-PCBs 可以解释 60%～85% 的甲状腺激素干扰效力。Dusza 等（2019）针对人羊水中广泛的极性和非极性内分泌干扰物，基于报告基因细胞测试进行 EDA 鉴定，结果显示人羊水提取物具有雌激素、雄激素和二噁英活性。生物 EDA 有利于全面了解生物富集的具有生物活性的化学物质，可直接提供生物可利用性、生物积累和代谢转化等与毒性密切相关的信息。然而，生物 EDA 方法仍存在一定的局限性，如较难获取足够生物量；不同物种的毒代动力学机制不同；代谢产物与母体的生物活性的差异难以定量等。因此，目前 EDA 的研究仍大多局限于沉积物、水、原油等环境样品（Hong et al.，2016），但非生物样品常用的耗竭式提取未考虑生物可利用性，可能得到错误的关键致毒物信息。因此，有必要发展可反映生物样品中复杂混合物综合效应的生物 EDA 方法，识别可被生物利用的关键致毒物；在使用非生物的环境样品开展 EDA 工作时，也必须考虑生物可利用性的影响（You and Li，2017）。

3）致毒污染物筛查

生物活性识别工作中，一个重要挑战是致毒物的识别和生物活性组分中化合物结构的注释。EDA 测试中具有生物活性的组分，进一步采用化学分析定性筛查其中的可能致毒物。目前可用于污染物筛查的仪器种类较多（如质谱、红外光谱、核磁共振波谱等），但由于环境样品组分中污染物浓度普遍较低、环境基质复杂，目前最常用于污染物定性的检测手段是质谱与气相色谱或液相色谱的联用。根据识别对象的区别，通常可分为三种方法，即目标分析、可疑性筛查和非目标筛查。

目标分析基于已知的致毒污染物清单，通过其色谱和质谱信息，确认目标化合物在测试样品中是否检出。可疑性筛查针对生物测试中可引起某类作用机制的化合物类别，有目标性地筛查；或已知母体化合物信息，对可能存在的代谢产物识别。结合先验背景信息建立可疑筛查清单，利用数据库软件鉴别并结合标准品进行结果确认，也可将化合物碎片信息在特定的质谱数据库如美国国家标准与技术研究院（National Institute of Standards and Technology，NIST）谱库中匹配，获得相似的化合物信息，推测化合物结构。虽然可疑性筛查可以扩大筛查清单的范围，但针对未知污染物仍难以判断，通过非目标筛查的物质结构注释，有望实现"真正"的未知物识别。

复杂环境介质中污染物痕量复杂，使用传统的目标分析难以实现所有化学品的监测，尤其是随时代发展而不断涌现的新污染物及众多化学品的降解转化的未知产物，且分析过程高度依赖标准品，因此越来越多的研究关注不预设污染物清单的非目标筛查，可提供精确质量数的高分辨质谱（如飞行时间质谱、轨道阱质谱）为非目标化合物的鉴定提供了有效手段。气相色谱串联四极杆飞行时间质谱（gas chromatography-quadrupole-time of flight-mass spectrometry，GC-Q-ToF-MS）适合分析沸点低、热稳定性好、分子量小、极性弱的化合物，液相色谱串联四极杆飞行时间质谱（liquid chromatography-quadrupole-time of flight-mass spectrometry，LC-Q-ToF-MS）适合分析沸点高、热稳定性差、分子量大、极性强的化合物，两者同步展开未知化合物的识别可更全面地获取非目标化合物清单。Qian 等（2021）使用非目标分析方法对中国 16 个省市的污水处理厂中新污染物进行筛查，共筛查出 568 种化合物，包括药物、天然物质、农药、内源性化合物、化工原料等，并考虑将去除率低的非目标化合物作为废水处理厂优先控制污染物。

高分辨质谱技术的发展为更多新物质的分析提供了有力保障，因此，在致毒污染物的化学鉴定工作中以非目标筛查为手段，可及时发现和跟踪有毒有害新污染物，对我国水环境污染治理和风险管控具有重要意义。非目标筛查不依赖标准品也无法借助先验信息，在 EDA 中的致毒污染物鉴别主要通过以下步骤实现：首先，表现生物效应的 EDA 分离组分通过色谱-质谱进行分析，初步获得化合物信息后，与对应的谱库对照检索，获取与谱库中信息匹配的概率；若化合物结构信息可与数据库中的信息高度匹配，则可将其视为可疑化合物，否则继续收集碎片化合物结构的信息，反推化合物的三维结构后再验证。在致毒物筛查后，需进一步结合可疑化学品的作用机制、样品中可疑化合物的浓度、可疑化合物标准品生物测试的剂量-效应关系等步骤确认关键致毒物信息，为准确识别受纳水体和沉积物中关键致毒物提供保障。最后，针对关键致毒物这类特别需要关注的污染物，开展基于某种特定生物或群落的生态风险评估，为综合管理关键致毒物的生态风险提供理论依据。

4）流域复合污染风险评估策略

对水环境复合污染体系开展有效风险评估是污染防控和管理的基础，同时也是风险评估领域的技术瓶颈之一。传统的水生态风险评估多基于单纯的化学分析结果或实验室生物测试，难以反映水生生物在复合环境下的不良效应，因而亟须建立有效的水生态复合污染风险评估方法。目前水环境生态风险评估方法通常包括基于化学分析的商值法、基于毒性效应的生物测试法以及基于环境监测的野外生态调查法（裴媛媛等，2020）。商值法在水生态风险评估中被广泛应用，而在化学分析之外，生物测试与野外生态调查的结果也为风险评估提供有力证据。环境 DNA 宏条形码技术近年来被用于生态调查研究，Yang 等（2017）采用环境 DNA 宏条形码技术分析太湖流域浮游动物物种多样性，并发现该方法与传统形态学监测技术较为一致，检出频率、检出物种数和常见物种的环境分布都显著相关。多种环境因素和行为可影响环境

DNA 宏条形码的检测和定量，从而影响生态调查结果，因此，利用环境 DNA 宏条形码技术开展生态风险评估时，仍需从多方面提高其准确性，如优化采样和分析方法、同时使用其他证据链进行相互验证等。

基于生物效应的原位生物测试方法可有效地连接实验室化学分析与生物测试，较准确地反映栖息地生物所承受的环境污染胁迫，适合于复合污染条件下生物效应的评估。此外，由于环境不确定因素众多、污染物在水环境中的分布各异、生物物种敏感性差异较大，因此考虑发展多物种（如鱼类、双壳贝类）、多毒性终点的原位生物测试方法。贝类因其分布广泛、活动性较弱和对污染物富集性较强的特点，已被广泛用作监测生物。Farris 和 van Hassel（2006）概述了应用淡水贻贝进行多项实验室毒性测试方法，美国试验材料学会（American Society for Testing Material，ASTM）也编订了双壳贝类进行原位暴露的标准方法。原位生物测试可与实验室化学分析结合，建立原位生物效应与污染物预测毒性的相关性，用于评估流域水环境中目标污染物的潜在风险，也可单独用于毒性评估。近年来的研究显示，实验室和原位生物毒性测试结果并不总是一致的。例如，Smolders 等（2004）利用实验室和原位生物测试评估废水排放对受纳水体的影响，发现实验室和原位测试均显示受纳水体对贻贝能量储备参数有抑制作用，然而，另一种测试生物鲤鱼的毒性效应在两个测试中却不一致。可见，将实验室数据外推至野外评估时可能存在偏差，建议同时使用实验室和原位测试评估，以获得相对完整的数据，且在评估中应使用多种测试生物并选择多种毒性终点。

原位被动采样技术可单独用于测定流域中污染物的自由溶解态浓度，并利用商值法预测生态效应。例如，Yao 等（2017）利用聚乙烯（polyethylene，PE）膜调查了我国淡水流域和湖泊水体中自由溶解态的多环芳烃的区域分布情况，结果显示，受试水体中多环芳烃浓度基本低于美国、欧盟和加拿大水质基准。原位被动采样技术也可与实验室生物毒性测试结合进行暴露-效应评估。例如，Roig 等（2011）利用薄膜扩散梯度技术（diffusive gradient in the thin films technique，DGT）和 SPMD 定量河流水体与沉积物中重金属及有机污染物，同时测试水样、沉积物提取液、SPMD 提取液对发光细菌与绿藻的急性和慢性毒性，发现采自工业区域的样品中重金属高于水质基准，且目标污染物的预测毒性与实际毒性相关；Burton 等（2012）研发了一套原位水-沉积物生态毒性综合测试装置，包括被动采样器（SPMD、SPME 和 DGT）、多层生物暴露室（可放置水生、底表和底栖生物）和水质监测器，可同时获得原位暴露、效应和水质参数等信息。

针对我国目前流域水环境的污染现状，原位生物测试能够提供在真实复合污染胁迫下的毒性效应和污染物生物积累信息，有助于实现更有针对性和环境相关性的生态风险评估。该方法近年来在国际上已得到广泛的应用。在废水排放生态风险评估和污染场地修复评估中的应用案例较多，也应用于大范围的区域筛查和流域评估。相对于传统实验室生物测试，原位生物测试的优势是可以综合复杂的环境条件对受试生物的影响，但这也增加了解释胁迫因子与生物效应关联性的难度。为了更好地识别引起原位生物效应的污染物，目前有研究者将原位生物测试和污染物毒性鉴别技术相结合，开发原位毒性鉴别评价（in situ toxicity identification evaluation，iTIE）技术。在生物暴露室前端串联吸附剂室，使用泵将水通过吸附剂净化后再进入暴露室，不同吸附剂对应除去不同类型有机污染物、重金属和氨氮，然后通过对比有无吸附剂处理造成的原位生物效应差异鉴别上层水、沉积物孔隙水和排放废水中引起毒性的化合物种类。

　　作为生态风险评估的关键环节，暴露分析和效应分析可以通过原位被动采样和生物测试在线同步实现。将两种方法进行联用通过证据权重法汇总暴露和效应结果对研究位点的污染水平和毒性进行综合分析在水生态风险评估中有很好的应用前景。相较于已标准化的实验室生物测试，原位生物测试方法仍缺少标准化，从而限制了其在环境管理中推广应用。因此在未来发展中有必要建立统一、规范化的操作流程以明晰实施过程中受试生物、暴露装置和研究位点的选择或设计原则，提高质量控制和质量保证有利于原位生物测试成为水生态风险评估的有力支撑。

5）研究现状和不足之处分析

　　目前国际国内所开展的流域水生态风险评估均以美国 EPA 早期提出的风险评估基本框架为蓝本，逐步发展出多种方法，而且也一直在持续优化中。在完整框架体系中，如何更准确地分析暴露和效应水平，如何通过模型发展，更科学地集成数据进行风险估算，都是降低风险评估不确定性的重要研究方向。此外，筛查环境中新污染物，通过生物活性导向识别的思路构建复合污染条件下毒性识别方法也是目前水生态风险评估领域的重要研究趋势。发展并完善现有的 TIE 和 EDA 方法，对方法重要环节建立可通用的技术标准，是近年来的主要研究内容，其中发展先进的生物测试方法，以及高通量的污染物筛查方法，都是提高评估准确性的重要途径。尽管如此，目前在技术层次上，依然存在一些不足。

　　第一，在生物测试中，单一的测试手段通常难以准确和全面地提供致毒物信息。早期的效应分析中毒性测试以活体生物为主，其优势在于有较好的环境相关性，以及考虑毒代动力学等生物过程；另外，目前迅速发展的离体细胞测试则具有高通量、低成本、机理相关性强和低检出限的特点，可与活体生物测试结果互相匹配。然而，现有毒性测试毒性终点的选择过程中，往往将活体和离体测试分开讨论，造成了活体测试数据的机理性缺失和离体测试数据的环境相关性欠缺。而且，以单一末端效应为主的毒性终点，也易于导致效应分析结果不确定性增加。故此，选择毒性终点时同时考虑机理性和环境相关性，是未来水生态风险评估中毒性测试发展的重要组成部分。

　　第二，毒性测试终点的选择较为主观和片面。目前，在离体细胞测试中，由于已有的报告基因测试方法集中于核受体通路和应激反应通路，其对应的有害结局路径（adverse outcome pathway，AOP）毒性效应被"过度"评价，而其他的 AOP 相应的效应被忽略。在活体生物测试中，致死性、生长发育等高度系统性的终点广泛使用，但机制性不清。基于纯主观选择的毒性终点，有违风险评估对客观性遵循的原则。尽管 AOP 已在单一化学品风险评估研究中，提供明确的指导方向和清晰的推测逻辑，但 AOP 在更具有环境意义的野外风险评估中的应用不足。考虑使用 AOP 通路中多终点的方法，进行环境监测与风险评估，是可行之道，但目前相关研究严重不足。

　　在我国，水生态风险评估的起步与发达国家和地区相比较为滞后，但近年来在国家相关政策（如《新污染物治理行动方案》）的合理导向下蓬勃发展。目前国内的水生态风险评估的工作仍是以化学分析为主的商值法，以优先控制的目标污染物分析为主，逐步开展了部分可疑筛查和新污染物非目标筛查，以及效应导向识别的工作，但整体而言较为有限。当前主要面临的问题有：第一，生物活性导向的风险评估和识别工作在复合污染评价中很重要，但是现有研究关注度不足。第二，现有的生物测试方法的选择较为单一，目前使用的暴露和效应分析的方法以借鉴国外常用方法为主，国外已有的成熟方法尽管简便易行，但区域特征性弱，可能缺乏本地适用性，从而导致评价结果的偏差。第三，现有生物测试方法以末端效应为主，高通量离体细胞测试的数据欠缺，不同效应间关联性不强，较难为新污染物的可疑性和非目标筛查提供有用的指导信息。基于我国研究现状，对毒性测试方法本地化，从毒性机制角度指导成组毒性测试方法的构建，建立具有区域特征性的污染物和效应数据库，发展高效准确且适用于我国复合污染现状的水生态风险评估方法，为我国打好污染防治攻坚战乃至长远的水环境风险管理工作提供重要支撑。

2.2 我国流域水环境复合污染生态风险评估技术体系构建

2.2.1 流域水环境复合污染生态风险评估框架

在美国生态风险评估框架的基础上，特别考虑我国流域多种污染物共存的复合污染现状，以及生物有效性影响毒性评估的研究需求，本书作者提出了一套流域水环境复合污染生态风险评估的基本框架，如图 2-1 所示（李慧珍等，2019）。除前后的问题表述

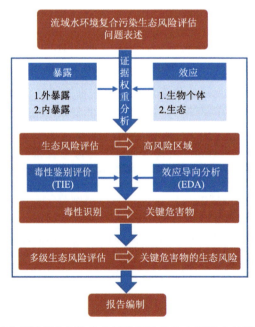

图 2-1 流域水环境复合污染生态风险评估的基本框架（李慧珍等，2019）

和报告编制之外,框架的主体内容包括三部分:高风险区域筛查、关键危害物识别、关键危害物的综合生态风险评估。首先,以考虑污染物生物有效性的暴露和效应分析为基础,通过证据权重分析筛查关键风险区域,即重点防控区域;其次,在重点防控区域,结合 TIE 和 EDA 技术,识别关键危害物;最后,利用多级生态风险评估方法,综合评估研究区域内关键危害物的生态风险。以下将分别阐释这三部分。

2.2.2　流域水环境复合污染生态风险评估技术

筛查流域高风险区域的基础是在复合污染情况下,评估不同区域的生态效应,确定高风险区域。传统生态风险评估方法主要有两种:一是基于化学品分析的暴露评估手段,即商值法;二是基于毒性效应的生物评估手段,如生物毒性测试和野外生态调查。商值法将目标污染物的环境浓度与已有的环境质量基准/毒性阈值对比,估算其生态风险。商值法相对简便,可部分提供污染物含量与效应之间的关系,但其所存在的局限性也可能导致流域生态风险评估产生较大偏差。商值法的局限性主要包括以下几方面:化学分析只能检测一些常规或受关注的污染物,无法了解未知污染物产生的毒性效应;传统商值法未考虑污染物的生物有效性,因此容易导致对基质复杂的环境样品如沉积物中污染物毒性评估出现较大误差。尽管有机碳标准化可消除沉积物有机碳含量差异带来的影响,但沉积物的其他性质(如黑碳含量和种类、沉积物粒径分布等)、污染物与沉积物接触时间长短等都会影响沉积物中污染物的生物有效性,进而改变沉积物的毒性。水环境中多种污染物共存,商值法无法考虑污染物之间的复合毒性效应,导致毒性评估的高不确定性。另外,基于生物效应的评估方法通过选择不同的受试生物,采用不同毒性终点进行成组毒性测试,能够直接获得流域环境中毒害污染物对受试生物的毒性效应,而利用生物调查,可进一步了解污染物对生物种群和群落的结构与功能的危害程度。基于生态效应的评估方法综合考虑了污染物的生物有效性和不同污染物之间的复合毒性效应,直观地描述了流域水环境复合污染对生物个体、种群甚至群落的影响,是有效开展复合污染风险评估的基础。然而,单纯的生物效应评估方法无法获得致毒因子的信息,而且对每个研究区域进行生物毒性测试,成本高、工作量大,加上由于生物个体敏感性等问题导致的生物测试误差较大,限制了单纯生物效应评估手段在流域风险评估中的应用。可见,单纯使用商值法或生物效应评估都难以准确评估流域生态风险,而证据权重法可以综合化学分析、生物效应、野外生态调查等多条证据链,因此,本复合污染生态风险评估技术框架采用证据权重法作为流域水环境高风险区域筛查的解决方案,包括结合实验室离线评估和野外原位在线评估进行多证据权重分析。

1)实验室离线评估

目前流域水生态风险评估多基于实验室离线评估数据,即野外采集水和沉积物样品,在实验室开展分析测试工作,包括:①化学分析获得环境样品中目标化合物的浓度,通过商值法,与毒性阈值或环境质量基准对比进行风险评估;②生物毒性测试获得环境样品对受试生物的毒性效应。化学分析常单独用于基于商值法的生态风险评估，不同于化学分析，生物效应评估法极少单独使用，多与化学分析结合，建立实测毒性（由生物毒性测试获得）与预测毒性（利用化学分析结果计算毒性单位，即商值法）的相关性，判断毒性效应的可能成因。实验室离线评估可获得流域水污染状况、毒性数据，实现生态风险评估，同时也可为制定化学品的环境质量基准提供基础数据，为化学品风险管理提供科学依据。

污染物的生物有效性直接影响毒性的研究，目前越来越多的实验室暴露和效应评估开始考虑生物有效性，主要有两种途径：一是利用仿生模拟萃取技术测定生物有效暴露浓度（环境介质浓度）；二是利用生物累积/毒性实验测定内暴露浓度（生物体内浓度）。You 等（2008）和 Li 等（2013）对比了基于沉积物中拟除虫菊酯的有机碳标准化浓度（耗竭式萃取）、生物可及浓度（Tenax 萃取）和生物有效浓度（固相微萃取）预测的毒性与沉积物对钩虾的实际毒性之间的相关性，发现生物有效毒性单位（基于被动采样技术测定的沉积物孔隙水中污染物自由溶解态浓度）可显著提高商值法预测流域沉积物毒性的准确性。在采用沉积物提取液（总浓度、生物可及浓度和生物有效浓度）开展体外细胞毒性测试时，也得到类似的结果，发现生物有效浓度最佳预测了毒性效应。由于现有的污染物毒性阈值[如半数致死/效应浓度（LC_{50}/EC_{50}）等]多是基于污染物在环境介质的总暴露浓度，采用上述生物有效浓度测量手段可以从相关性上提高毒性预测的准确性。进一步建立基于生物有效性的污染物毒性阈值，有利于使用基于生物有效性的测量手段直接预测不良效应，如利用 Tenax 萃取测定的生物可及浓度设定了沉积物中氯菊酯对摇蚊幼虫全生命周期的毒性阈值（Du et al.，2013）；以固相微萃取测定的自由溶解态浓度为量化指标建立滴滴涕及其降解产物、氯菊酯、联苯菊酯、七氟菊酯、毒死蜱等常见农药对摇蚊幼虫和钩虾急性暴露的 LC_{50} 与 EC_{50}（Xu et al.，2007）。美国 EPA 发布了利用被动采样技术监测沉积物中有机污染物的方法指南（USEPA，2013），为开展结合生物有效性的流域生态风险评估提供了方法指导。

生物体内浓度是表征生物有效性最直接的参数，常用于评估环境污染物的生物累积能力。同时，生物体内浓度直接与毒性关联，生物毒性作用靶点的阈值浓度（产生50%效应的生物体内浓度）称为临界体内残留（critical body residue，CBR）。对于难以区分毒性作用靶点的生物个体，常用污染物在整个生物体内的浓度构建 CBR 值，如农药和正构烷烃对摇蚊幼虫的致死性 CBR 值。相对化学分析获得的外暴露浓度和生物有效浓度，在实验室离线评估中直接利用生物体内浓度评估生态风险的研究较少，可能由于生物样品前处理难度大、生物样品量小，尤其是在高风险研究区域，毒性过强，难以获得生物样品，限制了直接使用内暴露浓度进行毒性评估。

实验室离线测试方法可控，可提供有效的暴露和效应数据，但是由于在样品采集、运输和储存过程中，污染物形态、浓度、组成结构等可能发生变化，而且实验室毒性测试很难模拟实际环境条件，如光照、水流、温度和溶解氧等，这些差异都可能使实验室数据外推至野外评估时出现较大偏差。另外，野外原位测试可降低实验室测试带来的误差，而且也能更好地反映间歇性暴露等特有野外暴露条件下的毒性效应。

2）野外原位在线评估

原位在线评估在流域生态风险评估中的应用主要包括 4 种方式：①原位暴露评估，主要通过被动采样器实现；②原位效应评估，通过野外生物毒性测试实现；③原位暴露-效应联合评估；④采集野外生物分析其体内浓度并评估其毒性。

原位被动采样技术的广泛发展为实现流域复合污染原位暴露评估奠定了基础。常用的被动采样技术包括可用于测定重金属的 DGT 技术和测定有机污染物的 SPMD、聚乙烯膜装置（polyethylene device，PED）和极性有机物一体化采样器（polar organic chemical integrative sampler，POCIS）等。

原位生物测试也已有大量成功案例，受试生物包括大型溞、鱼、贻贝等水生动物及摇蚊幼虫、钩虾和夹杂带丝蚓等底栖动物，毒性终点包括致死性，以及繁殖、生长、行为和生物标志物等多种亚致死性效应。

原位暴露和效应的结合分析在流域生态风险评估中的应用目前尚且较少，但相对于单独使用原位暴露或原位效应评估，其能获得更真实的暴露-效应关系。

此外，采集野外生物，分析其体内浓度被广泛用于评估污染物的生物累积能力，而同时测定不同营养级生物体内污染物的浓度，可用于评估污染物的生物传递放大效应。Zhang 等（2010）分析了电子垃圾拆解区河流中鱼和螺体内多溴二苯醚、多氯联苯、得克隆等持久性有机污染物的浓度，发现多数污染物的营养级放大系数大于 1，说明其具有生物放大效应。另外，野外生物体内污染物的浓度可与其 CBR 对比，预测其毒性，但由于野外生物与用于建立 CBR 的实验室生物的敏感性可能存在较大差异，可能引入预测误差。直接对野外采集的生物进行毒性评估的研究较少，主要是因为难以确定合适的参考位点，缺乏效应评估的对照数据。此外，生物调查可获得种群结构化丰度等在种群和群落层面上的效应终点，以及生态系统完整性和功能性指标，是流域生态风险评估的未来重点研究方向。

实验室离线评估和野外原位在线评估是相辅相成的关系。实验室条件可控，可准确获取各种化学品对生物的毒性数据，为个体水平的毒性结果外推至野外种群层面提供有力保障。而野外实验则可反映真实条件下的暴露情况，可弥补实验室测试带来的不准确性。两种方法结合使用，既可获得准确的剂量-效应关系，又可获得受试生物在复合污染胁迫下的真实毒性效应和体内污染物积累信息，对准确评估复合污染水生态风险具有重要意义。

为了获取实地环境的暴露和毒性效应数据，建立原位剂量-效应相关性，国家水专项"十三五"课题"流域水环境风险管理技术集成"研究在"十二五"研制的被动采样器基础上，加入原位生物暴露装置，构建形成原位被动采样-生物暴露联用装置。通过该装置不但可以获得水体和沉积物中的污染物浓度水平以及释放通量，还可以同步获得受试生物在原位暴露下的毒性效应，结合暴露和效应信息可以有效构建流域水环境复合污染风险评估技术体系。以下介绍方法实施的四要素，即暴露装置、受试生物、研究位点及投放方法，重点阐述其选择或设计原则，以期为我国水环境风险评估提供新思路。

A. 原位被动采样–生物暴露联用装置

如图 2-2 所示，原位被动采样–生物暴露联用装置包括水生生物暴露装置、底表和底栖生物暴露装置、开放式水体被动采样器、多段式沉积物孔隙水被动采样器、沉积物–水界面通量被动采样器以及浮球。

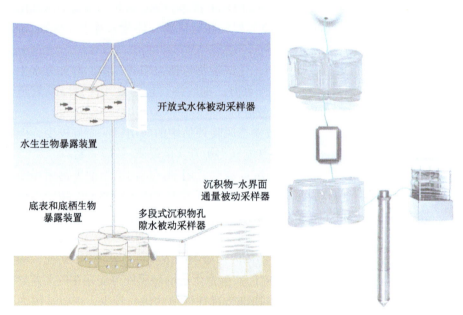

图 2-2　原位被动采样–生物暴露联用装置示意图和实物图

分别选用 304 不锈钢材质制成圆柱形网框作为暴露室，4 个暴露室焊接在一起成为一套水生生物暴露装置与底表和底栖生物暴露装置。暴露室高度为 20 cm，上下直径为 20 cm，体积为 6.28 L。暴露室的顶盖与框体可拆卸连接，通过锁扣固定。底表和底栖生物暴露装置通过尼龙绳与浮球连接，底表和底栖生物暴露装置一半插入表层沉积物中，另一半浸没在底层水体中，在其侧边加载砖石作为负重来固定整套联用装置。底表和底栖生物暴露装置通过尼龙绳依次与多段式沉积物孔隙水被动采样器、沉积物–水界面通量被动采样器连接。多段式沉积物孔隙水被动采样器的顶部单元和沉积物–水界面通量被动采样器的底部单元插入表层沉积物中。多段式沉积物孔隙水被动采样器主要用于原位测定不同深度沉积物孔隙水中自由溶解态有机污染物，主要关注沉积物中的污染物。沉积物–水界面通量被动采样器主要通过测定有机污染物位于沉积物–水界面上层水体与下层沉积物孔隙水中的自由溶解态浓度，关注界面的污染物交换。

B. 受试生物

水环境按介质分类可以细分为上层水体、底层水体、水–沉积物界面、表层沉积物、沉积物孔隙水，研究目标所在介质一般需与生物栖息地相匹配。通常，鱼类和甲壳类暴露在水相中，而底栖无脊椎动物则暴露在沉积物中。即使是同一研究区域，不同介质的污染物赋存情况也是天壤之别，因此，在选择用于暴露的受试生物时应考虑可表征不同相的生物。除了存活率、摄食率、生长速率、发育、繁殖等个体水平的效应终点外，基因水平的内分泌、细胞色素、金属硫蛋白和卵黄蛋白原相关的基因表达及卵巢转录组、DNA 损伤等，分子水平的葡萄糖含量、蛋白质羰基含量、代谢相关酶和抗氧化酶活性、线粒体电子转移等，器官组织水平的组织病理、肝体指数、各组织器官污染物浓度等，均可用作受试生物的效应终点。

选择合适的受试生物对原位生物测试至关重要，受试生物可以是实验室养殖的模式生物，也可以是经过驯化的本土生物。为了更准确地表征研究区域的复合污染对水生生物的胁迫，原位生物测试中通常选用本土生物，因而与实验室生物测试相比更具生态相关性，但本土生物选择上的不同也造成了其难以实现严格标准化，故此推荐优先选用研究相对充分的模式生物。鱼类相较于甲壳类生物属于高等生物，在食物链中属于较高层次的消费者，已被广泛应用于野外原位生物暴露中。作为水生脊椎动物的代表，其毒理学数据充分，易与国内外已有的毒性数据作对比，以更好地解释原位效应与污染物暴露的关系，因此本书选择鱼类作为水相中的代表生物。而双壳贝类由于既可以摄食沉积物颗粒还可以滤食水体中的浮游藻类和有机碎屑，在水体与沉积物中的应用均较多。

C. 研究位点

为确保实验顺利开展及数据有效，所选研究位点的水文信息（包括水深、流速等）、水质参数（包括温度、溶解氧、pH、电导率和氨氮等）和栖息地条件（沉积物情况）需提前获取。水文信息决定实际暴露深度及装置设计，水质参数需在生物耐受范围内以确保生物可正常生存，栖息地条件则保证底栖生物生存条件适宜。

研究位点的水温与实验室驯养的恒定水温往往存在差异，为了避免温度差异造成的应激压力，受试生物在投放前需缓慢调整至野外水温。投放时暴露装置会对水体和沉积物造成扰动，为了减少影响，有的研究中会留出装置平衡时间，待平衡后再利用生物传送设备将受试生物放置于暴露室。

由于原位生物测试在实施过程中涉及大量人为操作步骤，如运输、投放、喂食和回收，这些人为影响都可能对结果产生干扰。为了进行质量保证和质量控制，需要设置实验室控制组和野外参照位点，要求受试生物存活率在 80%以上。实验室对照组的生物需要运至野外现场，但不投放到水环境中，之后再运回实验室进行相同时间的喂养，用来排除运输过程对生物的影响。野外参照位点一般选择与研究位点水文和栖息地条件比较接近的洁净区域，如河流上游或较少受到人类活动影响的湖泊或海湾位点，用来排除运输、投放过程和野外其他环境因素的干扰。

D. 装置投放与回收

在研究位点现场装配原位被动采样–生物暴露联用装置。将采样器的吸附相（低密度聚乙烯膜）装配到含玻璃纤维膜保护层的采样器上，设置吸附相过程对照组，以检验投放过程是否受污染。按照图 2-2 用软绳串联装置各组成部分。实验室驯养的受试水生生物同时也带至现场，并设置运输对照组，以检验运输过程对生物活性的影响。

现场随机挑选受试生物，放入生物暴露装置。研究位点现场测量水质参数，包括温度、流速、pH、溶解氧、电导率和氨氮等，将暴露装置投放到采样点。开放式水体被动采样器与水生生物暴露装置位于水面以下 0.5 m 左右的位置。多段式沉积物孔隙水被动采样器顶部单元和沉积物–水界面通量被动采样器底部单元需插入沉积物。

结束暴露后，从水环境中回收采样器，取出吸附相并清洗，用滤纸去除吸附相表面水分，将其浸泡于有机溶剂中萃取。原位生物暴露结束后，统计暴露室中生物存活率，记录行为变化。将存活的生物转移至曝气自来水中，清洗受试生物，河蚬需清肠 8 h，确保摄食沉积物颗粒排出体外。生物样品置于液氮中保存运输，回实验室后于–80 ℃保存。

发展实验室离线评估和野外原位在线评估联用的方法，不仅可以获取环境介质中的污染物浓度信息，还可以直观表征受试生物在真实胁迫下的毒性效应和体内积累浓度情况，有助于实现更有针对性和环境相关性的复合污染生态风险评估。

3）证据权重法识别流域风险区域

为降低复杂体系生态风险评估的不确定性，美国 EPA 于 1998 年建议采用证据权重法开展生态风险评估。证据权重分析框架可用于水体和沉积物，大致包括八方面：①基本三要素，关键受体（个体、种群或群落）、生态系统质量（过去、现在和未来）、胁迫表征与暴露动力学；②模型，考虑基本三要素及潜在的自然或人为影响因素；③测试终点，生物测试（多物种/多效应终点）和化学分析（环境暴露浓度/生物体内浓度）；④参考位点，具有代表性、相似性、风险较低；⑤证据链，不同层面的多证据链；⑥因果关系，借助统计分析、逻辑推理、专业判断等方法，探讨各证据链间的相互关系，做出暴露和效应是否相关的决策；⑦不确定性分析，综合评价多种影响因素；⑧综合各证据链并建立证据权重法框架，汇总各证据链信息，得出风险评估结论。这八方面中，证据链和综合风险评估方法的选择较多，进一步阐述如下。

证据链通常包括化学分析、生物测试和生态调查。化学分析提供研究区域的污染状况信息，包括污染物种类和浓度（环境和生物体内浓度）。环境介质浓度表征外暴露水平，如水相、颗粒相和沉积物中污染物浓度。然而，因为环境污染物并非都能被生物利用而产生毒性效应，所以需要考虑生物有效性。生物有效性可通过化学手段表征，如使用被动采样等仿生萃取技术获取生物可及浓度或生物有效浓度，或直接测定生物体内浓度。生物测试主要是采集环境样品，按照标准方法开展模式生物的毒性测试，实验室内测试相对简单，但外推至野外环境时可能存在较大差异。原位毒性测试将生物直接放置于野外环境，能更真实地反映生物效应，但野外环境影响因素多，可能干扰目标污染物的毒性评估。生物敏感性差异是影响毒性的主要原因之一，因此建议使用多物种、多毒性终点（如致死和生长、繁殖、生物标志物等亚致死效应）。生态调查是另一条重要的证据链，包括生境和生物群落调查。生境变化间接反映环境压力，但主观性强，难以量化。生物群落调查可反映当地生物的长期-慢性暴露情况，已有标准生物调查方法，但生物群落结构的区域差异性一般较大，此外物种鉴定专业要求高，限制了生态调查在常规证据权重法中的应用。随着高通量测序技术的发展，近几年来，环境 DNA 宏条形码技术引起越来越多的重视，并广泛用于生物调查，其根据物种间特定 DNA 片段的序列差异快速解析环境中微生物、原生动物、藻类和后生动物的群落结构，并通过数字化和自动化减少人为主观因素的干扰。

　　证据权重法涉及多重证据，评估方法包括定性的证据罗列法、最佳专业判断法，半定量的逻辑法和因果标准法，以及定量的指数法、赋值法和量化法等。证据罗列法简单罗列各证据链，不确定性高，对于相同证据链，不同的人可能得出不同结论；最佳专业判断法将所有证据以专家讨论结果的形式呈现，有利于非专业人员的理解，但主观性较强，对特定站位点评估结果可靠性较高，但进行多站位点评估时，则需借助其他方法；逻辑法以行业标准或法规为基础，综合不同证据链信息；因果标准法通过分析证据链之间的关联性，降低不确定性，在原理上类似于逻辑法，因果关系一旦确立，可通过暴露水平较为准确地预测其生物效应；赋值法对不同证据链赋予不同权重，通过计算总分定量评估风险大小，但证据链间相互关系的讨论往往较少；指数法将各证据链的信息均转化为无量纲的单一指数值，综合提供综合评估结果；量化法通过解释证据链间相互关系，进行概率风险评估，由于要求数据量丰富，具有挑战性。整体而言，证据权重评估方法中，最常用的是最佳专业判断法，但透明性和再现性较弱。逻辑法和因果标准法常用于风险表征，然而对最终结果的判断影响甚微。指数法和赋值法可用于定量，使用简便，结果清晰，但缺乏一致性。量化法依赖统计学手段，透明性较好，但难度大。因此，实际操作中多种评估方法同时使用，如逻辑法和因果标准法相互补充，再经过最佳专业判断法，可获得较客观的评估；赋值法和指数法可显著降低风险评估的复杂性，结果简单明了，便于理解，可操作性较强，有利于管理部门的业务化应用与风险管理，但处理过程中大量原始数据信息简化丢失，单独使用可能导致结论出现偏差，需结合其他方法，如最佳专业判断法等，相对完整地开展风险评估。证据权重法评估结果的优劣主要从客观性、确定性、透明性、再现性和一致性等方面考察。

　　证据权重法被广泛应用于流域生态风险评估，常用的证据链包括化学分析、生物毒性测试和生态调查，用于识别风险区域或特别针对某一污染物开展区域生态风险评估（Qi et al.，2015）。随着研究需求和分析方法的发展，证据权重法证据链的选择也趋向多元化，如多种生物测试组和多种毒性终点、结合生物有效性、原位暴露和原位效应评估、采用新型评估技术（如环境 DNA 宏条形码技术等），以获得更具有环境真实性和全面性的评估结果。

　　使用证据权重法判断研究区域的复合污染生态风险需对暴露和效应分析结果进行定性定量的综合评估。暴露分析可通过获取污染物的暴露浓度，效应分析可根据选取的测试终点（如存活率、生物标志物等指标）获取毒性数据，复合污染生态风险水平表征结合二者综合评价，具体表征流程如下：①通过暴露浓度和毒性阈值计算毒性单位，利用商值法进行风险初级评估；②将生物效应转换成无量纲的数值（如生物存活数量转换成存活率、生物标志物响应转换成综合生物标志物响应指数），进行效应分析；③通过专家讨论，对暴露和效应等多证据链的权重进行赋值，计算各证据链的权重总分，综合评估水生态风险。数据收集则从研究对象、研究类型、暴露情景、剂量水平、效应终点等方面确定文献收集的标准，筛选用于风险评估的文献，并详细记录文献筛选的过程。选择原则为：优先采用国内外政府部门或国际组织发布的文件资料中目标污染物的毒性数据；优先采用国内外广泛认可的毒性数据库中的阈值数据；优先采用国内外标准测试方法以及行业技术标准获取的数据；优先采用经同行评审的文献数据，对于未经同行评审的文献数据，经质量评价认可后方可采用。

综上所述，国家水专项"十三五"课题"流域水环境风险管理技术集成"研究提出的框架构建思路是采用实验室离线/原位在线化学分析（商值法）和生物毒性测试，结合证据权重法开展综合评估，识别流域高风险区域。在流域高风险区域筛查阶段，仅依靠化学分析，则只能关注目标化合物，使得非目标化合物（非常规监测物质、目标污染物的转化产物和未知化合物）的毒性风险因无法检测而被忽略。然而，复合污染局面下的流域水环境中污染物种类繁多，效应复杂，受关注的目标污染物可能并非研究区域的主要致毒物。因此，开展基于生物效应的风险评估非常有必要，也需对流域高风险区域的污染物进行全面筛查，识别关键危害物。

2.2.3　流域水环境复合污染生态风险污染物识别技术

流域水环境中多类污染物共存，且不同性质污染物在水、悬浮颗粒物、沉积物和生物体等多相间的迁移、分配、降解等生物地球化学过程使得流域复合污染介质中关键危害物识别工作极具挑战性。针对流域复合污染特征和环境相关性等研究需求，毒性鉴别评价（TIE）和效应导向分析（EDA）是当前鉴别关键危害物比较有效的方法。

1）毒性鉴别评价（TIE）和效应导向分析（EDA）

TIE 毒性测试主要采用活体生物测试，如水相常用藻、溞、鱼等不同营养级的模式生物，而沉积物常用底栖无脊椎动物，如摇蚊幼虫和钩虾等。常用毒性终点包括致死及生长、繁殖等亚致死性毒性。由于 TIE 中针对不同污染物的前处理方法并不完全具有专一性，如 C_{18} 固相萃取柱不仅能吸附水相中有机物，也可能部分吸附重金属，导致毒性鉴别结果出现偏差。流域水环境毒性鉴别评价应根据区域污染特征和研究目的选择具有区域适用性的毒性表征方法。

沉积物毒性鉴别评价可通过孔隙水和全沉积物 TIE 进行，但研究发现两种方式鉴定的主要致毒物可能存在较大差异。例如，孔隙水制备和暴露过程可能会改变沉积物中污染物的组成与形态，且全沉积物和孔隙水毒性测试中受试生物暴露途径不同，从而导致两种 TIE 方法毒性鉴别评价结果出现偏差。虽然孔隙水 TIE 能够筛查更多类型污染物，但沉积物毒性鉴别评价中推荐使用更具有环境相关性的全沉积物 TIE。Ho 和 Burgess 等（2013）发现 90%全沉积物 TIE 研究结果显示有机物是主要致毒物类别，其中单独有机物、有机物和重金属、有机物和氨氮共同产生毒性的比例分别是 70%、10%、10%。可见，有机物的毒性贡献不容忽视。然而，仅有 42%的研究进一步鉴定出具体的致毒有机物质，且都是常规分析检测的有机污染物，如拟除虫菊酯、有机磷农药、多环芳烃和多氯联苯（Mehler et al.，2010）。美国化学会统计数据显示，迄今已有超过 1.9 亿化学品被注册使用，且大部分是在环境中可能发生降解的有机物。然而，环境样品分析中仅涉及其中很小部分（几千种）的化学品，列入常规监测名单的就更少（几十至几百种）。目前，TIE 毒性鉴别阶段主要筛查对象均属于常规监测名单中的有机物，可能忽略非目标物的毒性贡献。污染物种类繁多且沉积物基质复杂、干扰大，传统毒性鉴别方法难以进一步鉴定非常规监测和/或未知污染物，使得致毒物筛查失败或不足，降低样品复杂性并考虑非常规监测污染物的毒性贡献，是毒性鉴别方法的发展方向。

EDA 方法框架自提出后被广泛使用并不断发展，特别在近十年，高分辨气相/液相色谱-质谱联用仪等先进仪器的普及，使得 EDA 在非目标筛查方面的能力得到了高速发展，使得利用 EDA 鉴别未知物的毒性贡献成为可能。多篇论文详细综述了 EDA 方法及其在环境样品致毒物鉴别中的应用，其应用范围包括水（污水/地表水/地下水）、沉积物、土壤、大气颗粒物、室内灰尘和动物组织等多种环境与生物样品，其中 60%的现有的 EDA 工作针对沉积物样品开展（Hong et al.，2016）。

EDA 的基本步骤包括样品提取、生物毒性测试、组分分离、致毒物鉴定和毒性确认等。液体样品的提取方法主要是液液萃取或固相萃取，而固体样品一般采用溶剂提取，这些均为传统方法且相对成熟；为实现高通量，EDA 中主要采用离体测试方法，如细胞毒性测试，通常以致突变、基因毒性和内分泌干扰等为毒性终点，有助于从毒性作用机制上解析致毒物。近年来，研究者意识到离体毒性测试与生物个体和种群效应间的关联性及环境相关性较弱，开始发展适用于 EDA 高通量的活体毒性测试；分离是降低样品复杂性的关键步骤，主要依据是化学品的极性、分子大小等物理化学性质，通常根据吸附、分配、离子交换、位阻等性质差异采用制备色谱分离，分离目标是获得的组分能够代表原样品、样品量足够用于生物毒性测试且具有较好的可重复性；对活性组分进行目标和非目标筛查获得疑似致毒物，主要通过气相/液相色谱-质谱联用分析，近期发展起来的超高分辨率检测器（如飞行时间质谱和轨道阱质谱等）和结构解析方法（如结构生成工具和电脑模型等）有助于未知物的鉴定；通过标准品加标开展生物毒性测试、分析致毒组分和初始样品浓度、计算毒性贡献等多条证据链，确认疑似致毒物的毒性。

虽然 TIE 和 EDA 均为以生物效应为导向，结合化学分析的致毒物识别方法，然而两者在实际应用中有所不同，主要表现在以下几方面：①关注的污染物类别不同：TIE 针对样品中的氨氮、重金属和有机物等不同类别污染物，在确定致毒物类别的基础上进一步确定致毒污染物，主要是靶标筛查分析，化学分析成本相对较低，但致毒物鉴定方法较缺乏，特别是难以鉴定非靶标清单中有机物的毒性；EDA 只针对有机物进行靶标和非靶标筛查分析，在有机致毒物鉴定特别是非靶标分析上具有显著的优势，但对仪器设备要求较高且分析成本较高。②常用生物测试水平和毒性终点不同：TIE 多用活体生物测试（in vivo bioassay），以受试生物的死亡、生长、繁殖等综合效应为指标，具有较高的环境相关性，但生物毒性测试成本相对更高；常规 EDA 多用离体生物测试，以特异性效应为指标，如遗传毒性、芳香烃受体效应、内分泌干扰效应等，测试终点选择主观性强，环境相关性较弱，但具有快速、高通量、低成本等优势。③常用操作方式不同：TIE 常使用物理化学方法改变污染物生物有效性，以区分不同类别污染物的生物效应；EDA 多根据不同类型有机物的物理化学性质，使用不同类型的色谱方法将其分离后找出对生物产生效应的活性组分。两种方法各有优缺点且互相补充，因此建立 TIE 和 EDA 联合方法，有助于有效鉴别复杂介质中关键致毒物。

国家水专项"十三五"课题"流域水环境风险管理技术集成"研究提出 TIE 和 EDA 联合方法框架（图 2-3），其与 TIE 的区别主要表现在毒性鉴定阶段，若氨氮和/或重金属是主要致毒物类别，则按照常规 TIE 方法测定介质中这两类污染物的浓度，计算毒性单位，估算毒性贡献；然而，若有机物是主要致毒物类别，则将进一步耦合利用 EDA 鉴定主要致毒有机物。在 TIE 和 EDA 联合方法中，为考虑环境相关性，EDA 部分推荐采用活体生物毒性测试，且测试生物与毒性表征阶段相同；此外，为提高生物测试终点选择的科学性，也可同时开展离体毒性测试，以有害结局路径分析为指导，客观选择成组生物测试毒性终点，建立体内–体外毒性关联，为致毒物鉴定结果提供多证据链。

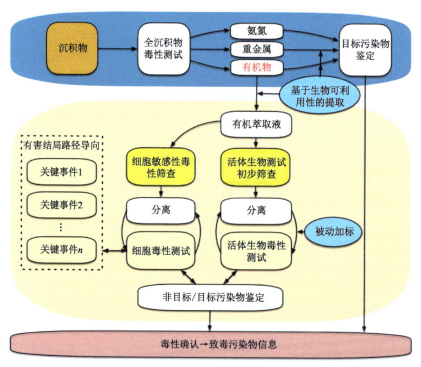

图 2-3　毒性鉴别评价和效应导向分析联合方法鉴别沉积物中关键致毒物的技术路线图

2）TIE 和 EDA 在流域复合污染识别中的应用

TIE 和 EDA 在流域复合污染识别中的应用主要是水和沉积物样品中关键致毒物鉴别，特别是沉积物，如 Hong 等（2016）统计了 1999～2015 年关于 EDA 的研究，发现 63%针对沉积物开展，其次是废水（17%）。TIE 在流域水体致毒物鉴别中的研究相对较少，多数是针对特定功能区，相对于 TIE，EDA 在流域水体致毒物鉴别中的应用较多，包括高通量生物测试方法发展、废水排放受纳水体和流域水体中主要致毒物鉴别、水资源监测和管理。除非生物的环境介质样品外，EDA 也被发展用于直接鉴定生物样品中关键危害物，包括鱼和无脊椎动物组织，但生物样品采集、处理难度高等因素限制了生物样品 EDA 的应用（You and Li，2017）。水生生物样品 EDA 研究集中于废水暴露评估，针对流域地表水中关键污染物识别的研究很少。

TIE 和 EDA 在流域复合污染识别中发挥着重要作用，为提高致毒物鉴别的准确性和环境相关性，有必要充分考虑污染物的生物有效性、发展适用于 EDA 的活体生物测试方法，并构建体外-体内毒性测试关联。已有一些研究在 TIE 毒性鉴别步骤和 EDA 样品提取/生物测试步骤考虑污染物生物有效性，如 Yi 等（2015）利用基于耗竭式提取浓度的全沉积物 TIE，发现珠江三角洲城市水体沉积物中常见农药（氯氰菊酯、氯氟氰菊酯、溴氰菊酯和氟虫腈及其降解产物）和重金属（铬、铜、镍、铅和锌）皆可能对摇蚊幼虫致死有重要贡献；然而，当利用 Tenax 提取和 BCR 分级提取获得农药和重金属的生物有效浓度重新评估时，研究结果排除了生物有效性低的溴氰菊酯、铬和铜的毒性贡献。Li 等（2019）利用大体积 XAD 萃取技术提取沉积物中生物可给部分污染物，开展 EDA 工作，发现广州市内河涌沉积物中 3 种拟除虫菊酯（氯氰菊酯、氯菊酯和联苯菊酯）和 3 种多环麝香（万山麝香、佳乐麝香和吐纳麝香）分别贡献了 17%～35%和 32%～73%的毒性，而基于沉积物有机碳标准化浓度的毒性贡献率达到 58%～442%和 56%～1625%，明显高估其毒性贡献。可见，考虑生物有效性有助于精简致毒物清单、找准关键致毒物，为流域污染控制和管理指明方向、降低成本。

TIE 和 EDA 均以生物效应为导向鉴别致毒物，因此生物测试类型和毒性终点直接关乎流域水环境污染识别结果。TIE 多为活体生物毒性测试；而 EDA 多为体外毒性测试，已有活体毒性测试的模式生物包括斑马鱼胚胎、大型溞和摇蚊幼虫等。体外毒性测试可借助毒性作用机制辅助致毒物鉴别，而体内（活体）毒性测试可从生物个体水平综合评估毒性效应。同时采用体外和体内毒性测试并建立不同水平间效应的关联，实现体外-体内外推（*in vitro-in vivo* extrapolation，IVIVE），对毒性确认具有重要意义。例如，Burgess 等（2013）提出利用 TIE 和 EDA 联合方法识别流域复合污染，但目前应用很少。本书作者以珠江三角洲城市水体沉积物为介质，发展包含生物可利用提取和加标、高通量活体生物和细胞毒性测试的 TIE 与 EDA 联合方法，鉴别关键危害物（Qi et al.，2015；Li et al.，2019）。

EDA 的提出为环境危害效应的评价和污染物的识别提供了较为完整与充分的解决方案，通过标准化的操作流程，基本可实现高效快速的致毒污染物识别。但是，目前 EDA 研究也存在诸多局限性，限制了 EDA 识别致毒污染物的准确性。

第一，生物有效性在提取中考虑普遍不足。由于在提取和加标测试过程改变了原始沉积物样品中污染物的赋存状态，生物测试和化学测定结果可能与实际情况不符，从而出现毒性效应和致毒化合物的误判。第二，毒性终点选择较为片面且主观，可能会低估部分致毒物的毒性贡献。对初步毒性效应筛查的重视不足，将影响后续生物测试方法的选择，而基于主观选择的毒性终点较为单一，可能误导后续的毒性筛查方向。第三，效应指标与生物个体、种群等宏观生物间缺少关联。毒性测试基于理想化条件的离体测试得到，因此测试结果难以直接反映环境问题的真实影响，而风险评估同样基于理想化条件的浓度加和模型，难以准确反映致毒物的综合风险。

为解决以上问题,对毒性终点的选择在较全面、客观反映真实情况的同时,应考虑离体测试结果与活体测试结果建立联系,增强结论的环境相关性。而 AOP 这一概念的提出,将毒性测试中的终点与致毒污染物的作用机理建立联系,不仅实现了各毒性效应作为证据链的整合,使得测试组的结果全面地阐释统一的问题,而且实现了分子作用到细胞响应再到个体反应甚至到种群影响的推测,使离体生物测试结果与个体毒性建立联系,显著提高生物测试的风险评估意义。因此,建立基于 AOP 的 EDA 方法,是鉴别流域复合污染中关键危害物的新发展方向。

3)基于 AOP 的 EDA

我国目前所开展的流域水环境生态风险评估,大多数基于商值法开展,其核心在于收集研究目标的浓度水平和效应阈值等关键信息,而近几年来,参考 1998 年美国 EPA 提出的生态风险评估框架,结合暴露分析和效应分析进行风险评估的工作也逐步增加,此外,也在某些区域零星进行了关键致毒物的识别研究。但整体而言,当前水环境生态风险评估中生物效应分析部分的不足在于,生物测试手段较为单一,以末端效应为主;生物测试效应终点选择主观性过强,缺乏机制性引导;实验室开展的风险评估与实际野外环境相关性较弱。发展先进的生物测试方法,尤其是机制性引导的高通量毒性筛查方法,是提高评价准确性的重要途径。

AOP 分析可为生物测试方法设计引入崭新思路,通过各关键事件(key event,KE)间的线性关系,建立环境相关的不良结局与高通量毒性测试终点之间可预测的因果逻辑(Ankley et al., 2010)。为构建合理的生物毒性测试组,并对末端效应进行机理性解释,Cheng 等(2021)创新性地提出事件驱动子(event driver,ED)的概念,将 AOP 与 EDA 有机结合,通过对区域特异性毒性机制的筛查,确认研究区域相关的 ED,科学客观地指导复合污染生态风险评估中生物测试毒性终点的选择。采用成组高通量生物测试手段,实现了毒性证据链的完整性,弥补了传统生态风险评估中机理性欠缺的问题。该方法为识别流域水环境中关键危害物,准确评估水生态风险提供全新思路,并成功用于珠江广州段水生态风险评估。具体研究思路为:使用来源于人体不同组织的细胞开展沉积物中生物有效组分的细胞毒性筛查,发现珠江广州段沉积物具有潜在神经毒性和内分泌干扰效应,于是分别选择对应的 AOP 通路开展研究。以神经毒性为例,选择 AOP26 中的四个关键事件,包括细胞活性(增殖或凋亡)、活性氧(reactive oxygen species,ROS)生成(氧化应激)、线粒体膜通透性(mitochondrial membrane permeability,MMP)抑制(线粒体功能障碍诱导能量失衡)和钙流(calcium influx,CAI)(细胞内钙释放),采用 SH-SY5Y 细胞,对 EDA 分离组分进行体外生物测试。然后对多个毒性终点均表达显著效应的组分进行可疑致毒物筛查,并通过主成分分析结果确认其中的主要毒性贡献物,估算了可疑致毒物对该神经毒性通路的毒性贡献率,发现 5 种主要致毒物(双酚 A、氯氰菊酯、万山麝香、吐纳麝香和佳乐麝香)可解释超过 68%的毒性通路效应。最后,实现了体内-体外测试结果的外推,发现沉积物导致摇蚊幼虫的致死性与线粒体膜通透性抑制和钙流显著相关,为活体测试结果机制的阐释提供了信息。

将 AOP 与毒性测试中的终点及致毒污染物的作用机理建立联系，实现了毒性终点筛查标准的建立与末端效应的机理性解释，提高了在复合污染中风险预测的准确性，为风险评估中毒性识别技术的发展提供了新思路。

2.2.4　关键危害物的多级生态风险评估

在流域水环境高风险区域识别中生态风险评估主要根据复合污染介质中目标化合物的预测毒性/风险和实际生物毒性效应/生态效应确定高风险区域，进一步细化鉴别重点防控区域的关键危害物，最后有针对性地利用多级生态风险评估综合评估关键危害物的水生态风险。

生态风险评估方法在近几十年来不断发展并完善，为风险管理与决策提供具有科学依据的数据和信息。商值法是最简单、使用最广泛的生态风险评估方法，提供保守的风险筛查信息，具有简易、清晰和小数据量要求等评估优势，但无法定量不确定性，而概率风险评估方法能够定量描述环境暴露和效应分布的概率。在此基础上，生态风险评估研究者推荐使用多级生态风险评估，即同时使用包括商值法和概率风险评估方法的多种手段进行完整可靠的风险评估。物种敏感性分布（species sensitivity distribution，SSD）曲线用于描述生态系统中不同生物对致毒物的敏感性差异，于 20 世纪 70 年代被提出后应用于生态风险评估。SSD 通过拟合毒理数据的累积概率，计算危害 5%生物的环境浓度（5% hazardous concentration，HC5），建立水质基准值。另外，SSD 也被用于概率风险评估，结合环境暴露分布，建立联合概率曲线，更好地描述暴露和效应的超出概率，进行整体风险评估。

美国 EPA ECOFRAM 水生工作组于 1999 年提出 FIFRA 风险评估提案，建立包含概率风险评估的多级生态风险评估方法，后期虽有发展和改进，但主要步骤基本保持一致，主要包括以下 4 级（Li and You，2015）。

第 1 级：商值法，即暴露和效应的单点评估，利用暴露浓度（C_e）除以毒性基准浓度（C_n），计算风险商（risk quotient，RQ）：

$$RQ = \frac{C_e}{C_n}$$

第 2 级：引入暴露（环境浓度）分布，计算暴露水平超出指定效应浓度（如 HC5）的概率，即超出概率；计算潜在受影响生物的比例（potential affected fraction，PAF），即暴露水平超过指定效应浓度时可能有多少比例的生物受影响。

第 3 级：结合暴露分布（超出概率）和效应分布（SSD），建立联合概率曲线（joint probability curve，JPC），获得暴露浓度超出一定效应的概率。进一步计算 JPC 的累积面积，即整体风险概率（overall risk probability，ORP），用于表征整体生态风险，计算公式如下：

$$ORP = \int_0^1 EPr(x)\,dx$$

式中，EPr(x)为x%生物受到影响所对应的超出概率（$0 \leqslant x \leqslant 1$）。

第 4 级：利用蒙特卡洛等统计方法模拟风险商分布曲线并计算超出指定风险商的概率，综合评估风险区域关键危害物的生态风险。

多级生态风险评估方法在流域风险评估中的应用主要是针对区域特定污染物开展综合生态风险评估，包括已知某种污染源或通过毒性识别技术获得的关键致毒物等需要特别关注的污染物。用于评估的效应终点有两种：一是特定生物的特定毒性终点；二是针对整体生态效应或某一群落的质量基准。

此外，不同层面的 ERA 表征，暴露数据和效应数据的质量、数量分析也有相应的要求。暴露数据分为预测暴露浓度和实测暴露浓度。预测暴露浓度的获取通常基于研究区域水环境的暴露场景分析结果，根据评估目标，基于污染物排放、迁移、转化规律及相应的条件假设，选择合适的数学模型，构建暴露预测模型，获得预测环境暴露浓度。此外，考虑污染物的生物有效性，可结合生物累积等模型，估算生物体内浓度。而为了更准确地定性和定量获取研究区域污染物对受体的实测暴露浓度，可直接测试分析水环境样品（水、颗粒物、沉积物等环境介质样品，以及水生生物样品），检测其中目标污染物的浓度。不同介质中目标污染物的分析测试应按相关标准和技术规范的要求进行。污染物的环境暴露浓度一般可通过对环境介质的耗竭式萃取方法获取，或者采用被动采样等考虑生物有效性的仿生萃取技术确定；而污染物的生物体内浓度可通过萃取生物组织的方式确定。暴露评估的结果表述应包括：①暴露场景、暴露模型、分析测试方法的具体描述；②定性暴露评估，应说明暴露等级划分的标准和分级结果；③定量暴露评估，应根据区域分布特征设计采样布点，暴露量通常采用不同位点浓度的平均值和范围来表示；④暴露的结果表达可以为环境暴露浓度，也可以为生物体内浓度；⑤暴露分析中的局限性和不确定性需要明确说明。

效应分析中所需的毒性数据包括生物调查数据、生物个体毒性测试数据、离体生物测试实验数据（如细胞毒性测试）、计算毒理学预测毒性数据等，优先使用生物调查数据和生物个体毒性测试数据。剂量-效应关系的测试数据应符合《淡水生物水质基准推导技术指南》规定的数据要求。在收集和使用文献发表的剂量-效应关系函数与毒性参数时，应详细了解测试受体情况、毒性测试条件、假设、模型方法、不确定性等信息，并核实效应分析结论的时效性、可靠性和适用性，必要时开展专家论证。根据研究目标，选择测试受体、确定测试效应终点，开展效应测试。为确保效应分析的有效性，测试中应采用合适的平行样及对照组。当采用离体生物测试结果进行剂量-效应分析时，通常需要结合离体-活体效应外推模型将其调整为受试活体生物等效量。对于不同生物体间效应差异，也可通过种间差异评估模型进行估算。长期低剂量暴露具有更好的环境相关性，但是慢性毒性数据相对较少。在提出合理假设条件下，可建立相应模型，从急性毒性数据推导出慢性低剂量暴露下的效应分析数据信息。效应分析的结果表述应包括：①描述复合污染条件下测试受体、毒性终点及其确定依据；②描述目标污染物与受体生物效应之间的剂量-效应关系的测试方法和模型假设；③描述复合污染条件下，不同类型污染物引起的不良效应推导模型的假设；④描述效应分析存在的局限性和不确定性。

2.3　太湖流域（常州市）水环境复合污染
生态风险评估及管理

2.3.1　太湖流域（常州市）水环境复合污染生态风险评估

在构建流域水环境复合污染生态风险评估框架的基础上，针对太湖流域（常州市）普遍存在的多种类污染物共存的复合污染现状，逐步筛查高风险区域进而识别主要致毒污染物，为科学有效的污染防控提供依据，研究技术框架见图 2-1。通过构建的原位被动采样-生物暴露装置获取流域内代表性研究位点的污染物暴露水平和对水生生物的毒性效应，通过证据权重分析汇总暴露和效应信息，评估各位点的综合生态风险。进一步，在高风险区结合化学分析和毒性效应信息识别主要致毒物。通过原位被动采样-生物暴露联用技术进行暴露和效应分析，可获取污染物在环境介质中的生物可利用浓度以及受试生物体内积累浓度，即外暴露浓度和内暴露浓度，此外同步获取生物的毒性效应，包括生物标志物改变和致死率。

1. 研究区域概况

太湖流域是我国经济最发达的地区之一，城镇化发展迅速，工业化程度高，居民生活污水、工业废水和农业面源污染排放对流域水生态环境造成显著压力，并且呈现典型的复合污染特征。常州市作为太湖流域重点城市之一，地处长江下游南岸，太湖上游，河网密布，污染负荷较为严重。考虑城市水道和湖泊不同特性，在常州市省级与市级的水质自动站点、太湖竺山湾和滆湖分别选择 12 个、3 个和 2 个研究位点，具体位置信息见图 2-4。

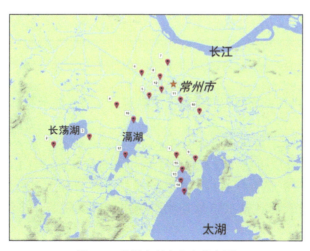

图 2-4　常州市研究位点分布图

这些采样位点涵盖了常州市的主要河流与湖泊。为解决城区河道污染问题，常州市从 2006 年开始清水工程，引入长江水进行生态修复。《2018 年常州市生态环境公报》显示，33 个以国家《水污染防治行动计划》为考核要求的断面中有 29 个断面水质达标，总体达标率为 87.9 %，其中，Ⅲ类及以上水质断面 20 个，占比 60.6%；Ⅳ类水质断面 12 个，占比 36.4%；Ⅴ类水质断面 1 个，占比 3.0%；无劣 Ⅴ类水质断面，常州市整体水体质量呈现改善趋势。竺山湾紧邻常州市，是太湖各湖区中水质较差的水域，从水利部太湖流域管理局发布的 2017 年和 2018 年的太湖健康状况报告可知，主要的污染水质指标为总氮，竺山湾年均总氮浓度在 2.0 mg/L 以上，为劣 Ⅴ类，对水生生物造成显著压力。滆湖是苏南地区仅次于太湖的第二大淡水湖，是常州地区水生态资源的中心，主要承担着蓄水、泄洪、通航、渔业生产和鸟禽鱼草自然生物生息繁衍的功能，对常州地区的生态平衡具有重要作用。但滆湖水体污染和富营养化等生态恶化现象也日趋严峻，根据物理、化学和生物三要素进行的生态健康评级为差，主要受围网养殖和水生植被分布影响。

2. 环境暴露分析

1）化学分析

采集研究位点水深 0.5 m 处的水样和表层 10 cm 的沉积物样品，带回实验室后分别于 4 ℃和–20 ℃保存，一周内完成化学分析。测定现场水质参数，包括温度、pH、电导率、溶解氧和氨氮。水温均值为 17.8 ℃，pH 为 8.0，电导率为 320 μS/cm，溶解氧为 8.68 mg/L，氨氮为 0.56 mg/L。

对比受试生物对水质参数的耐受范围（表 2-1），进行原位生物暴露时 S13～S17 位点的水质参数都不会对受试生物产生明显的胁迫压力。

表 2-1　受试生物对水质参数的耐受范围

受试生物	温度/℃	pH	溶解氧/（mg/L）	氨氮/（mg/L）	电导率/（μS/cm）
稀有鮈鲫	0～35	6.95～9.17	>0.646	2.5（无效应浓度）	100～2000
河蚬	13～36	—	2.0～11.0	16.2（96 h LC_5）	—

A. 有机污染物

对太湖流域有机污染物的现状进行了文献调研，结果显示有机农药和多环芳烃对水生生物具有较高的慢性风险，多氯联苯和多溴二苯醚作为典型的持久性有机污染物具有较强的生物富集性，在太湖鱼体内普遍检出，多环麝香主要来自个人护理品，在前期研究中发现其是广州珠江段沉积物中的主要毒性贡献者（Li et al.，2019）。基于此本研究选择 8 类目标有机污染物，包括多环芳烃、有机氯农药、有机磷农药、拟除虫菊酯类农药、氟虫腈及其代谢产物、多氯联苯、多溴二苯醚、多环麝香，见表 2-2。

表 2-2　目标有机污染物列表

类别	污染物
多环芳烃（PAHs）	萘、苊烯、苊、芴、菲、蒽、苯并(a)蒽、䓛、荧蒽、苯并(a)芘、苯并(b)荧蒽、苯并(k)荧蒽、茚并(1,2,3-cd)芘、二苯并(a,h)蒽、苯并(g,h,i)芘
多氯联苯（PCBs）	CB-8、CB-18、CB-28、CB-52、CB-44、CB-66、CB-101、CB-77、CB-118、CB-153、CB-105、CB-138、CB-126、CB-187、CB-128、CB-201、CB-180、CB-170、CB-195、CB-206、CB-209
多溴二苯醚（PBDEs）	BDE-28、BDE-47、BDE-100、BDE-99、BDE-154、BDE-153、BDE-183、BDE-209
有机氯农药（OCPs）	α-硫丹、β-硫丹、艾氏剂、异狄氏剂、p,p'-DDT、p,p'-DDE、p,p'-DDD、o,p'-DDT、o,p'-DDE、o,p'-DDD、狄氏剂、α-六六六、β-六六六、γ-六六六、δ-六六六、α-氯丹、γ-氯丹、七氯、环氧七氯
有机磷农药（OPs）	毒死蜱、二嗪农、乙硫磷、马拉硫磷、甲基对硫磷、对硫磷、丙溴磷、丁基嘧啶磷、特丁硫磷
拟除虫菊酯类农药（PYREs）	高效氯氰菊酯、四氯苯菊酯、联苯菊酯、胺菊酯、氯氟菊酯、氟氯氰菊酯、氯氰菊酯、氰戊菊酯、溴氰菊酯
氟虫腈及其代谢产物（FIPs）	氟虫腈、氟虫腈亚砜、氟虫腈砜
多环麝香（PCMs）	万山麝香、吐纳麝香、佳乐麝香

水样过玻璃纤维滤膜后加入回收率指示物，使用二氯甲烷液液萃取，以及弗罗里硅土固相萃取柱净化。冷冻干燥的沉积物与铜粉和回收率指示物混合加速溶剂萃取（accelerated solvent extraction，ASE）后，萃取液分为 3 份分别净化。多环芳烃的测量使用硅胶/氧化铝层析柱净化，有机氯、有机磷、拟除虫菊酯类农药和氟虫腈及其代谢产物使用 PSA/GCB 固相萃取柱净化，而多氯联苯和多溴二苯醚使用浓硫酸净化。冻干后的稀有鮈鲫全鱼与河蚬软体组织剪碎后研碎成粉末，加入回收率指示物，并使用加速溶剂萃取仪萃取，使用凝胶渗透色谱（gel permeation chromatography，GPC）柱净化。GPC 柱的填料为 Bio-beads SX-3 beads，前 15 mL 淋洗液用于测定样品的脂肪含量，后 25 mL 淋洗液进一步使用弗罗里硅土固相萃取柱净化后测定目标化合物。气相色谱-质谱联用仪被用于目标化合物分析。

B. 重金属

分析的目标重金属包括砷①（As）、汞（Hg）、镉（Cd）、铅（Pb）、锌（Zn）、镍（Ni）、铬（Cr）和铜（Cu）。沉积物经冷冻干燥，研磨过筛后，准确称取（0.1±0.0005）g 于消解管中，加入 6 mL 硝酸、2 mL 盐酸和 2 mL 氢氟酸后开始消解。转移消解液至聚四氟乙烯离心管中，置于加热板上使酸液挥发。接近挥干时，加入 2 mL 硝酸，摇晃均匀，再加入三级蒸馏水稀释定容至 50 mL，过 0.45 μm 滤膜，于 4 ℃保存，待测。量取 10 mL 水样于消解管中，加入 6 mL 硝酸作为消解液。消解完成后转移至聚四氟乙烯离心管中，置于加热板挥干，加入 2 mL 硝酸，摇晃均匀，再加入

---

① 砷是类金属元素，本书将其视为金属元素。

三级蒸馏水稀释定容至 50 mL，过 0.45 μm 滤膜，于 4 ℃保存。金属含量使用 ICP-MS 测定。

2）暴露结果

为了保证化学分析结果的质量，在测定样品的同时分析一系列质控样品，包括仪器校正标样、实验室空白（纯溶剂）、基质空白（纯水/干净沉积物/萃取过的干净生物组织）、基质加标和基质加标平行样。化合物回收率范围为 50%～150%，相对标准偏差小于 20%即可认为数据可信。对于挥发性较高的污染物，回收率大于 30%也认为可接受。

目标污染物在基质加标样品中的回收率分别为：多环芳烃（59.6%～110%）、有机氯农药（64.7%～99.4%）、有机磷农药（63.0%～112%）、拟除虫菊酯类农药（59.6%～98.2%）、氟虫腈及其代谢产物（78.0%～109%）、多氯联苯（72.3%～121%）、多溴二苯醚（70.3%～95.6%）和多环麝香（77.7%～101%）。野外样品中回收率指示物的回收率分别为：萘-$d8$（40.5%±6.6%）、苊烯-$d10$（61.6%±10.8%）、菲-$d10$（73.7%±10.3%）、䓛-$d12$（75.9%±11.3%）、苝-$d12$（88.2%±11.8%）、DBOFB（77.8%±10.6%）、PCB-67（90.7%±12.5%）、PCB-169（86%±7.7%）、BDE-77（77.3%±7.3%）、BDE-181（79.4%±9.1%）和 BDE-205（78.6%±8.8%），反映样品测试可靠性。报告检出限（reporting limit，RL）用于表征方法灵敏度，是目标污染物可被准确报道的最低浓度，通过校正曲线的最低浓度乘以最终样品的萃取液体积再除以样品质量计算得到。未检出和低于报告检出限的污染物均不计入总浓度。

A. 水体中有机污染物浓度

常州市各个位点水体中测得的各类目标有机污染物总浓度见图 2-5。总浓度水平从高到低依次为多环麝香（1.17～746 ng/L）>多环芳烃（22.6～222 ng/L）>拟除虫菊酯类农药（0.383～87.5 ng/L）>有机磷农药（0～13.0 ng/L）>有机氯农药（0～6.41 ng/L）>氟虫腈及其代谢产物（0～0.343 ng/L），多氯联苯和多溴二苯醚均未检出。多环麝香和多环芳烃的浓度较高，是水体中的主要有机污染物，两类污染物浓度之和占总浓度的 90%以上，在有机农药中拟除虫菊酯类农药浓度最高。

对比各个位点水体中的目标有机污染物总浓度，从图 2-5 可以发现 S11（891 ng/L）位点最高，此外 S1、S2、S3、S6、S7、S10 和 S12（393～644 ng/L）也处于较高浓度水平，而 S13～S17（26.9～59.4 ng/L）的浓度较低，存在一个数量级的差异。S13～S17 的浓度显著低于其他位点的原因有两方面：一方面，S1～S12 为市内河流，是周围工业或市政污水处理厂排水的直接受纳水体，而 S13～S17 是湖泊，对入湖污染物具有明显的稀释作用；另一方面，可能是因为采样时间不同造成的差异，S1～S12 的采样时间为冬季枯水期，S13～S17 为夏季丰水期，丰水期降水量大且水流量大，污染物浓度降低。

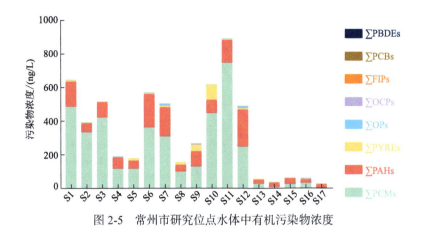

图 2-5 常州市研究位点水体中有机污染物浓度

从图 2-6 水体有机污染物浓度分布地图上可以看出，京杭运河常州市区段（S6、S12、S11 和 S10）、连接太湖和滆湖的太滆运河（S1）以及长荡湖周边河流（S2 和 S3）水体中有机污染物浓度较高。

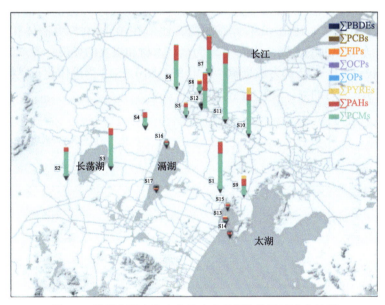

图 2-6 常州市研究位点水体中有机污染物浓度分布地图

多环麝香的检出情况在各位点差别较大。佳乐麝香和吐纳麝香的检出率为 100%，万山麝香无检出。佳乐麝香浓度最高（范围 0.949~728 ng/L，中值 125 ng/L），比吐纳麝香（范围 0.217~17.9 ng/L，中值 4.83 ng/L）高约一到两个数量级。多环麝香在河流位点（S1~S12）浓度水平显著高于湖泊位点（S13~S17），最高浓度出现在 S11（746 ng/L）。

16 种多环芳烃在所有位点检出率均为 100%，单体浓度范围为 0~39.6 ng/L，其中较高浓度单体有 2 环的萘（范围 1.00~23.6 ng/L，中值 9.06 ng/L）、3 环的菲（范围 1.61~29.4 ng/L，中值 7.68 ng/L），以及 4 环的荧蒽（范围 1.31~37.4 ng/L，中值 9.88

ng/L）和芘（范围 1.43～39.6 ng/L，中值 9.30 ng/L）。从图 2-7 中各个多环芳烃的组成比例可以看出，中低环（2～4 环）占总量的 80%以上，高环（5～6 环）占比较低。多环芳烃总浓度在河流位点（S1～S12）显著高于湖泊位点（S13～S17），最高浓度出现在 S12（222 ng/L）。

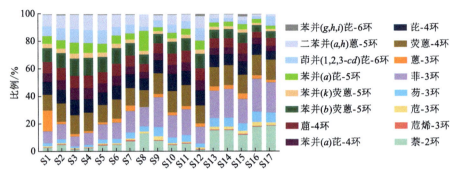

图 2-7　常州市研究位点水体中多环芳烃的组成

对多环芳烃来源进行解析，选择浓度较高的单体荧蒽和芘的比值作为判断依据（Du and Jing，2018），比值<0.4 为石油源，比值在 0.4～0.5 为液体化石燃料的燃烧，来自机动车和原油的燃烧，比值>0.5 为草、木材和煤炭的燃烧，各个位点的比值见图 2-8。河流位点 S1～S12 都为燃烧源，其中 S3、S10～S12 为液体化石燃料的燃烧；湖泊位点 S13～S16 为石油源，S17 为燃烧源。

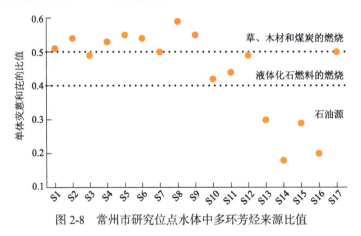

图 2-8　常州市研究位点水体中多环芳烃来源比值

有机农药包括杀虫剂、除草剂、灭菌剂和杀螨剂等，其中杀虫剂对非靶标的水生动物具有较高的毒性，生态风险大，本研究中的四类目标有机农药都属于杀虫剂。为了防止病虫害，杀虫剂普遍应用在农药生产、城市卫生绿化和家庭灭蚊等活动中，最终进入自然水体。

拟除虫菊酯类农药在各位点的检出率超过 90%的为胺菊酯（tetramethrin）、联苯菊酯（bifenthrin）、氯氟氰菊酯（cyhalothrin）和氟氯氰菊酯（cyfluthrin）和氯氰菊酯（cypermethrin），而丙烯菊酯（allethrin）、氯氟氰菊酯及溴氰菊酯（deltamethrin）的检出率分别为 35%、35%及 24%。拟除虫菊酯类农药浓度普遍较低，大部分虽有检出但都低于检出限，浓度范围为 0～82.5 ng/L，各个位点检出较高浓度为胺菊酯（范围 0～34.3 ng/L，中值 2.63 ng/L），最高浓度为 S10 的甲氰菊酯（fenpropathrin，82.5 ng/L），推测该位点有很高的点源输入。氟虫腈及其代谢产物在所有位点的检出率为 100%，但大部分低于检出限，浓度范围为 0～0.343 ng/L，氟虫腈浓度最高。有机磷农药在各位点检出率高于 90%的有特丁硫磷（terbufos）、马拉硫磷（malathion）、毒死蜱（chlorpyrifos）和丙溴磷（profenofos）。马拉硫磷和毒死蜱的浓度大部分高于检出限，其余虽有检出但浓度都较低，浓度范围为 0～7.31 ng/L。有机磷农药的较高浓度出现在 S7（13.0 ng/L）和 S12（11.1 ng/L）。19 种有机氯农药除 p,p'-DDD 检出率达到 29%，浓度范围介于 1.29～6.41 ng/L，以及个别位点检测到低于 1ng/L 的 γ-六六六与 δ-六六六外，其他均未检出，说明从 20 世纪 80 年代开始有机氯农药被禁用后，在研究区域目前已经没有新的使用输入，检测到的 p,p'-DDD 可能来自三氯杀螨醇的 DDT 残留降解。

B. 水体中重金属浓度

8 种目标重金属在研究位点水体中的浓度水平见图 2-9。浓度由高到低依次为 Zn（3.90～21.6μg/L）>Ni（1.64～11.5μg/L）>Cr（0.462～19.12μg/L）>Cu（0.573～4.39μg/L）>As（0.374～1.08μg/L）>Pb（0.130～0.923μg/L）>Cd（0.029～0.134μg/L）>Hg（0.0017～0.0081μg/L）。太湖流域（常州市）水体中 8 种目标重金属（As、Hg、Cd、Pb、Zn、Ni、Cr 和 Cu）均有检出，不过浓度均低于《生活饮用水卫生标准》（GB 5749—2006）和《地表水环境质量标准》（GB 3838—2002）Ⅲ类水体标准。其中，Zn 和 Ni 的浓度最高，检出率均为 100%。与有机污染物一样，S1～S12 的重金属浓度明显高于 S13～S17，总浓度最高的位点为 S10。

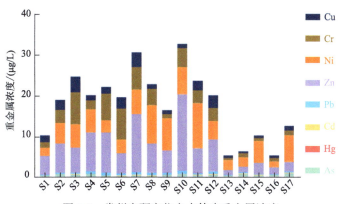

图 2-9　常州市研究位点水体中重金属浓度

C. 沉积物中有机污染物浓度

常州市各个位点沉积物中测得的各类目标有机污染物总浓度见图 2-10，所有浓度均换算为沉积物干重（dry weight，dw）。八类目标有机污染物均有检出，总浓度水平从高到低依次为多环芳烃（38.2～7034 ng/g dw）>多环麝香（9.78～221 ng/g dw）>拟除虫菊酯类农药（4.30～79.0 ng/g dw）>有机氯农药（0～73.1 ng/g dw）>多溴二苯醚（0～53.1 ng/g dw）>多氯联苯（0～5.26 ng/g dw）>有机磷农药（0～3.19 ng/g dw）>氟虫腈及其代谢产物（0～2.44 ng/g dw）。与水体中污染物赋存状况一致，多环芳烃和多环麝香也是沉积物中的主要有机污染物，两类污染物浓度之和占总浓度的 95%以上，有机农药中拟除虫菊酯类农药浓度也是最高的。水体中未检出的多溴二苯醚和多氯联苯在沉积物中有检出。

对比各个位点沉积物中的目标有机污染物总浓度，从图 2-10 可以发现 S3（7138 ng/g dw）位点最高，S8（57 ng/g dw）最低，其他位点的浓度比较接近（1267～4116 ng/g dw）。与水体中河流和湖泊位点之间存在的显著浓度差异不同，S13～S17 位点的有机污染物浓度与 S1～S12 比较一致，说明沉积物中有机污染物的赋存情况不太受湖泊稀释和季节的影响。从图 2-11 沉积物中有机污染物浓度分布地图上可以看出，长荡湖周边河流（S3）和太湖竺山湾（S13～S15）沉积物中浓度较高。

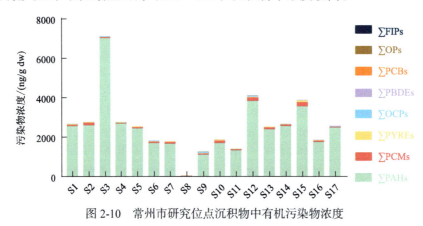

图 2-10 常州市研究位点沉积物中有机污染物浓度

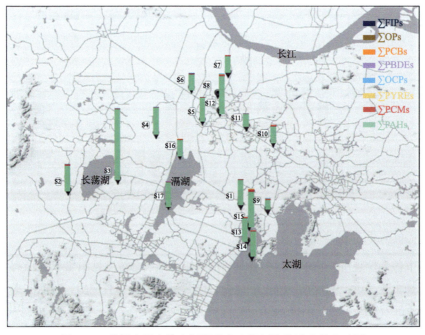

图 2-11 常州市研究位点沉积物中有机污染物浓度分布地图

16 种多环芳烃在所有位点检出率均为 100%，单体浓度范围为 0～957 ng/g dw，其中较高浓度单体有 2 环的萘（范围 4.92～463 ng/g dw，中值 105 ng/g dw）、3 环的菲（范围 5.34～628 ng/g dw，中值 273 ng/g dw），4 环的荧蒽（范围 4.70～957 ng/g dw，中值 309 ng/g dw）、芘（范围 3.26～803 ng/g dw，中值 213 ng/g dw）、苯并(a)蒽（范围 1.84～604 ng/g dw，中值 118 ng/g dw）和䓛（范围 2.23～617 ng/g dw，中值 171 ng/g dw），5 环的苯并(b)荧蒽（范围 2.58～876 ng/g dw，中值 167 ng/g dw）、苯并(a)芘（范围 5.58～554 ng/g dw，中值 85.0 ng/g dw）、二苯并(a,h)蒽（范围 3.46～735 ng/g dw，中值 118 ng/g dw），6 环的茚并(1,2,3-cd)芘（范围 1.20～699 ng/g dw，中值 107 ng/g dw）。从图 2-12 中各个多环芳烃的组成比例可以看出，沉积物中的分布仍以中低环（2～4 环）为主，但高环（5～6 环）比例相对于水体显著增加，这是由于高环多环芳烃的疏水性较强，更容易吸附在沉积物的有机碳等基质中。多环芳烃总浓度在 S3 最高（7034 ng/g dw），S8 最低（38.2 ng/g dw）。

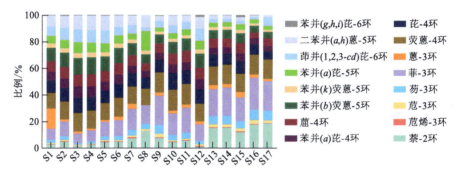

图 2-12　常州市研究位点沉积物中多环芳烃的组成

对多环芳烃来源进行解析，仍选择浓度较高的单体荧蒽和芘的比值作为判断依据，各个位点的比值见图 2-13。所有位点的比值都大于 0.5，说明来源于草、木材和煤炭的燃烧。

图 2-13　常州市研究位点沉积物中多环芳烃来源比值

3 种多环麝香在各位点的报告检出限为 0.38 ng/g dw。与水体一样，佳乐麝香和吐纳麝香的检出率为 100%，万山麝香无检出。佳乐麝香浓度最高（范围 9.78～192 ng/g

dw，中值 59.0 ng/g dw），比吐纳麝香（范围小于 RL～28.7 ng/g dw，中值 8.47 ng/g dw）高约一个数量级。多环麝香最高浓度出现在 S15（221 ng/g dw），是竺山湾离岸最近的位点，承接来自常州市区河流的污染输入，具有疏水性的多环麝香容易在该位点发生沉积，造成高检测浓度。最低浓度为 S8（9.78 ng/g dw），与多环芳烃的最低浓度位点一致，说明该位点的沉积物污染较轻。

拟除虫菊酯类农药在各位点检出率高于 90%以上的为联苯菊酯、氯氰菊酯和甲氰菊酯。拟除虫菊酯类农药浓度普遍较低，浓度范围为 0～25.5 ng/g dw，与水体一样，各个位点检出较高浓度为胺菊酯（范围 0～25.5 ng/g dw，中值 8.87 ng/g dw），最高浓度位点为 S15（79.0 ng/g dw），与多环麝香的最高浓度位点相同，推测也是来自常州市区河流的污染输入。S8（8.85 ng/g dw）、S11（4.50 ng/g dw）和 S17（4.30 ng/g dw）的浓度较低。氟虫腈及其代谢产物在各位点的检出率较高但检出浓度较低，在所有位点氟虫腈检出率为 88%，代谢产物检出率为 100%，但代谢产物的浓度几乎均低于检出限。氟虫腈的浓度范围为 0～2.44 ng/g dw，其中母体化合物浓度高于代谢产物，与水体情况一致。有机磷农药在各位点检出率高于 90%的有特丁硫磷、马拉硫磷和毒死蜱。马拉硫磷、毒死蜱和对硫磷（parathion）的浓度大部分高于检出限，其余虽有检出但浓度都较低，浓度范围为 0～1.16 ng/g dw。有机磷农药的最高浓度出现在 S12（3.19 ng/g dw）。

PBDEs 是一类传统的溴代阻燃剂，被广泛使用在电子电器产品、泡沫塑料、纺织品和家具工业中。PBDEs 仅有 BDE-209 在所有位点均有检出，浓度范围为 0～52.5 ng/g dw，其他 PBDEs 检出率和浓度都较低，说明被禁用后没有新的环境输入，最高浓度位点为 S17。19 种有机氯农药除了 4 种六六六（HCH）和 p,p'-DDE 检出率超过 50%，其他都比较低，浓度范围为 0～35.4 ng/g dw。较高浓度位点出现在 S12（73.1 ng/g dw）、S9（63.6 ng/g dw）、S6（38.9 ng/g dw）和 S3（37.8 ng/g dw），推测来源为历史使用的残留。

PCBs 作为《斯德哥尔摩公约》禁止的 12 类持久性有机污染物之一，在我国被禁用多年，但在各种环境介质中仍然广泛检出。PCBs 在各位点除了 PCB-18 检出率为 82%，其余 PCBs 检出率都较低，浓度范围为 0～3.84 ng/g dw，与 PBDEs 类似被禁用后没有新的环境输入。最高浓度位点为 S11（5.62 ng/g dw）。

D．沉积物中重金属浓度

8 种目标重金属在研究位点沉积物中的浓度水平见图 2-14。浓度由高到低依次为 Zn（110～402 μg/g dw）> Cr（63.2～158 μg/g dw）> Cu（28.0～117 μg/g dw）> Ni（31.6～73.9 μg/g dw）> Pb（19.2～64.1 μg/g dw）> As（3.79～10.5 μg/g dw）> Cd（0.097～0.467 μg/g dw）> Hg（0.016～0.193 μg/g dw），沉积物中 Zn 和 Cr 浓度较高。对比目标重金属在常州地区空间上的分布情况可知，水体与沉积物中重金属浓度均为常州市区高于太湖竺山湾与滆湖，太湖竺山湾与滆湖浓度水平无显著差异。与有机污染物在研究位点沉积物中的浓度分布不同，S1～S12 的重金属浓度明显高于 S13～S17，接近水体中污染物的赋存情况。浓度最高的位点为 S10，与水体一致。使用潜在生态危害指数法对太湖采样点沉积物中重金属进行风险评估，结果表明重金属风险属于低风险，就单一重金属而言，Cd 的风险水平相对较高（图 2-15）。整体而言，太湖流域的重金属风险较低。

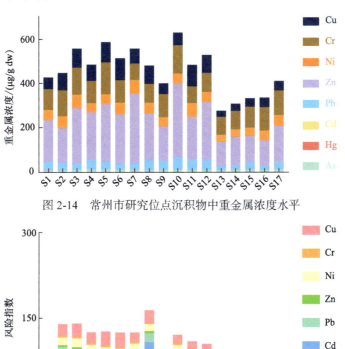

图 2-14　常州市研究位点沉积物中重金属浓度水平

图 2-15　常州市研究位点沉积物重金属风险指数

E. 稀有鮈鲫体内污染物积累浓度

经过 10 d 原位暴露于 S13～S17 位点上层水体的稀有鮈鲫，除了 S14 位点全部死亡，其余位点和实验室对照组的体内污染物积累浓度见图 2-16，所有浓度均归一化换算为脂肪质量（lipid weight，lw）。分析了八类有机污染物，图 2-16 的结果仅列出了有检出的目标污染物，未能检出的如有机氯农药和氟虫腈及其代谢产物这两大类均未列入讨论。实验室对照组的稀有鮈鲫体内检出多环芳烃（226 ng/g lw）和多环麝香（219 ng/g lw），这是因为实验室喂养使用的曝气自来水中含有微量的多环芳烃和多环麝香，会被稀有鮈鲫积累在体内，但比野外原位暴露的体内浓度低至少一个数量级，因此认为对照组的污染物暴露压力可以忽略。

对比研究位点各类污染物的体内积累浓度，多环芳烃（644～10649 ng/g lw）和多环麝香（1612～7361 ng/g lw）的浓度较高，两者之和占到总浓度的 95%以上，其余污染物的浓度由高到低为拟除虫菊酯类农药（152～633 ng/g lw）、多氯联苯（12.3～48.9 ng/g lw）和有机磷农药（0～27.9 ng/g lw），与水体中各类污染物的浓度水平高低基本保持一致，说明高环境外暴露浓度会造成高体内积累浓度。稀有鮈鲫体内的多环芳烃以中低环为主，多环麝香主要是佳乐麝香。从图 2-16 可以看出，4 个位点的浓度由高到低依次为 S15（18685 ng/g lw）＞ S13（10643 ng/g lw）＞ S17（4620 ng/g lw）＞ S16（4535 ng/g lw）。

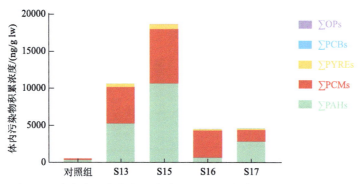

图 2-16　常州市研究位点原位暴露后稀有鮈鲫体内污染物积累浓度

F. 河蚬体内污染物积累浓度

经过 10 d 原位暴露于 S13～S17 位点沉积物的河蚬，体内污染物积累浓度见图 2-17，图 2-17 仅列出了有检出的目标有机污染物，与稀有鮈鲫一样，河蚬体内有机氯农药和氟虫腈及其代谢产物这两大类均未检出。实验室对照组的河蚬体内也检出了多环芳烃（118 ng/g lw）和多环麝香（816 ng/g lw），多环芳烃在两种生物体内浓度比较接近，对于多环麝香的浓度，河蚬要显著高于稀有鮈鲫，说明河蚬对多环麝香的富集能力更强，但对照组浓度仍显著低于野外原位暴露浓度。

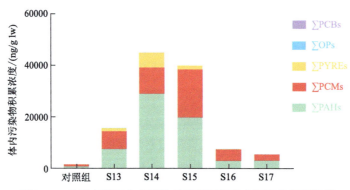

图 2-17　常州市研究位点原位暴露后河蚬体内污染物积累浓度

对比研究位点各类污染物的体内积累浓度，多环芳烃（2870～28983 ng/g lw）和多环麝香（2449～18681 ng/g lw）的浓度较高，两者之和占到总浓度的 90%以上，其余污染物的浓度由高到低为拟除虫菊酯类农药（8.2～5676 ng/g lw）、有机磷农药（1.68～50.8 ng/g lw）和多氯联苯（12.9～28.2 ng/g lw），与沉积物中各类污染物的浓度水平高低基本保持一致。河蚬体内的多环芳烃以中高环为主，多环麝香主要是佳乐麝香。从图 2-17 可以看出，5 个位点的总浓度由高到低依次为 S14（44919 ng/g lw）＞ S15（39912 ng/g lw）＞ S13（15643 ng/g lw）＞ S16（7524 ng/g lw）＞ S17（5454 ng/g lw），与稀有鮈鲫体内浓度排序基本一致。

3. 毒性效应分析

1）效应分析

原位暴露在污染水环境会造成受试生物体内的多种生物标志物表达的改变，本书分析了河蚬和稀有鮈鲫体内代谢酶、抗氧化酶、脂质氧化终产物以及表征生殖毒性和神经毒性的标志物。出于以下考虑，选择抗氧化酶，包括超氧化物歧化酶（superoxide dismutase，SOD）、过氧化氢酶（catalase，CAT）、谷胱甘肽过氧化物酶（glutathione peroxidase，GPX）与谷胱甘肽硫转移酶（glutathione S-transferase，GST），用于反映生物体受到的氧化应激程度；脂质过氧化产物（lipid peroxidation）丙二醛（MDA），用于检测生物体受到的氧化损伤程度；以及两种代谢酶即乙氧基异吩唑酮-脱乙基酶（7-ethoxyresorufin-O-deethylase，EROD）与 7-乙氧基香豆素-O-脱乙基酶（7-ethoxycoumarin O-deethylase，ECOD），用于反映鱼类解毒系统的损伤。此外，考虑到研究区域有常年使用农药的历史，且工业发达，因此选择可指示神经毒性的特异性酶乙酰胆碱酯酶（acetylcholinesterase，AChE）与指示内分泌干扰效应的特异性酶卵黄原蛋白（vitellogenin，Vtg）。EROD、ECOD 分别使用稀有鮈鲫的肝脏和河蚬的肝胰腺测试，GST、SOD、CAT、GPX、MDA 分别使用稀有鮈鲫的肌肉及河蚬的内脏团测试，AChE 使用稀有鮈鲫的脑及河蚬的鳃测试，Vtg 则使用雄性稀有鮈鲫的肝脏测试。

将液氮中冻存的受试生物样品在冰浴下解冻，快速解剖取出稀有鮈鲫的肝脏、脑和肌肉组织，河蚬的鳃、肝胰腺和内脏团组织，按质量体积比 1:9 加入预冷的磷酸盐缓冲液（phosphate buffer saline，PBS）（pH=7.4），充分匀浆，匀浆液于 4℃，以 10000 r/min 速度离心 10 min 后取上清液，用于生物标志物的测定。蛋白浓度测定使用南京建成生物工程研究所试剂盒，SOD、GPX 和 MDA 的测定使用上海碧云天生物技术有限公司试剂盒，Vtg 使用江苏酶免实业有限公司的鲤鱼卵黄蛋白原 ELISA 检测试剂盒进行测定，EROD、ECOD、GST、CAT 和 AChE 的测试方法见参考文献 Qi 等（2015）。

2）效应结果

A. 存活率

受试生物稀有鮈鲫和河蚬在 10 d 原位暴露后的存活率见图 2-18。稀有鮈鲫的存活率由高到低依次为 S13（72.5%±9.6%）>S16（57.5%±15.0%）>S15（37.5%±9.6%）> S17（17.5%±9.6%）>S14（0%），与实验室对照组（95.0%±5.8%）相比，S13～S17 的存活率显著降低（$p<0.05$），说明这 5 个位点水体中的各类污染物对稀有鮈鲫造成了较强的毒性。

河蚬的存活率由高到低依次为 S16（76.7%±6.7%）>S17（63.3%±8.6%）>S13（56.7%±8.6%）>S15（50.0%±12.8%）>S14（18.6%±6.4%），与实验室对照组（95.0%±3.3%）相比，野外原位的存活率均显著降低（$p<0.05$），说明研究位点沉积物中的各类污染物对河蚬造成了一定的毒性。

综合来看，S14 位点对受试生物的毒性最强，造成全部稀有鮈鲫和 81.4%河蚬死亡。

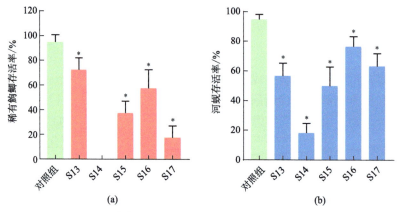

图 2-18　常州市研究位点原位暴露后受试生物存活率

*$p<0.05$，下同

B. 生物标志物

　　受试生物稀有鮈鲫和河蚬在 S13～S17 10 d 原位暴露后的生物标志物响应分别见图 2-19 和图 2-20。相较于实验室对照组，鱼体肝脏内的代谢酶 EROD 活性在 S15 显著升高，在 S16 显著降低，无明显规律，但是 ECOD 活性和 GST 活性在所有位点均显著

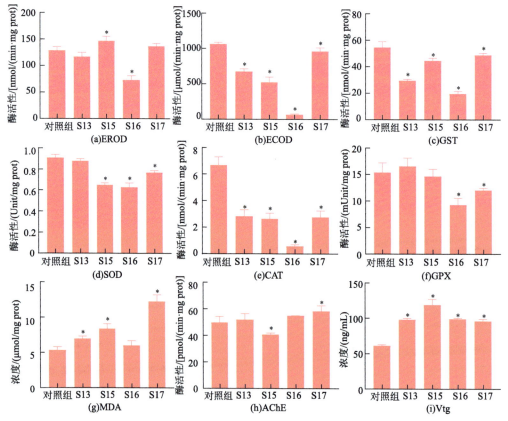

图 2-19　常州市研究位点原位暴露后稀有鮈鲫的生物标志物响应

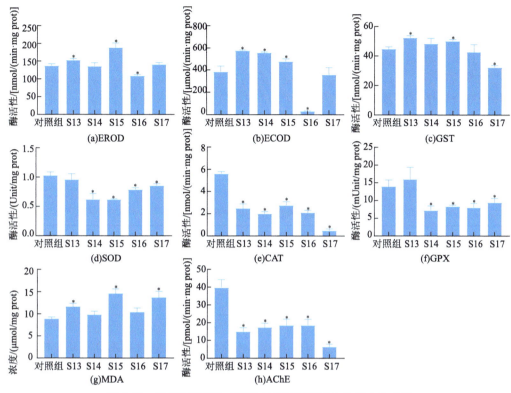

图 2-20　常州市研究位点原位暴露后河蚬的生物标志物响应

降低，说明外源污染物的积累已经超出了肝脏代谢能力，导致酶活性抑制。原位暴露于污染水体造成了稀有鮈鲫体内一系列抗氧化酶活性改变，SOD 活性在 S15～S17 显著降低，CAT 活性在所有位点都显著降低，GPX 活性在 S16 和 S17 显著降低，说明水体污染物对稀有鮈鲫产生了明显的氧化压力。脂质氧化终产物 MDA 浓度在 S13、S15和 S17 显著升高也验证了稀有鮈鲫体内活性氧的积累对机体造成了损伤。表征神经毒性的 AChE 活性在 S15 显著降低，S17 显著升高，但与对照组差异不是很大，说明较低浓度水平的有机磷农药对稀有鮈鲫的影响也比较小。雄鱼肝脏中的 Vtg 浓度在所有位点都显著升高，说明水体中的内分泌干扰物产生了较强的雌激素效应，会影响雄性鱼类的繁殖。

　　相对于实验室对照组，河蚬肝胰腺内的代谢酶 EROD 活性在 S13 和 S15 显著升高，在 S16 显著降低，其余位点无差异。ECOD 活性在 S13～S15 位点显著升高，但在 S16 显著降低，说明 S16 位点河蚬的代谢酶活性显著抑制。GST 活性在 S13 和 S15 显著升高，在 S17 显著降低。经过野外原位暴露的河蚬体内抗氧化酶活性也发生了改变，SOD 活性和 GPX 活性在 S14～S17 位点显著降低，CAT 活性在所有位点均显著降低，说明沉积物中的污染物暴露对河蚬产生了显著的氧化压力。与稀有鮈鲫一样，脂质氧化终产物 MDA 活性在 S13、S15 和 S17 显著升高，验证了河蚬体内活性氧的积累对机体造成了损伤。与稀有鮈鲫不同，河蚬的 AChE 活性在所有位点都显著降低。AChE 因在神经传导中起重要作用，被广泛用于水体中有机磷农药、氨基甲酸酯类农药、重金属及部分药物的检测中。将所测沉积物中有机磷农药的浓度与 AChE 活性进行相关性分析，结果显示其具有一定的相关性（r^2=0.5625，p<0.0001），说明太湖地区沉积物中的有机磷农药可能对河蚬产生了较强的神经毒性。

计算每个研究位点的生物标志物响应得分，结果见表 2-3 和表 2-4。对比不同生物标志物响应得分，可以判断该研究位点复合污染产生的主要效应压力。稀有鮈鲫表征水体的复合污染，从表 2-3 发现 S13 位点的 CAT、GST 和 Vtg 得分较高，说明主要是氧化胁迫和生殖毒性；S15 位点的 SOD、CAT、AChE 和 Vtg 得分较高，说明主要是氧化胁迫、神经毒性和生殖毒性；S16 位点的代谢酶和抗氧化酶的得分最高，说明主要是外源污染物代谢压力和氧化胁迫；S17 位点的 CAT、MDA 和 Vtg 得分较高，说明氧化胁迫、脂质过氧化和生殖毒性显著。

表 2-3　稀有鮈鲫生物标志物响应得分

位点	EROD	ECOD	GPX	SOD	CAT	GST	MDA	AChE	Vtg
S13	1.05	0.98	0.00	0.23	1.74	1.73	0.59	0.97	1.77
S15	0.00	1.36	0.65	2.03	1.83	0.69	1.10	2.65	2.77
S16	2.57	2.52	2.50	2.19	2.76	2.42	0.24	0.51	1.81
S17	0.35	0.26	1.55	1.09	1.77	0.39	2.52	0.00	1.67

河蚬表征表层沉积物的复合污染，从表 2-4 发现 S13 位点的 ECOD、GST 和 AChE 得分较高，说明该位点的代谢压力、氧化胁迫和神经毒性较为显著；S14 位点主要为代谢压力和氧化胁迫；S15 位点除了代谢压力和氧化胁迫，MDA 得分较高说明脂质过氧化显著；S16 位点的 GPX 和 CAT 得分较高，主要为代谢压力和氧化胁迫；S17 位点的 CAT 和 AChE 得分较高，说明该位点的氧化胁迫和神经毒性较高。

表 2-4　河蚬生物标志物响应得分

位点	EROD	ECOD	GPX	SOD	CAT	GST	MDA	AChE
S13	1.70	2.73	0.00	0.41	1.86	2.79	1.21	2.24
S14	1.05	2.63	2.43	2.40	2.14	2.24	0.40	2.03
S15	3.05	2.24	2.12	2.40	1.71	2.47	2.54	1.92
S16	0.00	0.00	2.21	1.40	2.08	1.45	0.68	1.92
S17	1.24	1.64	1.81	1.00	3.05	0.00	2.14	3.02

对每种生物标志物单独分析难以看出位点对受试生物的综合效应，通过综合生物标志物响应指数可以有效地对各位点进行比较。与对照组相比，稀有鮈鲫和河蚬在所有位点的综合生物标志物响应指数均明显升高，稀有鮈鲫由高到低为 S16（1.95）＞S15（1.45）＞S13（1.01）＞S17（1.07），说明水体的亚致死效应最强为 S16，最弱为 S17。河蚬由高到低为 S15（2.31）＞S14（1.92）＞S17（1.74）＞S13（1.62）＞S16（1.22），说明沉积物的亚致死效应最强为 S15，最弱为 S16。

4. 风险表征

为判断研究区域水环境采样位点的复合污染生态风险大小，将基于以上复合污染暴露水平与生物效应表征的数据信息进行定性和定量的综合风险评估。

暴露分析获取了污染物的暴露量，可通过暴露浓度或毒性阈值计算毒性单位，并结合商值法进行风险初级评估。而效应分析则获取了存活率、生物标志物等毒性数据，可转化成无量纲的数值，如将生物存活数量转换成存活率、生物标志物响应转换成综合生物标志物响应（integrated biomarker response，IBR）指数。最后将暴露和效应等多证据链整合，使用证据权重法综合评估复合污染生态风险（Pei et al.，2022）。

综合生物标志物响应指数：将各个单一的生物标志物定量结果统一计算为综合生物标志物响应指数，用于反映受试生物在原位暴露下生物标志物总的表达情况。计算过程见式（2-1）～式（2-4）（Yan et al.，2014），分为 4 步：①将单一位点的平均值（X）通过所有位点的平均值（m）和标准差（SD）标准化为 Y。②再根据生物标志物的反应是激活还是抑制转换为 Z，激活为正，抑制为负。③得到每个生物标志物响应得分 S，其中|min|为所有 Z 值中最小值的绝对值。④最后将生物标志物的 S 值和权重占比相乘，求和即为增强版综合生物标志物响应（enhanced integrated biomarker response，EIBR）指数，W_i 是每个生物标志物的权重，根据其对生物体影响的大小赋值，一般分子水平、细胞水平和个体水平分布赋值 1、2 和 3。本研究所选生物标志物均为分子水平，统一赋权重 1。

$$Y = (X - m) / \text{SD} \tag{2-1}$$

$$Z = Y \text{ 或 } Z = -Y \tag{2-2}$$

$$S = Z + |\text{min}| \tag{2-3}$$

$$\text{EIBR} = \sum_{i=1}^{n} S_i \times W_i / \sum_{i=1}^{n} W_i \tag{2-4}$$

证据权重法：可以有效地整合毒性效应和暴露浓度数据，得到更为科学全面的评价结论。本研究选用灰色逼近理想解法，该方法是将逼近理想解排序方法（technique for order preference by similarity to ideal solution，TOPSIS）和灰色关联评价法相结合，评价指标与理想解的距离越小、关联度越大，说明沉积物和水体的质量越好。通过设置两个虚拟比较点即较好点和较差点，将所有实际研究位点与较好点和较差点同时进行评价，根据算出的相对接近度对样点进行降序排序，根据与两个比较点的排序位置，可以对所有研究位点进行风险等级评定，分为高风险、中等风险及低风险。计算过程通过 Jiang 等（2015）编写的 Excel VBA（visual basic for application，VBA）程序进行，采用宽松力度权重，根据不同证据链对沉积物和水体质量的指示程度不同，将生物存活率、综合生物标志物响应指数和目标污染物浓度分别赋予权重 10、5 和 1。

1）证据权重分析

A. 水体

通过证据权重法将暴露结果和效应结果结合起来进行分析，更全面准确地判断研究位点的生态风险大小。本研究的三条证据链分别为受试生物的存活率、综合生物标志物响应指数和目标污染物的环境浓度，选用灰色逼近理想解法，构造较好点和较差点，通过程序运算和所有的研究位点一起进行排序，排在较好点之前为低风险，较好点和较差点之间为中等风险，较差点之后为高风险（Pei et al.，2022）。较好点和较差点值的选择方法见表 2-5，对于存活率，对照组的存活率一般要求在 80%以上，因此较好点值选为 80%，毒性测试中较多使用半数致死浓度，因此较差点选为 50%。综合生物标志物响应指数会随着物种和生物标志物测定种类而变化，因此较好点值选择同批次实验对照组的实测值。综合生物标志物响应指数综合表征受试生物在分子层面的亚致死效应，是生物个体层面的致死效应的上游事件，低存活率一般对应高综合生物标志物响应指数，将所有位点的综合生物标志物响应指数和对应的存活率进行线性拟合，50%存活率对应的值设置为较差点。环境浓度的较好点参考文献中的选择方法，选择目标污染物的阈值效应浓度或基准值，较差点为可能效应浓度或 10 倍基准值。

表 2-5　较好点与较差点值的选择方法

	存活率	综合生物标志物响应指数	环境浓度
较好点	80%	对照组的值	阈值效应浓度或基准值
较差点	50%	50%存活率对应的值	可能效应浓度或 10 倍基准值
权重	10	5	1

　　筛选出 17 个研究位点中有较高检出率的污染物，查找文献中报道的水体和沉积物阈值效应浓度、预测无效应浓度、基准连续浓度、可能效应浓度或慢性水质基准，构造为较好点和较差点。

　　对常州市 17 个研究位点的水体环境浓度单一证据链进行灰色逼近理想解法计算，评价结果显示，所有位点均排在较好点（排序为 18）与较差点（排序为 19）以前，风险为低风险。相对风险较高的位点为 S11、S8 和 S7，排序分别为 17、16 和 15，相对风险较低的位点为 S16、S13 和 S1，排序分别为 1、2 和 3。因为所分析的目标污染物有限，水体中存在对水生生物同样产生毒性的未知污染物，所以仅仅依据环境浓度来评估风险可能不太准确，需要加入效应信息。

　　除了环境浓度，加入稀有鮈鲫存活率和生物标志物这两个效应证据链，对位点 S13~S17 进行灰色逼近理想解法计算。S13 排在较好点（排序为 2）之前为低风险，S14 排在较差点（排序为 6）之后为高风险，其余位点为中等风险。风险由高到低依次为 S14> S17> S15> S16> S13，结合 17 个位点的环境浓度风险排序，最终推断 S14 为风险最高的研究位点，用于后续水体中主要致毒污染物的识别。

　　B. 沉积物

　　对常州市 17 个研究位点的沉积物环境浓度单一证据链进行灰色逼近理想解法计算，评价结果显示，全部位点都排在较好点（排序为 1）和较差点（排序为 19）之间，均为中等风险。相对于水体的结果，沉积物的生态风险明显更高。相对风险较高的位点为 S15、S3 和 S5，排序分别为 18、17 和 16，相对风险较低的位点为 S13、S4 和 S14，排序分别为 2、3 和 4。同样仅仅依据沉积物环境浓度来评估风险可能不太准确，需要加入效应信息。

　　综合环境浓度、河蚬存活率和生物标志物 3 个证据链，对位点 S13~S17 进行灰色逼近理想解法计算。S14 排在较差点（排序为 6）之后为高风险，其余位点排在较好点（排序为 1）之后为中等风险。风险由高到低依次为 S14> S15> S17> S13> S16，结合 17 个位点的环境浓度风险排序，最终推断 S14 为风险最高的研究位点，用于后续沉积物中主要致毒污染物的识别。

2）水环境复合污染风险污染物识别

采用风险商对目标污染物进行风险识别和初步评价（Yan et al., 2014），具体计算公式如下：

$$RQ_{ij} = \frac{MEC_{ij}}{PNEC_i}$$

式中，MEC_{ij} 为污染物 i 在研究位点 j 的实测浓度；$PNEC_i$ 为污染物 i 的预测无效应浓度。若 PNEC 难以查得，可以用阈值效应浓度、基准连续浓度或慢性水质基准代替。对不同污染物的风险商进行由高到低排序，初步筛查出高风险的污染物。

A．水体

通过商值法对目标污染物的风险进行排序，常州市 17 个研究位点水体中污染物的风险商计算结果见图 2-21，按照中值由低到高进行排列。风险商范围为 0.0001～

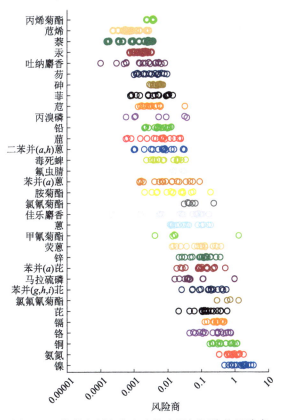

图 2-21　常州市研究位点水体中目标污染物风险商

10，大部分污染物小于 1，风险较低。整合所有研究位点，风险较高的 6 种污染物依次是镍、氨氮、铜、铬、镉和芘。芘是多环芳烃中风险最高的，氯氟氰菊酯是农药中风险最高的，而水体中浓度最高的多环麝香因为基准值也高，风险商反而比较低。

对高风险位点 S14 单独进行水体污染物的风险商计算，结果见图 2-22，识别出的主要致毒污染物为氨氮、镍、镉、铜、芘和铬。

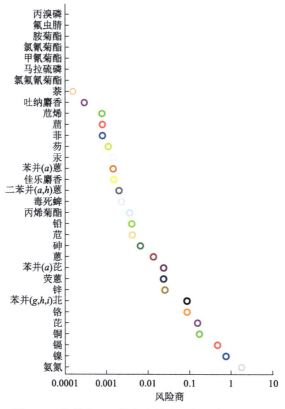

图 2-22 常州市 S14 位点水体中目标污染物风险商

B. 沉积物

常州市 17 个研究位点沉积物中污染物的风险商计算结果见图 2-23，按照中值由低到高进行排列。对比可以发现沉积物的风险商显著高于水体，除了十溴二苯醚，其他污染物的风险商范围为 0.001～100，大部分污染物的风险商处于 1～10，为中等风险。整合所有研究位点，风险较高的 6 种污染物依次是二苯并(a,h)蒽、氯氟氰菊酯、芘、氟虫腈、溴氰菊酯和氯氰菊酯。其中有两种多环芳烃、3 种拟除虫菊酯类农药，而高浓度水平的多环麝香同样风险较低。

对高风险位点 S14 单独进行沉积物污染物的风险商计算，结果见图 2-24，识别出的主要致毒污染物为芘、氯氟氰菊酯、菲、萘、芴和二苯并(a,h)蒽。其中有 5 种多环芳烃、1 种拟除虫菊酯类农药。

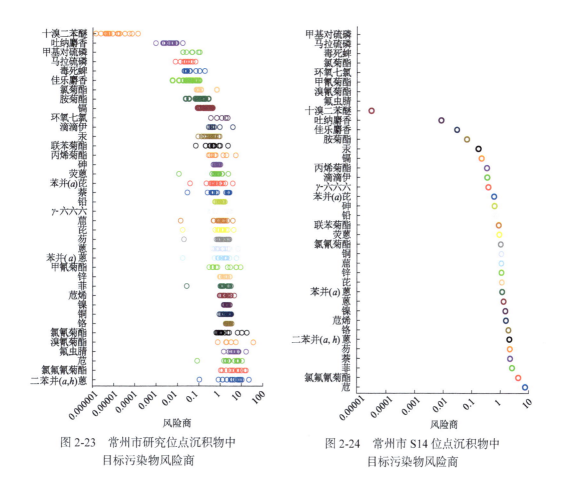

图 2-23　常州市研究位点沉积物中
目标污染物风险商

图 2-24　常州市 S14 位点沉积物中
目标污染物风险商

2.3.2　太湖流域（常州市）水环境复合污染风险管理对策

综上所述，对比太湖流域（常州市）的 17 个湖泊与城市水体采样位点中所测的目标污染物浓度水平，可以发现太湖流域的水环境复合污染概况主要有以下几个特征。

（1）水体与沉积物中污染物均以多环芳烃与多环麝香为主，多环芳烃主要是燃料燃烧及原油的混合来源。对常州地区多环芳烃进行源解析，发现常州市区、太湖竺山湾及漏湖的多环芳烃主要来源途径为燃料燃烧及原油的混合来源。多环麝香从空间分布看太湖竺山湾的水体要明显高于漏湖，而常州市内河网中多环麝香的浓度差异较大。另外，太湖和漏湖水体中多环麝香的水平呈现出明显的季节性差异，冬季明显高于夏季。

（2）农药类污染物普遍检出，以拟除虫菊酯类农药为主，联苯菊酯与胺菊酯需重点关注。目标现用农药中只有联苯菊酯有检出，且检出率接近 100%。太湖竺山湾与常州市区、漏湖的浓度水平相比有显著升高，且所有位点呈现冬季检出浓度高于夏季的现象。对所有位点水样及沉积物分析目标农药总浓度，四类农药检出率除拟除虫菊酯类农药外，检出率均较低。水中拟除虫菊酯类农药大部分虽有检出但浓度普遍较低，浓度范围为 0~82.5 ng/L，沉积物表现了相似的赋存情况，拟除虫菊酯类农药浓度普遍较低，浓度范围为 0~25.5 ng/g dw，与水体一样各个位点检出率较高的污染物为胺菊酯。使用商值法对水环境中拟除虫菊酯类农药进行风险表征，水体及沉积物中拟除虫菊酯类农药总浓度表现出了中等风险，太湖竺山湾及漏湖地区相对较高。与我国其他地区对比可知，除拟除虫菊酯类农药外，目标农药的检出率均低于珠江流域、鄱阳湖流域，与辽河流域水平接近。不同于鄱阳湖地区检出较高浓度的禁用农药（如有机氯农药），常州地区检出率较低，说明该区域早年农药使用量相对较低，管控收效甚好。

（3）水体与沉积物中重金属的生态风险较低，沉积物中镉的潜在生态风险需关注。太湖流域（常州市）水体中 8 种目标重金属（砷、汞、镉、铅、锌、镍、铬和铜）均有检出，不过浓度均低于《生活饮用水卫生标准》（GB 5749—2006）和《地表水环境质量标准》（GB 3838—2002）Ⅲ类水体标准。其中，锌和镍的浓度最高，浓度范围分别为 3.90~21.6 μg/L 和 1.64~11.5 μg/L，检出率均为 100%。沉积物中锌和铬浓度较高，浓度范围分别为 110~402 μg/g dw 和 63.2~158 μg/g dw。对比目标重金属在常州地区空间上的分布情况可知，水体与沉积物中重金属浓度均为常州市区高于太湖竺山湾与漏湖，太湖竺山湾与漏湖浓度水平无显著差异。与我国其他地区对比，常州地区沉积物中重金属水平较珠江流域低，比鄱阳湖流域略高，而水体则与珠江流域、鄱阳湖流域无显著差异。使用潜在生态危害指数法对太湖采样点沉积物中重金属进行风险评估，结果表明重金属风险属于低风险，就单一重金属而言，镉的风险水平相对较高。整体而言，太湖流域的重金属风险较低。

（4）水环境呈现中高等复合污染风险水平，主要致毒污染物为重金属、多环芳烃与拟除虫菊酯类农药。通过原位生物暴露测试，发现常州地区受试生物稀有鮈鲫的存活率在 0%~72.5%，河蚬的存活率在 18.6%~76.7%，其受试生物存活率相较于鄱阳湖流域（稀有鮈鲫：10.0%~45.0%；河蚬：1.67%~11.7%）略高，相较于珠江流域广州地区（稀有鮈鲫：72.5%~97.5%；河蚬：12.5%~92.5%）略低，表明复合污染对水生动物已产生一定的毒害效应。通过分析 9 种生物标志物（包括生物体内代谢酶、抗氧化酶、脂质氧化终产物以及表征生殖毒性和神经毒性的标志物）可知，稀有鮈鲫与河蚬的代谢酶均受抑制，体内活性氧的积累已对机体造成了损伤，说明外源污染物的积累已经超出了其肝脏代谢能力，对稀有鮈鲫与河蚬产生了显著的氧化压力。此外，水体中的内分泌干扰物造成雄性稀有鮈鲫体内卵黄蛋白原含量的显著升高，产生的雌激素效应可能会影响雄性鱼类的繁殖。与稀有鮈鲫不同，河蚬的乙酰胆碱酯酶在所有位都显著降低，说明沉积物中的有机磷农药对河蚬产生了较强的神经毒性。基于证据权重法的复合污染风险评估结果显示，太湖竺山湾与漏湖共计 5 个采样点中，S14 位点位的水体与沉积物均呈高风险，其余均为中等风险，且 S14 表现为两种受试生物出现极低的存活率与最高的风险水平。通过商值法对常州市 17 个研究位点水体中污染物的风险商进行排序，风险商范围为 0.0001~10，大部分污染物的风险商小于 1，风险较低。整合所有研究位点，水体中风险较高的 6 种污染物依次是镍、氨氮、铜、铬、镉和芘。多环芳烃中芘的风险最高，农药中氯氟氰菊酯的风险最高，而水体中浓度最高的多环麝香因其基准值较高，风险商反而较低。通过商值法对常州市 17 个研究位点沉积物中污染物的风险商进行排序，发现沉积物的风险商显著高于水体，除十溴联苯醚外，其他污染物的风险商范围为 0.001～100，大部分污染物的风险商处于 1～10，为中等风险。整合所有研究位点，沉积物中生态风险较高的 6 种污染物依次是二苯并(a,h)蒽、氯氟氰菊酯、苊、氟虫腈、溴氰菊酯和氯氰菊酯。其中有两种多环芳烃、3 种拟除虫菊酯类农药，而高浓度水平的多环麝香同样风险较低。

常州地区水环境呈现中高等复合污染风险水平，其主要问题是水体中自由溶解态污染物以多环芳烃与多环麝香为主；农药类污染物普遍检出，以拟除虫菊酯类农药为主；沉积物中镉的潜在生态风险较高。针对以上问题提出管理对策。

（1）重视有毒有害污染物的来源管控。常州地区以多环芳烃和拟除虫菊酯类农药检出率与检出浓度较高，且基于商值法的毒性识别也发现这两类污染物为主要致毒物。多环芳烃主要源于各种化石燃料燃烧，拟除虫菊酯类农药则主要源于家庭卫生害虫防治、农用及公共卫生杀虫剂。针对这些主要致毒污染物，应重视管控其来源途径，加强对其在水体污染的监测，明确污染物的排放标准与实际排放情况，实施全链条风险防控策略，如以节能减排为重点，考虑建设以低碳为特征的综合交通运输系统，加强水上交通运输的监管，减少小型运输工具的使用，以有效管控多环芳烃；同时应杜绝已禁用农药违禁使用，加强农业种植区农药使用的管理，从家用杀虫剂、公共环境卫生及农业领域管控拟除虫菊酯类农药的输入。

（2）控制滆湖、长荡湖污染物来源，加强湖区综合治理。滆湖南北两个位点的水体及沉积物经原位生物测试并结合证据权重分析表现出了中等风险，其较低的生物存活率（稀有鮈鲫：17.5%～57.5%；河蚬：63.3%～76.7%）说明其复合污染水平对水生生物表现出了一定的胁迫压力。分析滆湖两个位点的生物标志物响应得分，可知滆湖北部复合污染主要效应压力来自外源污染物的代谢压力和氧化胁迫，说明站位点附近可能存在某些刺激机体氧化应激的外源污染物质；而南部则表现为显著的氧化胁迫、脂质过氧化和生殖毒性效应，可能是较高浓度的内分泌干扰物及重金属类物质暴露所致。长荡湖周边河流（S2 和 S3）水中有机污染物水平相较于常州市区、滆湖浓度均较高，但略低于太湖竺山湾，其中多环麝香含量显著高于其他类污染物，而沉积物中所测污染物总浓度高于其他所有位点，其中多环芳烃含量显著高于其他类污染物。其水与沉积物中重金属水平也明显高于多数常州市区采样点、太湖竺山湾及滆湖所有位点，较高的污染物水平说明针对长荡湖的污染防控也不容忽视。而滆湖与长荡湖的污染物来源广泛，包括工业污染源、农业污染源、生活污染源、畜禽养殖污染源、围网养殖污染，因此建议管理部门严格控制湖区各河道的主要污染物及周边生活污水、工矿业排放标准，合理控制富营养化物质的输入和富集；严格实施生态渔业规划，以浅水区大型水生植物修复为重点，加快水生高等植物恢复工程，逐步恢复湖区生态，在滆湖、长荡湖的水环境质量改善及湿地生物多样性保护方面发挥应有作用；加大湖内综合治理，包括清淤工程和生态恢复工程等。

（3）关注新污染物，考虑将非优控污染物纳入城镇污水处理目标。针对水环境中检出新污染物多环麝香浓度较高，而传统的污水处理厂可能无法有效去除此类新污染物，导致其随污水处理厂出水、污泥等再次进入环境，甚至通过生活用水危害人体健康。常州地区人口繁多，各种大小型工业星罗棋布，更需要针对实际情况制定符合常州市的城镇污水处理厂污染物排放标准，以便因地制宜地治理环境，对常规优控污染物控制的同时还需关注新兴污染物，如全氟化合物、药物和个人护理品等，考虑将非优控污染物纳入污水处理目标，有必要时针对以往未受到关注的污染物开展生态风险评估或人体健康风险评估，以判别其是否会危害人类健康。

（4）开展生态风险评估时应关注生物效应，考虑应用较为前沿的技术、装置进行精准复合污染风险评估与管理。常州地区呈现较高的复合污染生态风险，建议管理部门可考虑一些较为前沿的技术以进行更具环境相关性及准确性的污染防治手段，如使用结合原位生物暴露测试的证据权重分析以提高复合污染风险评估的准确性与环境相关性，将该套原位被动采样-生物暴露联用技术或其他考虑生物效应（存活率与生物标志物等指标）的风险评估手段用于实际风险管控工作中，将《水环境化学污染物复合污染生态风险评估技术指南》作为技术规范，发展多物种多毒性终点的原位生物暴露方法，不仅仅局限于化学分析结果，重点关注受试生物的效应；针对环境样品开展非目标筛查，实现致毒污染物的精准溯源；风险评估工作中关注生物效应并考虑生物有效性，以提高评估结果的准确性；考虑应用检出限低、操作简单、成本低、高效节能的被动采样技术，在研究区域内进行大范围布点，以获取多个反映真实环境情况的污染物浓度，为准确开展生态风险评估提供科学数据支撑；根据需求因地制宜地适当选择采样区域、目标污染物与毒性终点，关注常州地区经济迅猛发展带来的居民生活污水、工业废水与农业面源污染等复合污染环境问题。

参 考 文 献

李慧珍, 裴媛媛, 游静. 2019. 流域水环境复合污染生态风险评估的研究进展. 科学通报, 64(33): 3412-3428.

裴媛媛, 佟宇俊, 李慧珍, 等. 2020. 基于原位生物测试的水生态风险评估技术研究. 环境科学研究, 33(11): 2437-2447.

Ankley G T, Bennett R S, Erickson R J, et al. 2010. Adverse outcome pathways: A conceptual framework to support ecotoxicology research and risk assessment. Environmental Toxicology and Chemistry, 29(3): 730-741.

Brack W. 2003. Effect-directed analysis: A promising tool for the identification of organic toxicants in complex mixtures?. Analytical and Bioanalytical Chemistry, 377(3): 397-407.

Brack W, Burgess R. M. 2011. Considerations for incorporating bioavailability in effect-directed analysis and toxicity identification evaluation//Brack W. Effect-Directed Analysis of Complex Environmental Contamination. New York: Springer: 41-68.

Burgess R M, Ho K T, Brack W, et al. 2013. Effects - directed analysis (EDA) and toxicity identification evaluation (TIE): Complementary but different approaches for diagnosing causes of environmental toxicity. Environmental Toxicology and Chemistry, 32(9): 1935-1945.

Burton Jr. G A, Rosen G, Chadwick D B, et al. 2012. A sediment ecotoxicity assessment platform for in situ measures of chemistry, bioaccumulation and toxicity. Part 1: System description and proof of concept.

Environmental Pollution, 162: 449-456.

Cheng F, Li H, Brooks B W, et al. 2021. Signposts for aquatic toxicity evaluation in China: Text mining using event-driven taxonomy within and among regions. Environmental Science & Technology, 55 (13): 8977-8986.

Du J, Jing C. 2018. Anthropogenic PAHs in lake sediments: A literature review (2002-2018). Environmental Science: Processes & Impacts, 20(12): 1649-1666.

Du J, Pang J, You J. 2013. Bioavailability-based chronic toxicity measurements of permethrin to *Chironomus dilutus*. Environmental Toxicology and Chemistry, 32 (6): 1403-1411.

Dusza H M, Janssen E, Kanda R, et al. 2019. Method development for effect-directed analysis of endocrine disrupting compounds in human amniotic fluid. Environmental Science & Technology, 53 (24): 14649-14659.

Fang M, Getzinger G J, Cooper E M, et al. 2014. Effect-directed analysis of Elizabeth River porewater: Developmental toxicity in zebrafish (*Danio rerio*). Environmental Toxicology and Chemistry, 33(12): 2767-2774.

Farris J L, van Hassel J H. 2006. Freshwater Bivalve Ecotoxicology. Florida: CRC Press.

Henneberger L, Muehlenbrink M, Escher B. 2019. Solid-phase microextraction as a universal tool for quantitative *in vitro*-to-*in vivo* extrapolation studies. Toxicology Letters, 314: S137.

Hong S, Giesy J P, Lee J-S, et al. 2016. Effect-directed analysis: Current status and future challenges. Ocean Science Journal, 51 (3): 413-433.

Ingersoll C G, Dillon T, Biddinger G R. 1997. The Ecological Risk Assessment of Contaminated Sediments. USA: SETAC.

Jiang Y X, Liu Y S, Ying G G, et al. 2015. A new tool for assessing sediment quality based on the Weight of Evidence approach and grey TOPSIS. Science of the Total Environment, 537: 369-376.

Li H, Sun B, Chen X, et al. 2013. Addition of contaminant bioavailability and species susceptibility to a sediment toxicity assessment: Application in an urban stream in China. Environmental Pollution, 178: 135-141.

Li H Z, Yi X Y, Cheng F, et al. 2019. Identifying organic toxicants in sediment using effect-directed analysis: A combination of bioaccessibility-based extraction and high-throughput midge toxicity testing. Environmental Science & Technology, 53(2): 996-1003.

Li H, You J. 2015. Application of species sensitivity distribution in aquatic probabilistic ecological risk assessment of cypermethrin: A case study in an urban stream in South China. Environmental Toxicology and Chemistry, 34(3): 640-648.

Liß W, Ahlf W. 1997. Evidence from whole-sediment, porewater, and elutriate testing in toxicity assessment of contaminated sediments. Ecotoxicology and Environmental Safety, 36(2): 140-147.

Mehler W T, You J, Maul J D, et al. 2010. Comparative analysis of whole sediment and porewater toxicity identification evaluation techniques for ammonia and non-polar organic contaminants. Chemosphere, 78 (7): 814-821.

Pei Y, Tong Y, Li H, et al. 2022. In-situ biological effects, bioaccumulation, and multi-media distribution of organic contaminants in a shallow lake. Journal of Hazardous Materials, 427: 128143.

Qi H, Li H, Ma P, et al. 2015. Integrated sediment quality assessment through biomarker responses and bioavailability measurements: Application in Tai Lake, China. Ecotoxicology and Environmental Safety, 119: 148-154.

Qian Y, Wang X, Wu G, et al. 2021. Screening priority indicator pollutants in full-scale wastewater treatment plants by non-target analysis. Journal of Hazardous Materials, 414: 125490.

Roig N, Nadal M, Sierra J, et al. 2011. Novel approach for assessing heavy metal pollution and ecotoxicological status of rivers by means of passive sampling methods. Environment International, 37(4): 671-677.

Schwab K, Brack W. 2007. Large volume TENAX® extraction of the bioaccessible fraction of sediment-associated organic compounds for a subsequent effect-directed analysis. Journal of Soils and Sediments, 7(3): 178-186.

Simon E, van Velzen M, Brandsma S H, et al. 2013. Effect-directed analysis to explore the polar bear exposome: Identification of thyroid hormone disrupting compounds in plasma. Environmental Science & Technology, 47(15): 8902-8912.

Smolders R, Bervoets L, Blust R. 2004. In situ and laboratory bioassays to evaluate the impact of effluent discharges on receiving aquatic ecosystems. Environmental Pollution, 132(2): 231-243.

USEPA. 2013. Guidelines for using passive samplers to monitor organic contaminants at super fund sediment sites. Washington DC: US Environmental Protection Agency.

Xu Y, Spurlock F, Wang Z, et al. 2007. Comparison of five methods for measuring sediment toxicity of hydrophobic contaminants. Environmental Science & Technology, 41(24): 8394-8399.

Yan Z, Yang X, Lu G, et al. 2014. Potential environmental implications of emerging organic contaminants in Taihu Lake, China: Comparison of two ecotoxicological assessment approaches. Science of the Total Environment, 470: 171-179.

Yang J, Zhang X, Xie Y, et al. 2017. Zooplankton community profiling in a eutrophic freshwater ecosystem-Lake Tai basin by DNA metabarcoding. Scientific Reports, 7(1): 1-11.

Yao Y, Huang C-L, Wang J-Z, et al. 2017. Significance of anthropogenic factors to freely dissolved polycyclic aromatic hydrocarbons in freshwater of China. Environmental Science & Technology, 51(15): 8304-8312.

Yi X, Li H, Ma P, et al. 2015. Identifying the causes of sediment-associated toxicity in urban waterways in South China: Incorporating bioavailabillity-based measurements into whole-sediment toxicity identification evaluation. Environmental Toxicology and Chemistry, 34(8): 1744-1750.

You J, Harwood A D, Li H, et al. 2011. Chemical techniques for assessing bioavailability of sediment-associated contaminants: SPME versus Tenax extraction. Journal of Environmental Monitoring, 13(4): 792-800.

You J, Li H. 2017. Improving the accuracy of effect-directed analysis: The role of bioavailability. Environmental Science: Processes & Impacts, 19(12): 1484-1498.

You J, Pehkonen S, Weston D P, et al. 2008. Chemical availability and sediment toxicity of pyrethroid insecticides to *Hyalella azteca*: Application to field sediment with unexpectedly low toxicity. Environmental Toxicology and Chemistry, 27(10): 2124-2130.

Zhang Y, Luo X, Wu J, et al. 2010. Contaminant pattern and bioaccumulation of legacy and emerging organhalogen pollutants in the aquatic biota from an e-waste recycling region in South China. Environmental Toxicology and Chemistry, 29(4): 852-859.

第3章　流域重点行业水环境风险管理

3.1　流域重点行业水环境风险管理研究现状

3.1.1　我国流域重点行业水环境风险管理现状及科技需求

1. 我国流域重点行业水环境风险管理现状

近年来，随着国家工业企业快速发展，水环境风险管理矛盾不断加大。我国流域水环境风险隐患问题突出，因重点行业企业水污染排放导致的突发水环境事件呈现高发态势，关乎生态安全的环境风险问题频繁发生，流域生态环境遭到严重损害，水环境风险管理的压力不断增大，促使我国水环境管理模式由末端治理向源头管控转换，由总量控制向风险管控演化。

为切实加大水污染防治力度，保障国家水安全，2015 年 4 月出台了《水污染防治行动计划》（即"水十条"），提到水环境风险管理，"应强化源头控制"，"水陆统筹、海河兼顾，对江河湖海实施分流域、分区域、分阶段科学治理，系统推进水污染防治、水生态保护和水资源管理"，着力把解决重点行业污染放在首位，提出要专项整治十大重点行业，包括造纸、焦化、氮肥、有色金属、印染、农副食品加工、原料药制造、制革、农药、电镀等重点行业，明确根据国家确定的重要江河、湖泊的水功能区划实行分区、分级管控，对不同等级的功能区实施差别化的流域产业结构调整与准入政策，淘汰落后生产工艺、设备，加快重点行业的工业园区统一管理，并定期开展重点行业工业园区的环境综合治理。

总体来看，我国流域水环境风险管理水平仍滞后于水环境污染演变历程，为消除重点行业生产带来的环境压力，逐步改善我国水环境污染现状，保障用水安全，"十一五"和"十二五"水专项陆续在辽河流域、三峡库区等区域开展了流域水环境风险评估与预警监控平台的构建和试点应用，取得了一定的阶段性成果，但无法满足水环境管理现状，水环境污染问题依然突出，技术缺口依然明显。重点行业企业水环境污染治理任重而道远，仍需持续加大管理投入和技术研发力度，逐步改善水环境现状。

2. 我国流域重点行业水环境风险管理科技需求

当前我国正处于工业化和城镇化快速发展阶段，能源资源消耗和污染排放强度大，资源环境约束凸显。以纺织、印染和化工等为代表的重点行业既是支撑我国国民经济持续高速发展的基础行业，又是资源能源消耗突出、水污染负荷大的重点行业。我国长期居于产业链下游，重污染行业涉及产品种类繁多、原料来源广泛、工艺流程长、产污环节多，毒性化学品原料及生产过程产生的众多有毒中间体易进入水环境，导致末端排放的废水/污水具有成分复杂、污染负荷高、毒性高等特点，是水环境风险管理中的很大隐患。

从源头规避突发环境污染事件的发生，是防范环境风险最有效的途径。对可能导致突发环境事件的环境风险源进行科学识别、分类分级有效管理是源头防范的关键，符合当前环境风险防范的迫切需求。着眼于水环境突发环境事件的风险评估与预警，强调以水源地安全为基点，迫切需要实现风险源的有效识别、充分掌握风险源特征，并应关注如何借助模型等工具手段支撑快速决策，强调风险阈值确定的必要性和风险适度控制，实现事故现场的有效应急控制。

“十一五”“十二五”期间水专项进行了“基于风险的流域水环境优控污染物筛选”“优控污染物（东江）动态控制管理技术体系”“水污染源监测监管技术体系”等方面的研究，取得了大量成果。研究成果多基于流域内江河湖泊受体中污染物的监测和筛选，初步摸清了针对某些重点行业和工艺有毒有害污染物的排放情况，但与目前涉及的水环境风险管理业务数据（如水环境监测数据、环境统计数据和废水排放监测数据），以及与之相关联的不同生态环境功能区内水文、水资源、气象和敏感点位或区域等数据之间的关联关系还较薄弱。

针对减排过程中重点控制的有毒有机物种类和控制节点，难以在污染突发情况下及时有效地确定其污染来源，并控制其环境风险。经过“十一五”“十二五”水专项的推进，目前我国水环境管理工作已经由总量减排向控制流域单元水质目标管理的体系上转变。“十三五”期间水专项提出的以水质为目标的精细化管理，需要针对水体环境的特点及其污染物特征，构建流域水环境风险防控基础数据库，形成水环境综合性指标和深加工数据产品，以服务于水环境问题诊断、水质评价和预警，为流域水环境风险评估，水环境与社会经济发展的关联关系研究，水量、水质与水生态的交互作用等领域的深入发掘提供有效的技术支撑。

3.1.2　国内外流域重点行业水环境风险管理技术进展

水环境风险管理通常主要基于风险识别、风险评估、风险预警和损害评估等几个关键技术环节，而风险识别作为水环境风险管理的初始阶段，是对可能引发环境危害的污染因子进行有效的识别与鉴别，发现产生环境危害的主要污染物。风险源，即导致风险发生的客体以及相关的因果条件。风险源既可以是自然的，又可以是人为的，可以是物质的，也可以是能量的。它产生的风险是随机的，具有相应的概率，可以通过数学、物理、化学方法来确定。

环境风险源是指有害物质在特定的自然、社会环境条件下，由于人为或意外因素引起其物理或化学稳定性发生改变，并导致环境受到严重污染和破坏，甚至造成人员伤亡，使当地经济、社会活动受到较大影响。环境风险源的存在是环境风险事件发生的先决条件。区域发展所涉及的重大环境风险源是使用易燃、易爆或者有毒有害危险物质的企业、集中仓储仓库和危险物质供应过程中的运输等，重大环境风险有火灾爆炸、泄漏毒害物质、污染物治理设施的事故排放等。

此外，随着工业发展，化学品种类和使用量与日俱增，存在于环境中的有毒有害污染物数以十万计，在水环境风险管理时，如何筛选危害最大、风险最高的化学品并进行优先管理和有效控制最为迫切，因此优控污染物筛选技术成为流域水环境风险管理技术中极为重要的环节之一。优控污染物筛选即对目前水环境中已存在的污染物进行打分排序，将风险最高的物质列入优先控制的清单，以进行优先管控。针对重点行业，则要根据不同行业所使用的原辅料及生产过程中所可能排放的化合物进行筛选，确定该行业的特征污染物清单并进一步筛选优先控制污染物（Halfon and Reggianl，1986）。

自 20 世纪 70 年代起，有毒有害物质的优控逐步得到重视，美国、欧盟、日本、加拿大等国家和组织陆续公布了环境有害名录（European Commission，1999；Lerche et al.，2004；Dunn，2009；Clarke et al.，2009；Guinee et al.，1996）。我国针对环境优控污染物的研究较晚，最早的研究名录是于 1989 年 4 月通过国家环境保护局鉴定的中国水中优先控制污染物黑名单，此后四川、甘肃、天津、北京、福建、江苏等地区也陆续对水体中的优先控制污染物展开了研究，并取得一定进展。其他各省区市及研究机构也积极开展环境水体优先控制污染物的研究（周文敏等，1991；方路乡和胡望钧，1991；刘仲秋等，1992a，1992b；任双梅等，1996；宋仁高等，1992；王维国和李新中，1991；印楠，1997；王媛，2011；徐晓琳等，2003；刘志彬，2009；郑庆子和祝琳琳，2012；王向明等，1996）。

1. 美国

美国从 20 世纪 70 年代开始进行环境风险防范与应急管理的相关研究，目前已经形成较为完善的环境风险管理法律、法规与标准体系。

1990 年，美国《空气清洁法修正案》（CAAA）要求对使用、储存有毒有害物质的风险源设施实施风险管理计划，对有毒物质的事故排放进行风险评估并建立应急响应。美国 EPA 于 1999 年颁布了《化学品事故防范法规》，该法规是美国第一部为预防可能危害公众与环境的化学品事故制定的联邦法规。法规中列出了 77 种有毒物质和 63 种易燃物质的控制清单与临界量值，要求生产、使用、储存清单所涉及物质超过临界量标准的企业必须提交并实施风险管理计划。历史环境事件中出现的污染物补充列入环境风险物质与临界量清单，包括硫酸二甲酯、苯胺、二甲苯、乙苯、对苯醌、二氯甲烷、丙酮氰醇、苯酚、硝基苯、萘、白磷、三氯乙烯、四氯化碳、敌敌畏、四乙基铅、二氯甲苯。

依据风险分析、辨识情况，选择合适的模型对风险源导致事故发生的可能性和严重程度进行定性与定量评价，并基于风险源可能导致的事故后果，将企业风险划分为 3 个等级，从一级到三级风险水平依次增高（Arnot et al.，2006）。一级：最坏情况条件下，安全距离内无公众受体并且在过去 5 年内没有引起场外环境不良后果的事故发生的企业；二级：不是一级也不适合三级的企业；三级：符合美国职业安全与健康管理局（OSHA）的过程安全管理标准（PSM）或为指定 10 类高风险行业之一的企业。10 类高风险行业包括纸浆造纸业、石化炼油业、石油化工制造业、氯碱制造业、所有其他基本无机化工生产、循环原油和中间体制造、所有其他基本有机化工生产、塑料和树脂材料制造、氮肥制造业、农药及其他农业化学品制造业。按照企业风险分级结果，详细规定了不同风险水平的企业制定、提交、修改及更新风险管理计划的具体要求。

美国 EPA 应急管理办公室通过现场检查与监督来执行企业 RMP，此外，美国 EPA 还发布了一系列相关技术文件，包括《化学品事故防范风险管理计划综合指导》《化学品仓库风险管理计划指导》《场外后果分析风险管理计划指南》等。自 1999 年实施 RMP，在规定时间内，全美约有 15000 家企业列入风险管理计划范畴。美国《应急计划与公众知情权法案》（EPCRA）和《综合环境反应、赔偿和责任法》（CERCLA）中列出的对环境危害严重的风险物质，包括敌百虫、乙腈、邻苯二甲酸二丁酯、1,2-二氯苯、1,4-二氯苯、2,4-二氯苯酚、四氯乙烯、二苯基甲基二乙氰酸酯（MDI）、联苯胺等。

毒性物质侵入人体主要通过三种途径而引起危害，即食入、吸入和经皮吸收。对于重大事故，主要考虑毒物吸入途径。目前应用较多的有急性威胁生命和健康（immediately dangerous to life and health，IDLH）浓度、应急反应计划指南（emergency response planning guidelines，ERPGs）、急性暴露指南水平（acute exposure guideline levels，AEGLs）、临时紧急暴露极限（temporary emergency exposure limits，TEELs）、LC_{50} 等。

IDLH 由美国国家职业安全卫生研究所（NIOSH）提出，该浓度阈值定义为普通职工或公众在暴露 30min 仍然有能力逃离危险，且不致死亡或产生不可逆的健康损害的吸入浓度。IDLH 浓度主要考虑急性暴露数据，没有考虑敏感人群。目前，大约提出了 400 种化学物质急性威胁生命和健康浓度阈值。IDLH 浓度作为计算最大允许安全浓度的安全系数仍没有达成统一，美国 EPA 将“警戒浓度级”定为 IDLH 的 10%。

ERPGs 是由美国工业卫生协会（AIHA）制定的，按不同危害程度共分 3 级。ERPGs-1：几乎全部人员可以暴露 1h，除了轻微、临时的不良健康效应或不适气味之外，不会产生其他不良影响的空气中最大浓度。ERPGs-2：几乎全部人员可以暴露 1h，而不致造成不可逆或其他严重健康效应，或影响人员采取防护行动能力的空气中最大浓度。ERPGs-3：几乎全部人员可以暴露 1h，而不致造成生命威胁的空气中最大浓度。ERPGs-3 是 ERPGs 的最高浓度级别，高于此浓度可能对人员构成生命威胁；高于 ERPGs-2 浓度可能产生包括严重的眼睛或呼吸系统刺激、中枢神经系统损伤等严重的健康效应；低于 ERPGs-1 一般不会对人员产生健康危害。由于 ERPGs 毒物浓度标准的确定需要经过非常严格的审查程序，故已公布的 ERPGs 毒物浓度标准的物质数量较少，至 2006 年共公布了 126 种物质的 ERPGs 浓度。

危险物质的 AEGLs 由美国 EPA AEGLs 国家咨询委员会组织制定，AEGLs 是主要针对包括敏感人群在内的一般公众的暴露阈值，该浓度值的制定考虑了 10min 至 8h 的暴露时段，提出了 10min、30min、1h、4h 和 8h 共 5 个时间的暴露阈值，分别给出了 5 个暴露时间的每级 AEGLs 紧急暴露浓度值，以 ppm[①]或 mg/m³ 表示。该浓度阈值用于紧急泄漏事故危害评估，按不同危害程度分为 3 级。AEGLs-1 代表高于此浓度阈值，一般公众包括敏感人员会遭受不适、刺激或某种无明显症状的效应，但这种效应是非致残的、临时的和可恢复的。AEGLs-2 代表高于此浓度阈值，一般公众包括敏感人员会遭受不可逆或其他严重的、长期的不良健康效应或丧失逃生能力。AEGLs-3 代表高于此浓度阈值，将威胁公众包括敏感人员的生命健康甚至死亡。美国 EPA 分别于 1997 年和 2002 年提出了共 471 种优先化学物质清单，至 2000 年底提出了清单中 89 种化学物质的 AEGLs 值。

TEELs 是由美国能源部应急管理办公室的后期评价和防护行动分委会负责制定的，按危害程度不同分为 4 级。TEELs-1、TEELs-2、TEELs-3 级的定义与 ERPGs 的 3 级阈值标准定义基本相同，但是紧急暴露时间以 15 min 为标准，此外，还规定了人群需要无健康危害。没有 AEGLs 和 ERPGs 的物质采用 TEELs 阈值进行评估，TEELs 主要通过使用毒性参数或职业暴露限值等方法进行推导，至 2006 年共提出 2945 种危险物质的临时紧急暴露极限阈值。

2. 欧盟

20 世纪 70 年代，欧洲发生了一些重大事故，尤其是 1976 年 6 月意大利塞维索发生的化学污染事故，促使欧洲共同体在 1982 年出台了《工业活动中重大事故危险法令》（82 501 EEC），即《塞维索指令Ⅰ》，该指令旨在预防重大事故对人和环境的影响。随着《全球化学品统一分类和标签制度》的建立与完善，欧盟在 2012 年发布了《塞维索指令Ⅲ》（2012 18 EU），对企业实行 3 个级别的控制。《塞维索指令Ⅲ》中规定了 48 种（类）化学品的临界值，对于未明确列出的危险物质，按照化学品毒性、易燃品、环境有害等分类与规定的临界值判断。环境风险物质主要考虑有毒有害物质，液氮、氢气等物质未列入环境风险物质与临界量清单（Zhou et al.，2019）。

意大利以《塞维索指令Ⅲ》为基础对风险企业进行分级，依据企业涉及的危险工业类型、工艺过程目录以及危险物质数量，将企业分为非危险级、危险级和非常危险级风险源，进一步量化企业事故对城镇居民、农业生产、工业生产可能造成的影响，以此判断风险源风险大小。

德国联邦环境局采用清单法对工业设施的安全性进行检查和评级，旨在降低企业的风险，对水资源环境进行全面保护。与我国安全与环境跨部门监管相比，德国企业安全生产和环境风险管理均由德国联邦环境局统一负责，因此为企业内部安全与环境事故的风险控制和统筹管理提供了条件。清单法以对企业的综合评价为基础，其评价步骤包括：划分工艺单元，对风险物质进行评价，计算水环境风险指数；对储罐设

---

① 1ppm=10⁻⁶。

备、防外溢保险设备、管道、物质的储存情况、防火设施和方案、密封系统、废水设施等不同的工艺单元进行检查和评价，得出企业的平均风险值，进而计算企业的真实风险值，将企业水环境风险划分为 3 个级别（Klein et al., 1999）。

3. 中国

1）流域风险源识别

近年来，我国开始重视对重大危险源的辨识、评价和控制研究。"重大危险源评价和宏观控制技术研究""矿山重大危险源辨识评价技术"分别列入国家"八五""九五"科技攻关项目。通过攻关研究提出了重大事故预防控制思想和重大危险源辨识、评价技术方法。国家"十五"科技攻关计划中已将"城市安全规划与重大事故应急技术"列入了攻关研究内容。我国 2000 年颁布的《重大危险源辨识》、2002 年 1 月颁布的《危险化学品安全管理条例》和 2002 年 6 月颁布的《中华人民共和国安全生产法》分别对构成危险源的危险化学品管理和具有重大危险源的生产经营单位的管理进行了规范。《危险化学品重大危险源辨识》（GB 18218—2018）按照爆炸品、易燃气体、毒性气体、易燃液体、氧化性物质、毒性物质等分类规定了 85 种危险化学品名单与临界量值，对未列入名单的危险品根据其危险性规定也确定了临界量值。筛选参考时，全部毒性气体、毒性物质等 58 种均列入环境风险物质与临界量清单；其他种类按化学品属性选择参考，未列入环境风险物质与临界量清单的物质包括氢气、乙醇；遇水放出易燃气体的物质，如电石、钾、钠；氧化性物质，如过氧化钾、过氧化钠、硝酸铵基化肥；有机过氧化物，如过氧化甲乙酮；自燃性物质，如烷基铝；爆炸品，如叠氮化钡、叠氮化铅、雷酸汞、硝化纤维素等。

过去关于危险源的工作集中在工业生产领域，对危险源的关注集中在危险化学品上，基于环境和生态安全角度研究危险源则非常少。近几年，我国多次发生重大环境事件，环境风险越来越受到关注和重视，环境风险源的概念由此提出，且被赋予了比危险源更广、更宽的含义，目前对环境风险源的研究也逐渐增多。但是，由于我国对环境风险源的研究起步较晚，很多工作还仅停留在概念阶段，已有的部分探讨和研究都较零散，专门针对水环境风险源开展的系统研究较为缺乏，水环境风险源的辨识、分级和标准、定性和定量评估等仍缺乏研究，由此水环境风险源的研究亟待加强。

2）风险源解析

近年来，关于污染物的源解析研究已扩展到水环境领域，目前研究对象主要是有机污染物，尤其是 PAHs 和 PCBs 的源解析，而相关研究相对较少。

污染源解析方法模型主要有受体模型和扩散模型。受体模型是通过对受体样品的化学和显微分析，确定各污染源贡献率的技术，其最终目的是识别对受体有贡献的污染源，并且定量计算各污染源的分担率；扩散模型是一种预测式模型，它是通过输入各个污染源的排放数据和相关参数信息来预测污染物的时空变化情况。

持久性有机污染物的源解析方法主要包括化学质量平衡（CMB）法、比值法、多元统计法和稳定同位素法。而 CMB 法和多元统计法又常被用于持久性无机污染物和非持久性有机污染物的源解析（肖凯，2021）。

正定矩阵因子分解（positive matrix factorization，PMF）模型是一种典型的多元统计法。该模型的基本思路是将目标污染物中各个化学组分的浓度、总质量浓度及各化学组分的测量偏差输入模型，再利用权重计算出污染物中各化学组分的误差，通过最小二乘法来确定出污染物的主要污染源及其贡献率，输入数据无须源成分谱。PMF 模型原理如下：假设一个样本的数据矩阵 X 为 $n \times m$ 矩阵，其中 n 为样品数，m 为污染物组分（如离子组分、无机元素等）数目，那么 X 可分解为源贡献矩阵 G（$n \times p$）与源成分矩阵 F（$p \times m$）的乘积及一个残差矩阵 E。其中，G 为 $n \times p$ 矩阵，代表源的载荷；F 为 $p \times m$ 矩阵，代表主要污染源的源廓线；p 为主要污染源的数据；E 为 $n \times m$ 矩阵，代表残差矩阵（俞诗颖，2021）。

相比于主成分分析法，PMF 模型的解析结果不会出现负值，其主要是在所有元素均为非负数的约束条件下进行矩阵分解，并在运算过程中对因子载荷及因子得分进行非负约束，避免运算结果中出现负值，从而保证解析的所有结果均具有实际意义及可解释性。

我国在水环境污染源解析方面的研究较为薄弱。由于缺乏各类污染源完整的成分谱，且地区条件差异较大，CMB 法在我国的实际应用中受到较大限制。同位素指纹法由于仪器设备造价较高，在应用上也受到不同程度的限制。虽然因子分析法和主成分分析法需要大量数据，但由于不受源数据和设备等条件限制，相对简单易行，因此成为源解析的推荐方法。

3）优控污染物筛选

从 20 世纪 80 年代末开始，我国开展了各类优先控制污染物名录的筛选研究，包括建立黑名单筛选等技术，但是大多数研究是以环境受体、化学品等为主（宋乾武和代晋国，2009；傅德黔等，1990；翟平阳等，2000；高辰龙等，2016；穆景利等，2011；范薇等，2018；全燮等，1996）。我国参考借鉴了国外同类研究的经验和方法，目前该领域的研究成果和水平已经超过国外水平。

A. 水环境优先控制污染物筛选技术研究进展

（1）综合评分法采用打分方式，以待选品种的综合得分多少来排出先后次序，从而达到筛选的目的。筛选前，事先设定评分系统和权重，将各参数的数据分级赋予不同分值。筛选时，给待选品种按一定指标逐一打分，各单项得分叠加即为每一品种所得总分。然后设定一个分数线来筛选出一定数量的环境优先污染物。对于各单项指标的分值，通过专家打分方式，引入权重系数，进行加权计算，并按计算结果进行排序和初筛。在综合考虑治理技术可行性和经济性及可监测条件、对照国内外各类污染物黑名单的基础上，对初筛结果进行复审、调整，得出适合的重点控制名单。

（2）密切值法是多目标决策中的一种优选方法，在样本优劣排序方面有独到之处。该方法核心是将多指标转化为一个能综合反映污染物优先排序的单指标，基本原理：以单指标最大值或最小值的极端情况构造"最优点"和"最劣点"，求出各样本与"最优点"和"最劣点"的距离，将这些距离转化为能综合反映各样本质量优劣的综合指标，即密切值，计算各有机污染物的最优（劣）密切值，并根据最优（劣）密切值的大小进行优先排序，按密切值大小是否发生突变进行风险分类。如果已知各评价指标的权重，在计算距离时可增加权重项，使结果更符合实际。密切值法概念清晰，每个参数意义明确，每个步骤清晰明了，计算方法较灵活，可行性强，较为实用。此外，密切值法计算简单，可处理的数据量大。但是密切值法要考虑的因素很多，各指标间的关系错综复杂，很难对其进行精确化和定量化的处理。此法适用于多目标的筛选，具有较广的使用范围。

（3）Hasse 图解法采用向量，以图形方式显示化合物危害性的相对大小以及彼此之间的逻辑关系，是另一种筛选优先污染物的方法。近年来，Hasse 图解法已被成功应用到水体农药残留预测、生态系统比较以及环境数据库评价等领域。应用 Hasse 图解法时，化合物的危害性用向量表征。向量中的诸元素是化合物各种表征暴露和毒性大小的理化指标与生物学指标的测量值，化合物之间相对危害性大小通过一对一比较向量中相应元素的数值来确定。在 Hasse 图上，化合物用带数字编号的圆圈表示，按以上规则排列在直线交错的网络中，危害性最大的化合物置于 Hasse 图的顶部，危害性最小的置于其底部。Hasse 图解法最大优点在于直观地表示出了各种化合物相对危害性大小，最大限度地展示不同指标之间的矛盾，使危害性最高和最低的化合物处于最显著的位置，便于做出重点监测决策。缺点是 Hasse 图解法的图谱绘制比较烦琐，容易出错，不适合污染物范围较大、种类较多的情况。在具体研究中，如果能够将 Hasse 图解法与综合评分法结合起来，相互取长补短，可使得优先污染物的筛选研究更进一步。

（4）潜在危害指数法是一种依据化学物质对环境潜在危害大小进行筛选的方法，是利用统一模式的计算结果进行快速简便科学筛选，即利用"化学物质潜在危害指数"来筛选环境优先污染物。周围多介质环境目标值（AMEG）是由美国 EPA 工业环境实验室推算出来的化学物质或降解产物在环境介质中的限定值，预计化学物质的量不超过 AMEG 时，不会对周围人群及生态系统产生有害影响。潜在危害指数越大，说明该化学物质对环境构成危害的可能性越大。潜在危害指数灵敏度很高，具体应用时，可将各种污染物的潜在危害指数与其单位时间的排放量相乘，乘积越大，评价时排序越靠前，应作为重点污染物考虑。潜在危害指数法直观、简便，既考虑了一般毒性、特殊毒性，又考虑到累积性和慢性效应，然而该方法仍有一些不足，在污染物因子筛选时，未考虑化学物质的环境暴露和环境转归，潜在危害指数只能作为筛选依据之一，筛选过程中还需结合排放量、影响范围等因素，根据实际情况进行适当修正。在处理复杂混合物时，未考虑化学物质的协同拮抗作用，模式中也未体现化学物质在介质中的扩散规律（裴淑玮等，2013）。

B. 工业污染源废水排放优控污染物研究进展

2005～2009 年，工业污染源的筛选方法较为单一，主要以国家重点监控企业和环境统计数据库为基础，筛选指标主要是 COD、NH$_3$-N 排放量。根据《2010 年国家重点监控企业名单》，2010 年国家重点监控企业考虑了重金属排放因素，按企业重金属排放量从大到小排序，筛选出占重金属总排放量 85%的企业。对于农药类和持久性有机污染物，排放量虽然较小，但存在致毒性强、危害性大等特征，且还未被纳入国家重点监控企业控制范围。

目前，国家重点监控企业采取由上至下的累积污染负荷法，优点是计算简便，能够实现对主要污染物排放大户的控制，缺点是受纳水体特征、排污行业特征及污染物排放强度、排放方式等未得到体现。同时，筛选因素主要采用污染物的排放量进行筛选，在实际处理过程中，存在治污设施运转不正常等污染风险情形，而且未体现各行业的污染排放差别和特征。除此之外，环境统计能力有待提高，环境统计中重点调查单位的污染物排放量基本上靠企业自报，缺乏对数据准确性的有效监督和科学审核，企业错报、瞒报甚至不报的现象时有发生；污染源在线监测工作还不完善，监测数据对统计数据的支撑力度有限。由于环境统计数据在时间上的滞后性，统计分析只能针对上年度数据进行评述和趋势分析，后期开发利用少。环境统计数据的综合分析处在较低水平，缺乏专业研究开发，无法在环境决策中发挥更大作用（王先良，2014）。

C. 优控污染物筛选技术存在问题

目前关于优控污染物筛选存在的问题有：①优控污染物筛选主要针对水环境，针对特定行业的关注较少；②优控污染物筛选主要依赖统计调查数据，基于实测数据的较少；③缺少全过程预防的考虑，对可能发生环境污染的生产过程中某些特定化学物质和中间产物的筛选考虑较少；④行业优控污染物筛选技术不成熟。

3.2　我国流域重点行业水环境风险管理技术体系构建

3.2.1　流域重点行业水环境风险管理技术框架

目前，特征污染物和优控污染物的筛选技术存在不足，特征污染物和优控污染物筛选的研究主要局限于环境水体中（刘臣辉等，2015；王立阳等，2019），对行业研究较少，尤其缺乏从全过程角度开展的研究，且特征污染物和优控污染物的筛选技术也不成熟（段思聪，2017）。因此，从行业角度入手，按清洁生产全过程预防控制思路，研究行业全过程特征污染物和优控污染物调查与筛选技术（刘铮等，2020）。

针对重点行业，通过对行业排放特征研究，建立重点行业各排水节点的优控污染物和特征污染物排放清单，确定重点控制的优控污染物关键控制节点，建立特征污染物源解析技术。分析流域内敏感点受污染风险程度、企业排污特点等，构建流域内重点企业风险源和敏感区的对应关系矩阵，建立水环境风险防控基础数据库，根据分区、分级管控的政策指导，结合不同功能区要求逐步实施差别化的流域产业结构调整与准入政策，开展水生态环境风险评估与管理技术应用，为不同功能区重点行业的环境风险管理提供技术支持和政策建议，框架见图3-1。

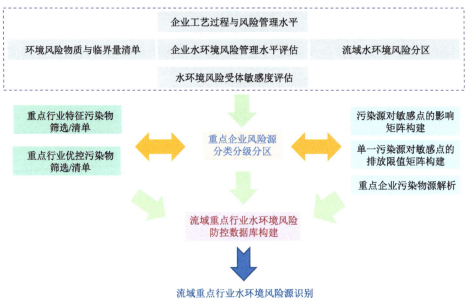

图 3-1　流域重点行业水环境风险管理框架

3.2.2　流域重点行业特征污染物和优控污染物调查与筛选技术

1. 调查与筛选总体技术路线

本技术路线通过综合评估方法开展，首先选择重点流域内具有代表性的重点行业，然后从各行业主流工艺出发，在充分调研行业的文献、资料基础上，研究重点行业原辅材料、产排污环节、产排量及特征污染物等情况，利用清洁生产方法学，综合考虑原料、中间物质、产品、水处理设施用料、工艺废水污染物、易发事故下产生的污染物等因素，结合水处理设施进口、水处理设施出口废水检测结果，形成行业特征污染物清单。

进一步对特征污染物进行筛选，综合对比和参考世界各国与我国已有的优控污染物名单、其他研究筛选出的行业优控污染物、水环境质量标准、行业排放标准等，再进一步考虑水体中污染物的暴露性、持久性、毒性等因素，研究形成行业优控污染物清单。

通过清单的编制，总结重点行业污染物排放量和对环境的影响情况，掌握流域重点行业污染物的分布情况。本技术路线立足文献调研、现场考察、水样监测分析等研究方法，最终形成重点行业特征污染物清单，总体思路见图3-2。

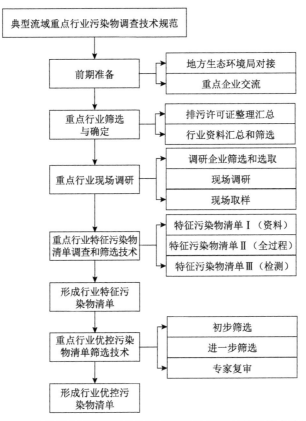

图 3-2　重点行业特征污染物和优控污染物调查与筛选技术路线

2. 重点行业筛选与确定

根据与政府主管部门对接的情况，结合排污许可证、环境统计数据中行业数据分析和筛选的结果，选取流域范围内具有典型特点、水污染物特征鲜明的行业确定为重点行业。

3. 重点行业现场调研

行业现场调研的主要步骤为通过调研企业筛选和选取、企业现状资料收集、企业现场考察、企业产排污分析、现场取样，从而完成企业全流程现场考察、水污染物产生点位分析、污水处理设施废水采样。

1）调研企业筛选和选取

一般来说，对于企业数量较多的行业，调研企业总数应占行业企业总数的 5%～10%；企业数量较少的行业，调研企业总数应占行业企业总数的 20%～50%，一般不少于 10 家。

2）现场调研

（1）现状资料收集：渠道一是通过图书馆、电子数据库、国家/地方/行业标准、未公开的结题报告、技术政策、行业报告、统计数据、学术会议等各种渠道广泛调研每个重点行业；渠道二是企业现场资料收集，现场收集企业清洁生产审核报告、企业环评报告、企业废水排放检测报告。

通过汇总、整理和分析，主要了解企业概况、生产状况、环境保护状况、清洁生产工作推进状况、企业涉及的有关环保法规与要求、管理状况等。

（2）现场考察：现场采用专家咨询，实地考察的方式，对企业原料库—生产线—产品—末端废水处理全流程进行现场考察，企业填报调研表，重点关注以下环节：①原料（有机物类）的使用种类、数量；②生产过程中副产物（有机物类）；③生产过程中涉及水污染物产生的点位，包括水污染物状态、种类、总量、毒性等；④末端水污染物处理工艺，包括处理方法、效果、问题及单位产品废弃物的年处理费等；⑤末端水污染物排放状况，包括排放总量、主要污染物、去向等；⑥生产管理水平；⑦清洁生产的潜力。

（3）分析产排污状况：通过资料对比，分析企业产排污真实状态。

3）现场取样

企业调研过程中，针对工艺过程中水污染物产生点位、污水处理设施进口、污水处理设施出口及必要的工艺水进行采样。

4. 重点行业特征污染物清单调查和筛选技术

1）技术方法

行业特征污染物清单的确定主要由三方面组成：一是通过资料收集得到的行业特征污染物清单Ⅰ；二是通过现场考察得到的行业特征污染物清单Ⅱ；三是通过现场取样、检测和分析得的行业特征污染物清单Ⅲ。

图3-3为重点行业特征污染物清单调查和筛选技术路线图。

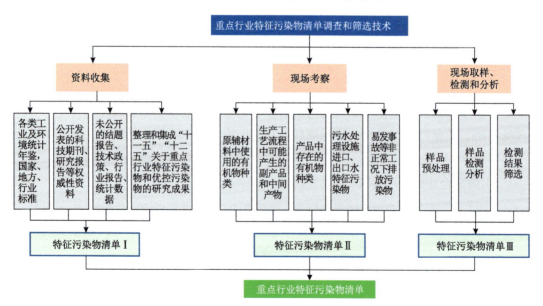

图3-3　重点行业特征污染物清单调查和筛选技术路线图

2）重点行业特征污染物清单 Ⅰ 的确定：资料收集

（1）资料来源。调研过程资料来源于国家统计局各类工业及环境统计年鉴、官方网站、公开发表的科技期刊、研究报告等权威性资料，以及从图书馆、电子数据库、国家/地方/行业标准、未公开的结题报告、技术政策、行业报告、统计数据、学术会议等各种渠道广泛收集材料。

（2）资料收集原则。掌握重点行业特征污染物，提升流域水生态功能区重点行业特征污染物源头控制能力和风险管理能力，为部门决策提供依据。因此，资料收集必须保证准确性、权威性。本调查确定的资料收集原则是：①重点收集官方网站等公开发布的资料；②整理和集成"十一五""十二五"关于重点行业特征污染物和优控污染物的研究成果；③重点关注科技期刊等关于重点行业特征污染物的研究成果；④在特征污染物调查上以优先控制污染物为先；⑤在资料收集上关注资料的交叉性和历史连贯性。

3）重点行业特征污染物清单 Ⅱ 的确定：现场考察

现场考察主要包括以下几方面内容：①原辅材料中使用的有机物种类；②生产工艺流程（其中包括主反应、副反应）中可能产生的副产品和中间产物；③产品中存在的有机物种类；④污水处理设施进口、出口水特征污染物；⑤易发事故等非正常工况下排放污染物。

汇总以上①～⑤的结果，形成重点行业特征污染物清单 Ⅱ。

4）重点行业特征污染物清单Ⅲ的确定：现场取样、检测和分析

（1）针对水环境中重金属污染物的检测方法众多，常见方法包括原子吸收光谱法、原子荧光光谱法、电感耦合等离子体法等。

原子吸收光谱法是将重金属元素激发到蒸气相中，重金属基态原子吸收原子共振辐射量高低，对应重金属定量分析。不同重金属对应的光谱法不同，主要分为 4 种，分别为冷光源、火焰、电热法、石墨炉。正常情况下，水环境中重金属的含量较低，甚至达到超痕量标准，故为保证检测结果的准确度，该方法使用前需要进行样品浓缩程序，常见的浓缩方法包括非螯合物浊点萃取法、固相萃取法等。

原子荧光光谱法原理是通过吸收重金属特定波长的辐射而激发原子蒸气，被激发后的原子在激发过程中释放一定的光辐射，通过辐射能量高低可以判断重金属浓度。原子荧光光谱法的优点主要是特定性与灵敏性好、操作简便、检测速度快。但该方法可检测的重金属种类少。原子荧光光谱法主要浓缩样品的常见方法有电解冷蒸气发生法、浊点萃取法、流动注射在线吸附氢化物法等。

电感耦合等离子体法包括两种检测水环境中的重金属测定办法，分别为原子发射光谱法和质谱法。原子发射光谱法的主要工作原理是利用高频感应电流，针对被检查重金属进行加热电离，根据目标样品激发出的特征谱线完成定量分析。质谱法的主要工作原理是通过电感耦合等离子体技术将重金属进行气化，并输送气化后的目标样品通过质谱，质谱再对目标样品进行荷质比测定，最终完成重金属含量的测定。电感耦合等离子体法常用的样品浓缩方法是硅胶固相萃取法、吸附剂固相萃取法、螯合树脂Chelex 100 填充微柱法（邵俊杰等，2019）。

（2）根据水环境中有机污染物特征及分布特点，其检测程序通常包括前处理萃取和检测。有机物污染物常见的检测萃取技术包括快速萃取技术、微波萃取技术、吹扫捕集法等。其中吹扫捕集法最为常见，该方法主要通过把氮气、氦水等物质引入吹扫管之内。根据有机污染物的种类差异，其检测方法也不同。目前挥发性有机污染物常用检测方法有吹扫捕集-气相色谱法、吹扫捕集气相色谱-质谱法、顶空气相色谱-质谱法。半挥发性有机污染物常用的检测方法包括离子阱气相色谱-质谱联用技术和固相萃取-气质联用法。而持久性有机污染物的检测技术主要为固相萃取-高效液相色谱-质谱联用法、气相色谱-高分辨质谱联用和柱前衍生-气相色谱-电子捕获。各方法使用时可参考已发布的标准规范，如吹扫捕集-气相色谱法可参考《水质 挥发性有机物的测定 吹扫捕集/气相色谱法》（HJ 686—2014），该方法原理是通过吹扫管用氮气将水样中的挥发性有机物连续吹扫出来，通过气流带入并吸附于捕集管中，待水样中挥发性有机物被全部吹扫出来后，停止对水样的吹扫并迅速加热捕集管，将捕集管中的挥发性有机物热脱附出来，进入气相色谱仪，使用氢火焰离子化检测器进行分析测定，最小二乘法绘制工作曲线。析出时间（保留时间）定性，峰面积或峰高定量（刘林丽和于梦，2022）。

5）重点行业特征污染物清单的汇总和确定

结合和汇总特征污染物清单Ⅰ、特征污染物清单Ⅱ、特征污染物清单Ⅲ的结果，经过综合评判和专家打分，最终得到重点行业特征污染物清单。

5. 重点行业优控污染物清单筛选技术

1）优控污染物筛选技术路线

针对重点行业，从清洁生产全过程预防控制角度出发，在重点行业全过程特征污染物清单编制的基础上，开展重点行业优控污染物清单的筛选和编制研究，建立流域重点行业优控污染物清单。

综合考虑各种筛选方法的特点以及相关研究的筛选经验，最终选用综合评分法来进行重点行业优控污染物的筛选，并且在常规综合评分法基础上结合实际情况进行了改进，摸索出了适合的筛选方法，整个筛选过程分为"初步筛选—进一步筛选—专家复审"三个阶段。

筛选前，首先结合国内外研究进展及实际情况编制水污染源筛选技术方法，事先设定评分系统，将各参数的数据分级赋予不同分值。筛选时，为待选化学品逐一打分，各单项得分叠加即为每种化学品所得总分。将特征污染物进行赋分后排序，得到优控污染物清单，再根据各污染物实际情况进行精选，对定量评分系统进行调整和优化，最终由专家复审得到流域重点行业优控污染物清单。

图 3-4 为优控污染物清单筛选技术路线图。

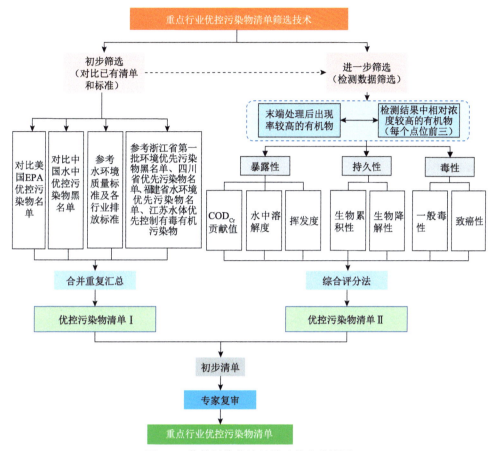

图 3-4　优控污染物清单筛选技术路线图

2）优控污染物清单：初步筛选

优控污染物清单的筛选需要搜集国内外最新水环境质量标准和各行业排放标准及优控污染物名单，完善优控污染物目录库。

水环境质量标准和各行业排放标准包括美国 EPA 生活饮用水标准污染物清单，中国《地表水环境质量标准》（GB 3838）污染物清单、《生活饮用水卫生标准》（GB 5749）污染物清单、《钢铁工业水污染物排放标准》（GB 13456—2012）、《纺织染整工业水污染物排放标准》（GB 4287—2012）等。

筛选过程中还需要参考美国 EPA 优控污染物名单（129 种）及中国水中优先控制污染物黑名单（68 种）等（表 3-1 和表 3-2）。

表 3-1　美国 EPA 水环境中 129 种优控污染物名单

类别	种类
挥发性卤代烃类（27 个）	溴仿、氯仿、双(2-氯乙氧基)甲烷、二氯甲烷、氯代甲烷、溴代甲烷、二氯二溴甲烷、三氯氟甲烷（1981.1.8 取消）、二氯二氟甲烷（1979.1.8 取消）、氯溴甲烷、1,2-二氯乙烷、1,1,1-三氯乙烷、六氯乙烷、1,1-二氯乙烷、1,1,2-三氯乙烷、1,1,2,2-四氯乙烷、氯乙烷、1,1-二氯乙烯、反-1,1-二氯乙烯、1,2-二氯丙烷、反-1,3-二氯丙烯、四氯乙烯、三氯乙烯、氯乙烯、六氯丁二烯、六氯环戊二烯、四氯化碳

类别	种类
苯系物（3个）	乙苯、苯、甲苯
多氯联苯（1个）	多氯联苯
氯代苯类（7个）	氯代苯类、2-氯苯、1,2,4-三氯苯、六氯苯、1,2-二氯苯、1,3-二氯苯、1,4-二氯苯
醚类（6个）	二(氯甲基)醚(1981.2.4 取消)、二(氯乙基)醚、2-氯乙基乙烯基醚、4-氯苯基苯醚、4-溴苯基苯醚、双(2-氯异丙基)醚
酚类（11个）	苯酚、2-硝基苯酚、4-硝基苯酚、2,4-二硝基苯酚、4,6-二硝基-邻-甲酚、五氯苯酚、2,4,6-三氯苯酚、对氯间苯酚、2,4-二甲基苯酚、2-氯苯酚、2,4-二氯苯酚
硝基苯类（3个）	2,4-二硝基甲苯、2,6-二硝基甲苯、硝基苯
苯胺类（3个）	联苯胺、N-亚硝基二苯胺、3,3′-二氯联苯胺
多环芳烃类（16个）	苯并(a)蒽、苯并(a)芘、3,4-苯并荧蒽、苯并(k)荧蒽、屈、苊、蒽、苯并(g,h,i)苝、芴、菲、二苯并(a,b)蒽、茚并(1,2,3-cd)芘、芘、荧蒽、二氢苊、萘
邻苯二甲酸酯类（6个）	邻苯二甲酸双(2-乙基己基)酯、邻苯二甲酸丁基苄酯、邻苯二甲酸二正丁酯、邻苯二甲酸二正辛酯、邻苯二甲酸二乙酯、邻苯二甲酸二甲酯
杀虫剂类（26个）	艾氏剂、狄氏剂、氯丹、4,4/-DDT、4,4/-DDE、4,4/-DDD、α-硫丹、β-硫丹、硫丹硫酸酯、异狄氏剂、异狄氏醛、七氯、七氯环氧乙烷、α-六六六、β-六六六、γ-六六六、δ-六六六、PCB-1242、PCB-1254、PCB-1221、PCB-1232、PCB-1248、PCB-1260、PCB-1016、毒杀芬、2,3,7,8-四氯苯并对二噁英
丙烯类（2个）	丙烯醛、丙烯腈
亚硝胺类（2个）	N-亚硝基二甲胺、N-亚硝基二正丙胺
重金属及其化合物（13个）	锑、砷、铍、镉、铬、铜、铅、汞、镍、硒、银、铊、锌
其他（3个）	石棉、氰化物、异佛尔酮

表 3-2　中国水中优先控制污染物黑名单（68 种）

类别	种类
挥发性卤代烃类（10个）	二氯甲烷、三氯甲烷、四氯化碳、1,2-二氯乙烷、1,1,1-三氯乙烷、1,1,2-三氯乙烷、1,1,2,2-四氯乙烷、三氯乙烯、四氯乙烯、三溴甲烷
苯系物（6个）	苯、甲苯、乙苯、邻二甲苯、间二甲苯、对二甲苯
氯代苯类（4个）	氯苯、邻二氯苯、对二氯苯、六氯苯
多氯联苯（1个）	多氯联苯
酚类（6个）	苯酚、间甲酚、2,4-二氯酚、2,4,6-三氯酚、五氯酚、对硝基酚
硝基苯类（6个）	硝基苯、对硝基甲苯、2,4-二硝基甲苯、三硝基甲苯、对硝基氯苯、2,4-二硝基氯苯
苯胺类（4个）	苯胺、二硝基苯胺、对硝基苯胺、2,6-二氯硝基苯胺
多环芳烃类（7个）	萘、荧蒽、苯并(b)荧蒽、苯并(k)荧蒽、苯并(a)芘、茚并(1,2,3-cd)芘、苯并(g,h,l)芘
酞酸酯类（3个）	酞酸二甲酯、酞酸二丁酯、酞酸二辛酯
农药类（8个）	六六六、DDT、敌敌畏、乐果、对硫磷、甲基对硫磷、除草醚、敌百虫
丙烯腈（1个）	丙烯腈
亚硝胺类（2个）	N-亚硝基二乙胺、N-亚硝基二正丙胺
氰化物（1个）	氰化物

续表

类别	种类
重金属及其化合物（9个）	砷及其化合物、铍及其化合物、镉及其化合物、铬及其化合物、铜及其化合物、铅及其化合物、汞及其化合物、镍及其化合物、铊及其化合物

除以上两个名单外，还要充分参考地方优控污染物清单筛选的相关资料，如浙江省第一批环境优先污染物黑名单、四川省优先污染物名单、福建省水环境优先污染物名单、江苏水体优先控制有毒有机污染物等。

3）优控污染物清单：进一步筛选

A. 筛选因子的建立

优先控制污染物筛选原则包括：①筛选过程符合客观实际情况；②筛选方法简便、易于操作。筛选过程应考虑美国 EPA 优控污染物名单、中国优控污染物名单、污染物环境稳定性和生物富集性等，根据各种筛选因子在评价模型中的权重，得到典型行业优先控制污染物清单。

综合考虑根据实际情况，出于不同控制目标，筛选原则会有所不同，但化学污染物筛选原则至少应包括：①毒性效应（急性毒性、慢性毒性、三致性等）较大；②在环境中降解缓慢、有蓄积作用；③环境中检出率较高；④已造成污染或环境浓度较高；⑤环境污染事故频繁、造成损失严重；⑥已列入有关国际组织及部分发达国家公布的各类环境优先污染物名单中的污染物；⑦已有条件可以监测的污染物；⑧人群敏感的污染物。

因此，本筛选技术综合考虑物质的暴露性、持久性和毒性，共设置了 7 项筛选因子，分别是污染物对总量控制指标（化学需氧量 COD_{Cr}）的贡献值、水中溶解度、挥发度、生物累积性、生物降解性、一般毒性、致癌性，见表 3-3。

表 3-3　各类物质的筛选因子

筛选依据	序号	排放物筛选因子
暴露性	1	COD_{Cr} 贡献值
	2	水中溶解度
	3	挥发度
持久性	4	生物累积性
	5	生物降解性
毒性	6	一般毒性
	7	致癌性

B. 筛选因子信息的查询

筛选因子信息的完整性对筛选结果具有重要影响，因此应尽可能详细地查到每种物质的性质和基本信息。筛选因子信息的查询途径包括但不限于 chemBlink 化学品数据库、物竞化学品数据库、化工引擎数据库、突发性污染事故中危险品档案库、美国

EPA 水环境中 129 种优先控制污染物名单、中国水中优先控制污染物黑名单（68种）、美国 EPA 生活饮用水标准污染物清单、中国《地表水环境质量标准》（GB 3838）污染物清单、中国《生活饮用水卫生标准》（GB 5749）污染物清单、美国职业安全与卫生研究所（NISOH）的化学物质毒性效应记录、有毒化学物质登录（RTECS）数据、美国环境物质致癌性资料数据库、世界卫生组织（WHO）致癌性数据库、《化学物质毒性全书》等。

C. 筛选因子的赋分标准

分值越高表明危害潜力越大。按照固定标准评分，大多参数可制定定量标准。不宜定量的数据采取定性-数量化方法进行标准化定量。数据缺项时可结合污染物性质采用类比方式给出适当分值。加权叠加得出污染物总分值。

对部分筛选因子的具体赋分标准如下。

（1）COD_{Cr} 贡献值。通过计算理论需氧量 ThOD、参考已有物质的 COD_{Cr} 氧化率和有机污染物的稳定性等方式计算得到 COD_{Cr} 贡献值，氧化率最大以 100%计量。

对一般有机物而言，以经验式 $C_aH_bO_cN_dP_eS_f$ 表示，其氧化反应由式（3-1）表示：

$$C_aH_bO_cN_dP_eS_f + \frac{1}{2}\left(2a + \frac{1}{2}b + d + \frac{5}{2}e + 2f - c\right)O_2 \longrightarrow$$
$$aCO_2 + \frac{1}{2}H_2O + dNO + \frac{e}{2}P_2O_5 + fSO_2 \qquad (3-1)$$

即 1mol 有机化合物 $C_aH_bO_cN_dP_eS_f$ 在氧化反应中要消耗 $\frac{1}{2}(2a + \frac{1}{2}b + d + \frac{5}{2}e + 2f - c)$ mol O_2，用此法计算出的 COD 值称为理论需氧量（ThOD）。

COD_{Cr} 贡献值计算如式（3-2）所示：

$$COD_{Cr} 贡献值（g/g） = ThOD（g/g）×氧化率（\%） \qquad (3-2)$$

重铬酸钾 COD_{Cr} 氧化率分级表如表 3-4 所示，COD_{Cr} 贡献值赋分标准如表 3-5 所示。该筛选因子适用于有机物的筛选，金属污染物不存在该项指标。

表 3-4 重铬酸钾 COD_{Cr} 氧化率分级表

物质类别	氧化率/%	物质类别	氧化率/%	物质类别	氧化率/%
羧酸类	95	硝基苯、苯胺类	100	酰胺类	20
醇类	95	氨基酸	100	卤代类	10
酯类（不含苯环）	80	多糖类	95	氰化有机物	10
醛酮类	50~80	酚类	100	吲哚类	20
酞酸酯类	50	苯类	20	烷烃、烯烃	10
多环芳烃类	10	吡啶类	20	噻唑	10
多氯联苯类	10	醚类	35	喹啉类	20
				呋喃类	90

表 3-5　COD_{Cr} 贡献值赋分表

分值	0 分	1 分	2 分	3 分	4 分	5 分
COD_{Cr} 贡献值/（g/g）	0	0～50	50～100	100～200	200～300	>300

（2）生物降解性。生物降解性通常用生物转化和降解系数来表示。生物转化是指生物酶对化合物的催化转化过程。生物转化的可能性取决于化合物的稳定性和毒性，经驯化微生物的存在以及环境因素等（包括 pH、温度、溶解氧的量和可利用的氮）。生物降解的难易程度通常称为可生化性。可生化性的比例是表示用生化法处理含毒有机废水的重要指标，生化过程是一个较长的过程。生物转化速率的二级反应速率常数取决于化合物的浓度和微生物的量。

生物降解性参数资料不全，按照分解、有分解可能性、不分解或很难分解三级赋分，通过污染物类比方式对无数据污染物适当赋分。生物降解性赋分如表 3-6 所示。

表 3-6　生物降解性赋分表

分值	1 分	2 分	3 分
标准	分解	有分解可能性	不分解或很难分解
快速生物降解的可能性：Biowin1（线性模型）	可能性>0.7	0.3<可能性<0.7	可能性<0.3

（3）生物累积性。生物累积性一般采用生物富集系数（BCF）评价，对于没有数据的污染物采用化合物在正辛醇和水中分配值类比（K_{OW}）确定分值，分三级赋分如表 3-7 所示。

表 3-7　生物累积性赋分表

分值	1 分	2 分	3 分
标准	lg K_{OW}<1	1<lg K_{OW}<2	lg K_{OW} > 2
	lg BCF<1.5	1.5<lg BCF <3	lg BCF > 3

BCF 是生物组织（干重）中化合物浓度和溶解在水中的浓度之比。也可以认为是生物对化合物的吸收速率与生物体内化合物净化速率之比，生物富集系数是描述化学物质在生物体内累积趋势的重要指标。例如，根据 IRPTC 资料，生活在 PCB 含量为 1 μg/L 水中的鱼类，28 d 后的生物富集系数为水体中含量的 37000 倍，再放回不含 PCB 的清洁水中，84 d 以后的净化率为 61%。水生生物在水体中对化学物质的吸收和积累作用往往通过水和脂肪之间的分配来完成。

K_{OW} 是有机化合物在水和正辛醇两相平衡浓度之比。研究发现，正辛醇对有机物的分配与有机物在土壤有机质的分配极为相似，所以当有了 K_{OW} 以后，就可以顺利地计算出 K_{OC}。通常，有机物在水中的溶解度往往可以通过它们对非极性的有机相的亲和性反映出来。亲脂有机物在正辛醇-水体系中有很高的分配系数，在有机相中的浓度可以达到水相中浓度的 $101 \sim 106$ 倍。例如，常见的环境污染物 PAHs、PCBs 和邻苯二酸酯等。K_{OW} 是描述一种有机化合物在水和沉积物中有机质之间或水生生物脂肪之间分配的指标，其数值越大，有机物在有机相中的溶解度也越大，即在水中的溶解度越小。

（4）溶解度和挥发度。在对化学物质特别是有毒化学物质的环境监测和环境效应研究过程中，它们在水中的溶解度可能是影响化学物在各种环境要素如大气、水体、水生生物和沉积物（底质）中迁移、转化的最重要性质之一。大部分无机化合物在水中呈离子态，故其溶解度都比较大，许多有机物呈非离子态，在水中的溶解度则比较小。非离子性化合物的溶解性主要取决于其极性，非极性或弱极性的化合物易溶于非极性或弱极性溶剂中，反之，强极性化合物易溶于极性溶剂，水是强极性溶剂之一。所以四氯化碳等非极性化合物在水中溶解甚少，芳烃类化合物属弱极性，在水中的溶解度也不大。随着芳烃环上取代基的增加（如 PAHs），它们在水中的溶解度变得越来越小，相反强极性的醇、有机酸等及带—OH、—SH、—NH 基团的化合物在水中的溶解度则相当大。

化合物的蒸气压表示该化合物从环境水相向大气中的迁移程度，一般而言，具有高蒸气压、低溶解度和高活性系数的化合物最容易挥发，挥发的速度有时还取决于风、水流和温度。一般低分子量的化合物如烷烃、单环芳烃及一些有机氮化物都有很高的蒸气压和很低的水溶性，有的资料也用亨利常数 H_C 来表示化合物的挥发性（计算单位 Torr/mol）。H_C 表示在标准温度和压力下，化合物在空气和水中的相对平衡浓度，蒸气压与化合物在水中溶解度的比值，表示该化合物的挥发性。

水中溶解度和挥发度参数参考已有化学化工手册得到，溶解度分为易溶于水、可溶于水、微溶于水、难溶于水。通常把在室温（25℃）下，在水中溶解度为 100g/L 以上的物质称为易溶物质，溶解度在 $10 \sim 100g/L$ 的物质称为可溶物质，溶解度在 $0.1 \sim 10g/L$ 的物质称为微溶物质，溶解度小于 0.1g/L 的物质称为难溶物质。可见溶解是绝对的，不溶解是相对的。分别赋 4 分、3 分、2 分、1 分，具体赋分标准见表 3-8。

表 3-8　溶解度赋分表

分值	1 分	2 分	3 分	4 分
标准	难溶于水	微溶于水	可溶于水	易溶于水
溶解度（25℃）/（g/L）	<0.1	0.1～10	10～100	>100

按照世界卫生组织的定义，沸点在 $50 \sim 250$℃的化合物，室温下饱和蒸气压超过 133.32Pa，在常温下以蒸气形式存在于空气中的一类有机物为挥发性有机物（VOC）。按其化学结构的不同，可以进一步分为八类：烷类、芳烃类、烯类、卤烃类、酯类、醛类、酮类和其他。VOC 的主要成分有烃类、卤代烃、氧烃和氮烃，它包括苯系物、有机氯化物、氟利昂系列、有机酮、胺、醇、醚、酯、酸和石油烃化合物等。一般空气中有机化合物按照沸点不同可以分为四类：①沸点小于 $0 \sim 50$℃的为易挥发性有机化合物（VVOC）；②沸点为 $50 \sim 240$℃的为挥发性有机物（VOC）；③沸点

为 380℃的为半挥发性有机化合物（SVOC）；④沸点在 380℃以上的为颗粒状有机物（POM）。

挥发度分为难挥发性、半挥发性、挥发性，分别赋 1 分、2 分、3 分，具体赋分标准见表 3-9。

表 3-9　挥发度赋分表

分值	1 分	2 分	3 分
标准	难挥发性	半挥发性	挥发性
沸点/℃	>380	240～380	<240

（5）一般毒性赋分。一般毒性分为慢性毒性和急性毒性，引入 LD_{50}（mg/kg）、LC_{50}（mg/m³）、最小毒性作用剂量参数 TDL_0（mg/kg）、TLC_0（mg/m³）对慢性毒性和急性毒性进行评价，分五级赋分，根据世界卫生组织推荐的毒性分级标准进行一般毒性赋分，如表 3-10 所示。

表 3-10　一般毒性赋分表

一般毒性赋分	毒性分级	大鼠一次经口 LD_{50}/（mg/kg）	6 只大鼠吸入 4h 死亡 2～4 只的浓度/ppm	兔涂皮时 LD_{50}/（mg/kg）	对人可能致死的估计量/（g/kg）	对人可能致死总量/g（60kg 体重）
5 分	剧毒	<1	<10	<5	<0.05	0.1
4 分	高毒	1～50	10～100	5～44	0.05～0.5	3
3 分	中等毒	50～500	100～1000	44～350	0.5～5	30
2 分	低毒	500～5000	1000～10000	350～2180	5～15	250
1 分	微毒	>5000	>10000	>2180	>15	>1000

（6）特殊毒性赋分。2018 年 9 月，世界卫生组织下属的国际癌症研究机构（IARC）在 *CA:A Cancer Journal for Clinicians* 杂志发布了 2018 年全球癌症负担状况最新估计报告。特殊毒性即致癌性赋分表见表 3-11。

表 3-11　致癌性赋分表

分值	0 分	2 分	3 分	4 分
标准	无致癌性	不确定能否致癌，但有致癌的可能性（三级致癌物）	动物致癌，但是对人体是否致癌还需进一步研究（二级致癌物）	明确可以致癌（一级致癌物）

按照上述赋分标准对水污染源污染物排放图谱筛选库中所涉及的每种化学物质分别进行赋分，将每种化学物质的筛选指标的分值进行归一化处理，得到归一化分值，然后归一化分值相加得到最后的筛选分数，根据分数的分布及行业特征初选出优控污染物初始名单。

4）优控污染物清单：专家复审

专家复审是由各领域技术权威组成的专家组对进入筛选的每个污染物进行全面综合审查，目的在于发现筛选过程中不适当的地方，以使筛选结果更准确、更合理。专家可以根据资料和技术经验纠正其在筛选过程中的不合理性及资料的缺乏、定量化处理的误差等造成的误选。根据专家复审意见得出最终的重点行业优控污染物清单。

3.2.3 流域重点行业水环境风险源识别与分级技术

1. 水环境风险源识别技术思路

环境风险源识别与定量分级是有效管理企业环境风险的基础，对企业环境风险源识别，需综合考虑企业固有风险属性、风险暴露与传播途径、风险管理水平、风险受体等因素。

根据企业生产、使用、存储和释放的突发环境事件风险物质数量与临界量的比值（Q），评估生产工艺过程与环境风险控制水平（M）以及环境风险受体敏感程度（E）的评估分析结果，评估企业突发水环境事件风险，将水环境事件风险等级划分为一般环境风险、较大环境风险和重大环境风险三级，分别用蓝色、黄色和红色标识。

企业下设位置毗邻的多个独立厂区，可按厂区分别评估风险等级，以等级高者确定企业突发环境事件风险等级并进行表征，也可分别表征为企业（某厂区）突发环境事件风险等级。

企业下设位置距离较远的多个独立厂区，分别评估确定各厂区风险等级，表征为企业（某厂区）突发环境事件风险等级。

企业突发环境事件风险分级流程示意图见图 3-5。

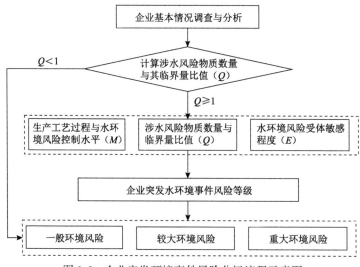

图 3-5 企业突发环境事件风险分级流程示意图

2. 水环境风险物质识别

待评估企业内可能存在大量潜在环境污染风险物质，分别评估某一类物质，将导致风险源识别过程特别复杂。环境风险源的初筛将有助于减少待排查环境风险源数量，突出重点，对重大环境风险源进行识别，也是风险管理的现实需要。

重大环境污染风险源排查主要依据待排查物质的环境风险性及其数量，考察其存放量与该类风险物质所界定临界量的关系。若评估单元内的风险物质数量等于或超过该临界值，则定义该单元为环境污染风险源。

单元内待排查的风险物质需要考虑以下三方面：①单元内每次存放某种风险物质的时间超过 2 天；②单元内每年存放某种风险物质的次数超过 10 次；③单元内的风险物质是否在非正常作业条件下产生。

符合上述条件的单元内风险物质为待识别的风险物质，如果单元内储存着多种风险物质，那么在识别过程中应当首先考虑风险性最大的物质是否超过上述定义范围，以此识别出单元内的危险物质。

1）环境风险物质的筛选

环境风险物质定义为具有有毒、有害、易燃、易爆等特性，在意外释放条件下可能对场外公众或环境造成伤害、损害、污染的化学物质。环境风险物质研究的核心是对化学品性质和影响危害后果的分析。环境风险物质的理化性质不同对风险大小和危害后果的影响也不同，具有急性毒性的化学物质一旦释放，作用时间短、危害后果大，造成的危害和影响将持续很长时间；一些石油类物质，稳定、不易被降解，且含有毒素，进入水体后，会对鱼、浮游动物、浮游植物等造成较大伤害，对邻近海域的海洋生态资源、渔业养殖造成损失，甚至对人类健康构成严重威胁。对于存放风险物质的储罐和其他容器的储存区，重大环境风险源物质的量应当是储罐或者其他容器的最大容积量。

上述数据应当从每天、每季度或者企业自身规定的时段内登记情况来获取。申报表格中应对不同储存区的最大容积量进行详细说明。

如果单元内存在的风险物质数量低于相对应物质临近量的 5%，并且该物质放到单元内任何位置都不可能成为重大事故发生的诱导因素，那么就其本身而言，单元内应该不会发生重大事故，这时该风险物质的数量不计入筛选指标的计算中。但生产经营单位应当提供相应的文件，说明其不会引发重大事故，并指出该物质的具体位置。

对于待评估的环境风险企业，首先进行企业风险源识别，识别依据为企业生产、存储或使用的化学品种类及数量。

环境风险物质的筛选参考借鉴了国内外相关环境风险源识别与管理所规定的化学品类别及临界量，筛选依据主要包括《危险化学品重大危险源辨识》（GB 18218—2018）、美国 EPA 颁布的《化学品事故防范法规》、欧盟颁布的《塞维索指令Ⅲ》等，按照以上筛选和参考原则，共确定环境风险物质 204 种。需要说明的是，环境风险物质与临界量清单应该是动态的，随着研究和认识的深入，环境风险物质与临界量清单应不断补充、完善和更新。

2）环境风险物质临界量的确定

A. 毒性环境风险物质临界量计算方法

环境风险物质的临界量，是指该种物质的储存量达到这个量，在事故条件下释放，具有重大的危险性。环境风险物质临界量的确定遵循"危害等值"的原则。

毒性环境风险物质临界量主要与物质毒性伤害阈值及其挥发性质有关，因此，参考美国 EPA 确定极危险物质（EHS）的临界量值的方法，计算毒性环境风险物质风险等级因子 R，见式（3-3）~式（3-6）。

$$R = \frac{\text{LOC}}{V} \tag{3-3}$$

式中，LOC 为关注程度；V 为挥发指数，表征化学物质的可挥发性。

$$\text{IDLH} = \text{LC}_{50} \times 0.1 \tag{3-4}$$

或

$$\text{IDLH} = \text{LC}_{50} \times 0.01 \tag{3-5}$$

对于 V 的计算，气态物质 $V=1$，对于液态毒性物质，计算如式（3-6）所示：

$$V = \frac{1.67 M^{0.67}}{T + 273} \tag{3-6}$$

式中，M 为该种物质的摩尔质量，g/mol；T 为该种物质的沸点，℃。

计算得到 R 后，对照表 3-12 确定毒性物质的临界量。

表 3-12　风险等级因子与临界量对照表

风险等级因子 R	临界量/t
$R < 0.01$	0.25
$0.01 \leqslant R < 0.05$	0.5
$0.05 \leqslant R < 0.1$	1.0
$0.1 \leqslant R < 0.5$	2.5
$0.5 \leqslant R < 1$	5
$1 \leqslant R < 10$	7.5
$R \geqslant 10$	10

B. 易燃物质临界量的确定

易燃物质临界量的确定同样遵循"危害等值"的原则，临界量的确定主要依据蒸气云爆炸产生的超压对人的伤害阈值。由于不同易燃物质（气态、液态、闪点、爆炸热）以及物质泄漏或爆炸的场景不同，产生的危害后果差异较大。无法根据每种物质特性给出临界量，借鉴美国 EPA 推荐易燃物质临界量方法，以易燃物质产生蒸气云爆炸为最大可信事故情景，危害作用伤害阈值标准采用距离爆炸源 100 m 范围内产生的超压达到人员致死的临界量（2.5 psi[①]），由此计算，相当于大约 4.5t 的易燃物质（如丙烷、乙烯、丙烯）爆炸产生的超压。

因此，在非特殊考虑下，确定易燃物质临界量为 5.0 t。

C. 初步筛选程序

环境风险源初步筛选中，根据企业存储或使用的化学品种类与数量，按照规定的环境风险物质与临界量进行筛选，在确定化学物质时需要注意化学品别称或其他中文名的情况，因此，在具备化学品 CAS 号的情况下，可按 CAS 号进行对比筛选，对于未明确列入清单的化学品，须对应其化学性质，判断是否超标。对企业内存在的环境风险物质的超标值计算分为以下两种情况。

（1）企业内存在的环境风险物质为单一品种，则该环境风险物质的数量即为企业内环境风险物质的总量，若等于或超过相应的临界量，则其环境风险物质数量与临界量的比值大于 1，初步判断为待评估环境风险源，见式（3-7）：

$$\sum_{i=0}^{n} \frac{q_i}{Q_i} > 1$$

（3-7）

式中，q_i 为每种环境风险物质实际存在或者以后要存在的量，且数量超过单个环境风险物质临界值的 5%，t；Q_i 为环境风险物质临界量，t。

（2）企业内存在的环境风险物质为多品种时，则按式（3-8）计算环境风险物质数量与临界量的比值；若满足式（3-7）则判定为待评估环境风险单位。

$$Q = \frac{q_1}{Q_1} + \frac{q_2}{Q_2} + \cdots + \frac{q_n}{Q_n} \geqslant 1$$

（3-8）

式中，q_1，q_2，…，q_n 分别为每种环境风险物质设计的最大储存量或使用量，且数量超过单个环境风险物质相对临界量的 5%，t；而 Q_1，Q_2，…，Q_n 分别为与各环境风险物质相对应的临界量，t。

为简化计算环境风险场所内风险源的识别过程，可依据风险场所的差异选择不同的排查程序，如图 3-6 所示。

---

① 1 psi=6.89476×10^3 Pa。

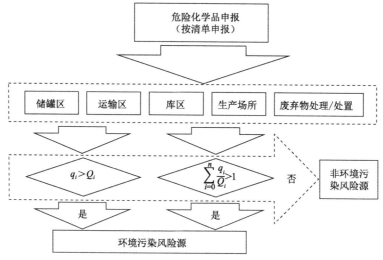

图 3-6   重大环境风险源排查程序

3）环境风险物质与临界量清单

突发性环境事件风险物质及临界量清单见《企业突发环境事件风险分级方法》
（HJ 941—2018）中附录 A 突发环境事件风险物质及临界量清单。

3. 企业生产工艺过程评估

企业行业类别、企业工艺过程是否需要高温、高压条件，工艺中是否涉及易燃易
爆物质，决定了企业生产工艺过程风险。对企业生产工艺过程含有风险工艺和设备情
况的评估按照工艺单元进行，对于具有多套工艺单元的企业，对每套工艺单元分别评
分并求和，该指标分值最高为 30 分，具体见表 3-13。

表 3-13   企业生产工艺过程评估

评估依据	分值
涉及光气及光气化工艺、电解工艺（氯碱）、氯化工艺、硝化工艺、合成氨工艺、裂解（裂化）工艺、氟化工艺、加氢工艺、重氮化工艺、氧化工艺、过氧化工艺、氨基化工艺、磺化工艺、聚合工艺、烷基化工艺、新型煤化工工艺、电石生产工艺、偶氮化工艺	10/套
其他高温或高压、涉及易燃易爆等物质的工艺过程 [a]	5/套
具有国家规定限期淘汰的工艺名录和设备 [b]	5/套
不涉及以上危险工艺过程或国家规定的禁用工艺/设备	0

a. 高温指工艺温度≥300℃，高压指压力容器的设计压力（p）≥10.0MPa，易燃易爆等物质是指按照 GB 30000.2 至 GB 30000.13 所确定的化学物质。

b. 《产业结构调整指导目录》中有淘汰期限的淘汰类落后生产工艺装备。

4. 企业风险管理水平评估

企业水环境风险防控措施及突发水环境事件发生情况评估指标见表 3-14。对
各项评估指标分别评分、计算总和，各项指标分值合计最高为 70 分。对于具有多

个风险单元的企业，在评估风险防范措施、生产安全控制时涉及多单元评估，处理方式按照每个风险工艺过程（单元）进行评估，计算该风险单元的平均值，再对所有风险单元得分进行平均计算，得到该企业风险防范措施、生产安全控制指标分值。

表 3-14　企业水环境风险防控措施及突发水环境事件发生情况评估指标

评估指标	评估依据	分值
截流措施	（1）环境风险单元设防渗漏、防腐蚀、防淋溶、防流失措施； （2）装置围堰与罐区防火堤（围堰）外设排水切换阀，正常情况下通向雨水系统的阀门关闭，通向事故存液池、应急事故水池、清净废水排放缓冲池或污水处理系统的阀门打开； （3）前述措施日常管理及维护良好，有专人负责阀门切换或设置自动切换设施保证初期雨水、泄漏物和受污染的消防水排入污水系统	0
	有任意一个环境风险单元（包括可能发生液体泄漏或产生液体泄漏物的危险废物储存场所）的截流措施不符合上述任意一条要求的	8
事故排水收集措施	（1）按相关设计规范设置应急事故水池、事故存液池或清净废水排放缓冲池等事故排水收集设施，并根据相关设计规范、下游环境风险受体敏感程度和易发生极端天气情况，设计事故排水收集设施的容量； （2）确保事故排水收集设施在事故状态下能顺利收集泄漏物和消防水，日常保持足够的事故排水缓冲容量； （3）通过协议单位或自建管线，能将所收集废水送至厂区内污水处理设施处理	0
	有任意一个环境风险单元（包括可能发生液体泄漏或产生液体泄漏物的危险废物储存场所）的事故排水收集措施不符合上述任意一条要求的	8
清净废水系统风险防控措施	（1）不涉及清净废水。 （2）厂区内清净废水均可排入废水处理系统；或清污分流，且清净废水系统具有下述所有措施：①具有收集受污染的清净废水的缓冲池（或收集池）池内日常保持足够的事故排水缓冲容量；池内设有提升设施或通过自流，能将所收集物送至厂区内污水处理设施处理。②具有清净废水系统的总排口监视及关闭设施，有专人负责在紧急情况下关闭清净废水总排口，防止受污染的清净废水和泄漏物进入外环境	0
	涉及清净废水，有任意一个环境风险单元的清净废水系统风险防控措施不符合上述（2）要求的	8
雨水排水系统风险防控措施	（1）厂区内雨水均进入废水处理系统或雨污分流，且雨水排水系统具有下述所有措施：①具有收集初期雨水的收集池或雨水监控池；池出水管上设置切断阀，正常情况下阀门关闭，防止受污染的雨水外排；池内设有提升设施或通过自流，能将所收集物送至厂区内污水处理设施处理。②具有雨水系统总排口（含泄洪渠）监视及关闭设施，在紧急情况下有专人负责关闭雨水系统总排口（含与清净废水共用一套排水系统情况），防止雨水、消防水和泄漏物进入外环境。 （2）如果有排洪沟，排洪沟不得通过生产区和罐区，或具有防止泄漏物和受污染的消防水等流入区域排洪沟的措施	0
	不符合上述要求的	8

续表

评估指标	评估依据	分值
生产废水处理系统风险防控措施	（1）无生产废水产生或外排。 （2）有废水外排时：①受污染的循环冷却水、雨水、消防水等排入生产废水系统或独立处理系统；②生产废水排放前设监控池，能够将不合格废水送废水处理设施处理；③如企业受污染的清净废水或雨水进入废水处理系统处理，则废水处理系统应设置事故水缓冲设施；④具有生产废水总排口监视及关闭设施，有专人负责启闭，确保泄漏物、受污染的消防水、不合格废水不排出厂外	0
	涉及废水外排，且不符合上述（2）中任意一条要求的	8
废水排放去向	无生产废水产生或外排	0
	（1）依法获取污水排入排水管网许可，进入城镇污水处理厂； （2）进入工业废水集中处理厂； （3）进入其他单位	6
	（1）直接进入海域或进入江、河、湖、库等水环境； （2）进入城市下水道再入江、河、湖、库或再进入海域； （3）未依法取得污水排入排水管网许可，进入城镇污水处理厂； （4）直接进入污灌农田或蒸发地	12
厂内危险废物环境管理	（1）不涉及危险废物的； （2）针对危险废物分区储存、运输、利用、处置具有完善的专业设施和风险防控措施	0
	不具备完善的危险废物储存、运输、利用、处置设施和风险防控措施	10
近3年内突发水环境事件发生情况	发生过特别重大及重大等级突发水环境事件的	8
	发生过较大等级突发水环境事件的	6
	发生过一般等级突发水环境事件的	4
	未发生突发水环境事件的	0

注：本表中相关规范具体指 GB 50483、GB 50160、GB 50351、GB 50747、SH 3015。

将企业生产工艺过程、水环境风险控制措施及突发水环境事件发生情况各项指标评估分值累加，得出生产工艺过程与水环境风险控制水平值，按照表 3-15 划分为 4 个类型。

表 3-15　企业生产工艺过程与水环境风险控制水平类型划分

生产工艺过程与水环境风险控制水平值	生产工艺过程与水环境风险控制水平类型
$M < 25$	$M1$
$25 \leqslant M < 45$	$M2$
$45 \leqslant M < 65$	$M3$
$M \geqslant 65$	$M4$

5. 水环境风险受体敏感度评估

环境受体是风险系统组成的 3 个要素之一，环境受体差异直接影响企业的环境风险等级，按照水环境风险受体敏感程度，同时考虑河流跨界的情况和可能造成土壤污染的情况，将水环境风险受体敏感程度类型划分为类型 1、类型 2 和类型 3，分别以 $E1$、$E2$ 和 $E3$ 表示，水环境风险受体敏感程度按类型 1、类型 2 和类型 3 顺序依次降低。若企业周边存在多种敏感程度类型的水环境风险受体，则按敏感程度高者确定企业水环境风险受体敏感程度类型。表 3-16 对企业周边环境保护目标情况进行了划分。

表 3-16　水环境风险受体敏感程度类型划分

敏感程度类型	水环境风险受体
类型 1（$E1$）	（1）企业雨水排口、清净废水排口、污水排口下游 10km 流经范围内有如下一类或多类环境风险受体：集中式地表水、地下水饮用水水源保护区（包括一级保护区、二级保护区及准保护区），农村及分散式饮用水水源保护区； （2）废水排入受纳水体后 24h 流经范围（按受纳河流最大日均流速计算）内涉及跨国界的
类型 2（$E2$）	（1）企业雨水排口、清净废水排口、污水排口下游 10km 流经范围内有生态保护红线划定的或具有水生态服务功能的其他水生态环境敏感区和脆弱区，如国家公园，国家级和省级水产种质资源保护区，水产养殖区，天然渔场，海水浴场，盐场保护区，国家重要湿地，国家级和地方级海洋特别保护区，国家级和地方级海洋自然保护区，生物多样性保护优先区域，国家级和地方级自然保护区，国家级和省级风景名胜区，世界文化和自然遗产地，国家级和省级森林公园，世界级、国家级和省级地质公园，基本农田保护区，基本草原； （2）企业雨水排口、清净废水排口、污水排口下游 10km 流经范围内涉及跨省界的； （3）企业位于熔岩地貌、泄洪区、泥石流多发等地区
类型 3（$E3$）	不涉及类型 1 和类型 2 情况的

注：本表中规定的距离范围以到各类水环境保护目标或保护区域的边界为准。

6. 突发水环境事件风险分级

根据企业周边水环境风险受体敏感程度（E）、涉水风险物质数量与临界量比值（Q）和生产工艺过程与水环境风险控制水平（M），按照表 3-17 确定企业突发水环境事件风险等级。

表 3-17　企业突发水环境事件风险分级矩阵表

环境风险受体敏感程度（E）	风险物质数量与临界量比值（Q）	生产工艺过程与水环境风险控制水平（M）			
		M1 类水平	M2 类水平	M3 类水平	M4 类水平
类型 1（$E1$）	$1 \leqslant Q < 10$（$Q1$）	较大	较大	重大	重大
	$10 \leqslant Q < 100$（$Q2$）	较大	重大	重大	重大
	$Q \geqslant 100$（$Q3$）	重大	重大	重大	重大
类型 2（$E2$）	$1 \leqslant Q < 10$（$Q1$）	一般	较大	较大	重大
	$10 \leqslant Q < 100$（$Q2$）	较大	较大	重大	重大
	$Q \geqslant 100$（$Q3$）	较大	重大	重大	重大

续表

环境风险受体 敏感程度（E）	风险物质数量 与临界量比值（Q）	生产工艺过程与水环境风险控制水平（M）			
		M1 类水平	M2 类水平	M3 类水平	M4 类水平
类型 3（E3）	1≤Q<10（Q1）	一般	一般	较大	较大
	10≤Q<100（Q2）	一般	较大	较大	重大
	Q≥100（Q3）	较大	较大	重大	重大

企业突发水环境事件风险等级表征分为两种情况：① Q<1 时，企业突发水环境事件风险等级表示为"一般—水（Q0）"。② Q≥1 时，企业突发水环境事件风险等级表示为"环境风险等级—水（Q 水平—M 类型—E 类型）"。

近三年内因违法排放污染物、非法转移处置危险废物等行为受到环境保护主管部门处罚的企业，在已评定的突发环境事件风险等级基础上调高一级，最高等级为重大。

7. 流域水环境事件风险分级

流域内敏感目标是水环境污染的对象，如果某个区域具有的敏感目标多，敏感目标价值大，则该区域一旦发生水污染后风险就大，后果就比较严重。另外，如果某个区域内的敏感目标受风险源污染威胁越大，则该区域的风险越大。针对敏感目标在流域分布情况、敏感目标的价值大小、敏感目标受风险源污染威胁的程度大小，可以对流域水环境污染风险进行分区。

计算流域内每个敏感目标整合风险源影响后的风险值，求得所有敏感目标的整合风险源影响后的风险值的和，再除以河流/水库干流河道长度，求出 1km 河段范围内的平均风险值 $\overline{R}$。此平均风险值作为指标可反映整个流域范围内基于风险源和敏感目标耦合后的水环境污染的平均风险。一般风险企业风险赋值为 1，较大风险赋值为 10，重大风险赋值为 100。

将河道以 5 km 长度为单位统计每 5 km 河道区域单元内敏感目标整合风险源影响后的风险值，求出风险值的和（ΣR）。该 5 km 河道区域单元内的敏感目标整合风险源影响后的区域风险度以式（3-9）表示：

$$R = \frac{\sum R}{5 \times \overline{R}} \tag{3-9}$$

如果 R >1，说明该 5 km 河道区域单元内的敏感目标整合风险源影响后的风险高于整个流域平均风险；如果 R<1，则说明小于整个流域平均风险。

根据式（3-9），可以把所有干流和支流河道划分成连续的以 5 km 长为单位的区域单元，计算每个 5 km 河道区域单元的区域风险度 R，根据 R 的大小，确定该 5 km 河道区域单元的风险大小。高风险区：R≥10；中风险区：1≤R<10；低风险区：R<1。

根据每个河道区域单元的分区结果，对属于同一级别风险区的相邻区域单元进行合并，确定基于风险源与敏感目标耦合后的整个流域内不同级别水环境污染风险区的区划和分布情况。

3.2.4　流域重点行业水环境风险防控基础数据库构建技术方案

1. 技术路线

重点行业水环境风险防控基础数据库构建技术路线（图 3-7）主要包括基础数据收集、模型利用、对应关系矩阵构建、计算机语言编程及数据库建立。基础数据收集主要包括地表水环境基础数据、环境敏感点基础数据、重点行业企业基础数据、污染物清单及地理信息等其他基础数据；模型利用主要是根据数据库的用途及作用选用合适的模型或方法对数据关系进行分析对应；对应关系矩阵构建是数据库构建中的重要一步，主要是基于对数据的梳理和分析，在明确数据库的作用基础上，建立不同类型的对应关系，主要包括污染物、敏感点在流域地理分布对应关系矩阵，污染物污染影响范围（监测断面）对应关系矩阵，污染物与敏感点（监测断面）溯源对应关系矩阵等；而计算机语言编程主要基于基础数据和对应关系，利用计算机语言将基础数据和对应关系等进行可视化操作处理，进而转化为可视化界面；数据库建立主要是对数据库的可视化模块和结构进行设计与调整，以确定最终的数据库系统结构和可视化展示界面。

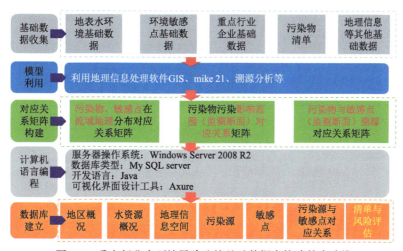

图 3-7　重点行业水环境风险防控基础数据库构建技术路线

2. 重点行业水环境风险防控基础数据库构建

1）构建内容

重点行业水环境风险防控基础数据库是在相关基础数据收集的基础上，按照国家数据库构建相关标准对基础数据进行收集、整理和规范化处理，建立系统且完整的基础数据库。基础数据库主要包括水环境基础数据、重点行业企业基础数据、污染物数据、地理信息数据、其他数据等，见图 3-8。

（1）水环境基础数据主要包括地表水和环境敏感点两类数据，其类型主要包括国控、省控、市控的监测断面及水源地等的手工监测和自动监测数据信息，具体又包括监测站点信息、监测数据及相关的评价数据等。

（2）重点行业企业基础数据主要针对重点行业企业调查收集的数据集，包括企业基本信息、企业监督性监测数据、环境统计数据、重点污染源在线监测数据等相关数据信息。

（3）污染物数据主要是指重点行业污染物清单，包括优控污染物清单和特征污染物清单两类，此类数据主要是在环境污染物和企业污染物调研与检测基础上，按照相关标准筛选出的污染物清单信息。

（4）地理信息数据是一类重要的基础数据，具体可分为基础地图和环境专题图，基础地图主要是指地区基础图，如行政区划等，地区影像图、地区水系图等，而环境专题图主要是指基于调查结果，利用相关地理软件得到的水环境监测点位图、饮用水源地点位图、重点行业污染源点位图及其他敏感点位图等。

（5）其他数据主要包括自然环境、政策法规、社会经济数据及相关标准等信息数据。

以上五个数据集共同构成重点行业水环境风险防控基础数据库。重点行业水环境风险防控基础数据库是将水环境风险防控管理过程中所需数据进行搜集、整理及分析，将同类型信息进行归纳，并将同类型的数据进行统一化和标准化。

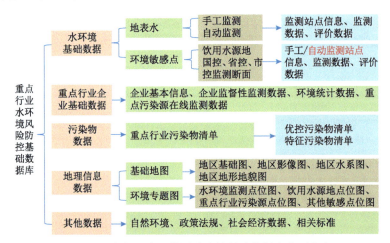

图 3-8　重点行业水环境风险防控基础数据库主要内容

2）构建技术要求

重点行业水环境风险防控基础数据库的构建主要是基于数据信息调查的结果。基础信息的调查方法包括文献/报告调研、现场采样检测、与环境管理等相关部门对接、国家相关环境数据库平台搜索等。

（1）文献/报告调研主要是通过搜索相关的研究文献或报告来获取所需信息，如地区的自然环境、政策法规、社会经济数据、污染物的毒理学数据等，具体包括中国知网文献、国家统计年鉴、国家相关调查报告（如污染物普查）、企业月/年度报告等。

（2）现场采样检测，应按照国家相关采样和检测等方法标准对地表水与行业企业水样进行检测分析，应注意采样过程中采样时间、采样地点等信息的正确录入。

（3）与环境管理等相关部门对接是风险防控数据获取的重要方法，主要通过对接会议等形式向环境管理部门提需求，从而获取相关数据信息，包括环境统计数据、地表水日常监测数据、饮用水源地基础及监测数据等。

（4）国家相关环境数据库平台搜索主要是通过国家环境相关官方网站获取重点行业水环境风险防控基础数据，其中包括排污许可平台、环境相关政府网站（如地表水质监测网站）等。

获取的数据按相关标准，借助 Excel 或 SPSS 等软件系统进行整理、分析和归类。

3）基础数据库的构建、更新和维护

重点行业水环境风险防控基础数据库的构建主要借助 Excel 或 SPSS 等数据分析统计软件进行数据的处理。

A. 水环境数据源分析

空间数据源是重点行业水环境风险防控数据库的重要部分。采用统一的空间数据库来存储与管理空间数据源及其属性数据，使空间信息和其他信息的数据管理方式一致起来，可以更大程度地实现 GIS 的应用和其他系统应用的集成。它主要以全国 1∶25 万分幅电子地图为基础数据，结合一些专题地图信息及属性数据，根据系统设计要求，将其分成水系单线河（线状要素）、双线河、水库湖泊、省级行政区划界、市县级行政区划界、流域界（面状要素）、水质监测站点（点状要素）等图层。

数值数据源是重点行业水环境风险防控数据库的基础数据。为了便于管理及日后数据更新维护方便，并且考虑到系统对数据的处理速度，在对所涉及数据进行分类收集整理后，将其分为静态数据与动态数据进行管理。静态数据包括不同水质监测站的基本信息（如测站名称、主要负责人、联系电话、运行状况等）、测站经纬度位置、所属行政区划信息、所属流域及支流信息、水文分管站信息等数据信息。动态数据就是指水质监测指标历史的和现时的监测数据，其中包括不同重点水质监测站点，包括多个水质监测参数在内的、多年的水质监测数据。同时包括不同监测站的重要的水文数据。

B. 水环境空间数据的处理与空间数据库设计

（1）空间数据库的编码与处理。空间数据是一种地理信息，目前对空间数据的编码国际上还没有一套统一的规范和标准。我国的标准化工作也正在研究和制定之中。全国 1∶25 万分幅电子地图中，对水系、湖泊、行政区划等空间实体进行编码与组织时，基本上采用国家有关标准，如行政区划编码采用 6 位码形式。建立空间数据库之前，首先需要对各个图层进行图幅拼接，然后对目标要素进行提取、投影变换及配准、属性注记、图形显示、界面风格设计等综合处理。其中图幅拼接、要素提取、投影变换等操作均需借助 ARC/INFO 等软件系统实现，属性注记和图形显示界面设计可以借助 Super Map 等软件系统实现。

为实现水环境 GIS 系统演示界面美观及突出主要河流的目的，建议选取电子地图中河流级别为 1 级、2 级的河流（有少数 3 级河流）作为双线河。如果是双线河，可以直接作为面元处理。对于单线河，首先可以将其生成相应的 BUFF，再进行面元处理。为便于河流名称的属性注记，需要在双线河主干与支线双线河交汇处加绘封闭线。选取电子地图中河流级别为 3~5 级并有河流名称属性的河流作为单线河。对有水质监测站点河流级别不足 5 级的进行单独提取要素处理。对电子地图中水库湖泊名称属性不为空的所有要素进行提取及综合处理，作为空间库中水库湖泊实体要素。通过对电子地图的图幅拼接及接边处理，分别提取出省级行政区划界及市县级行政区划界图层。

（2）空间数据库的功能设计。水环境信息 GIS 是基于组件式以 SuperMap 系统而开发的一套 GIS 系统。该系统具备一般 GIS 系统所具有的较完备的功能。

C. 水环境数值数据库设计与实现

数值数据库设计可以借助 SQL Server 等作为开发平台，采用传统的关系数据库方式，数值数据库的设计实质上就是关系数据库的设计，在进行数值数据库设计时，一般要经历以下几个阶段：需求分析、概念模型设计、逻辑设计、物理设计、数据库实施以及调试和维护。为了便于管理及考虑到系统对数据处理的速度，一般需要对静态数据与动态数据分别以不同的表进行管理，包括县代码表、城市代码表、省代码表、行政区划代码表、水文分管站信息表、水质站调查表、测站信息表、水质指标分级标准表、流域信息表、支流信息表、数据字典和水质监测数据表等。

（1）数值数据库的编码处理。在对水环境数值数据库进行编码时，主要依据现有的国家统一编码标准，如行政区划代码、省代码、城市代码及县代码等。

（2）数值数据库的功能设计。水环境数值数据库一般需要具备数据查询、浏览、编辑、输出、维护更新等数据库常有的功能。

D. 企业数据的处理及交换整合

（1）静态数据库。静态数据库应该存储整套系统最基本的数据。静态数据库信息应该是企业现有人、物、方法、事件方面的基本属性信息。静态数据库应有统一的识别编码系统，用来保证数据的唯一性，其建立应该至少满足第三范式的要求。数据库信息的存在都是以静态数据库的存在为前提的，所以其他数据库信息的增加前提是需要有静态数据库的相关信息索引。动态、模型数据库的主键需要直接来自静态数据库信息，外键信息在静态数据库中应该有信息检索。

（2）动态数据库。动态数据库至少包括三类数据：一是有关 SCADA 数据采集数据，主要是指可以通过自动化系统采集的各种分类数据。二是运行相关数据，应根据现有运行数据库的情况和系统数据库设计的要求，建立与自控系统合理的数据接口，以实现与自控系统的数据通信连接。除此之外，应对自控系统的数据进行筛选、归并和汇总，提取相关数据，建立统一的运营监测数据库。三是管理运行相关数据，大部分项目数据是按照 Word 文档和 Excel 表格的形式予以保存和管理。必须依据系统的要求对这部分数据进行整理和数字化录入工作，以保证文档资料数据的完整性。

（3）模型数据库。模型数据库主要存储模型运行相关的支撑数据、边界条件接口、模型运行结果的存储、保存、展示设置等信息。模型包括企业排水管网模型、污水处理厂模型等，模型的精度和广度由于实际情况的不同，其范围和精度有较大的差别。不同的模型精度范围依据建模工具是使用第三方成熟的软件平台和根据已有的 EPNET 软件开发的模型，数据设计而不同。

（4）历史数据库。历史数据库主要对必要的信息进行周期性的存储，不同类别数据按照重要程度进行周期性储存，主要是为了进行历史数据的存储。为了检索方便，需要建立历史数据库检索系统。

（5）数据仓库。广义的数据仓库包括两部分：一是数据仓库数据库，用于存储数据仓库的数据；二是数据分析部分，用于对数据仓库数据库中的数据进行分析。广义的数据仓库设计应该包括数据仓库数据库的设计和数据仓库的应用设计两方面，而数据仓库的应用与设计一脉相承，共同构成了数据仓库应用的整个生命周期，这个周期包括 3 个阶段：数据仓库规划分析阶段、设计实施阶段及使用维护阶段。

（6）数据库交换整合。数据库交换整合主要体现在透明的数据库接口及异构数据库的存取功能上。

3. 重点行业水环境风险防控数据对应关系分析与构建

重点行业水环境风险防控数据对应关系是数据库的支撑部分，在数据库构建中意义重大。重点行业水环境风险防控基础数据库主要由两部分基础数据组成，分别为重点行业企业基础数据和水环境基础数据。具体来讲，又分为污染源数据、敏感点数据和污染物数据三部分，其中污染源数据主要来源于重点行业企业基础数据，敏感点数据主要来源于水环境基础数据，而污染物数据来源于重点行业企业和水环境两方面，一般包括特征污染物清单和优控污染物清单两类。

1）数据对应关系研究内容

A. 污染物分布与重点行业污染源对应关系

重点行业污染源废水排放一般具有黑臭缺氧、含有重金属、含有毒化学品和过营养化等特点。不完全资料统计发现，中国城市的工业污染源废水未经处理或处理不当排放到江河的比例较高，三级进程污染严重。废水中的污染物种类繁多，根据对水环境造成的危害不同可以划分为固体污染物、需氧污染物、有机污染物、油类污染物、有毒污染物、生物污染物、酸碱污染物、营养性污染物、感官污染物和热污染等。

不同行业的污染特征不同。黑色金属冶炼、食品、纺织印染业化工、造纸及电力等行业是我国工业废水排放的主要行业，由我国环境统计年报提供的数据资料可知，化工行业的废水排放量最大，造纸行业其次，电力行业次之。而不同行业排放的污染物种类也存在较大的差异，如 COD 污染主要来源于造纸行业和食品行业，其比例高达2/3；有色金属冶炼行业是废水中重金属的主要来源，基本占据一半；而悬浮物排放量占比较高的行业依次为造纸行业、采掘行业、化工行业、食品行业及钢铁行业等；石油类污染物排放量较高的企业分别是钢铁行业、其他机械制造行业、化工行业及采掘行业等；废水中硫化物排放量较高的行业主要是化工行业和造纸业；化工和钢铁等行业是工业废水中氰化物的主要贡献源；挥发酚的排放主要来源于石油加工业、化工行业、有色金属行业等，由此可以看出不同行业排放的污染物的种类和排放量均存在差异。

除排放量外，污染物的排放浓度也根据行业不同而不同，如有色金属行业废水中的氰化物和硫化物等污染物的浓度要远远高于允许排放浓度；化工行业除了重金属污染物外，其他各类污染物的排放浓度也远高于排放浓度二级标准；金属制品行业的六价铬排放浓度最高，氰化物的浓度也比较高；而制革行业、食品加工行业、饮料行业、化工行业、造纸行业等的工业废水中 COD 排放浓度均比较高。

综合来看，不同行业的污染源对应不同的污染物种类和数量，而污染物的种类和数量不同，其扩散范围和距离也存在较大的差异，即影响的范围也不同。除了污染物浓度和排放量的影响，污染物的扩散范围与污染源的空间位置息息相关，如果污染物处于河流流速较大的地段，其污染物的影响范围可能会略大，相反可能会较小；如果污染源位于河流的上游，其影响范围可能较大，而如果位于下游，则受影响范围可能会较小，污染物扩散范围的影响因素较多，但最主要关注的是污染源的空间位置、排放口的位置、污染物的浓度和排放量大小等。通过建立污染物分布与重点行业污染源的对应关系，可以更好、更直观地了解污染源的空间分布及污染物的分布情况，能够实现对重点污染物的有效监管。

污染物分布与重点行业污染源的对应关系，不仅包括空间位置的对应关系，还包括数量的对应关系，如不同污染源的污染物种类和排放量的对应关系；通过此对应关系可以及时方便地了解不同污染源废水排放的基本情况，也能够实现同一种污染物所对应的不同污染源的功能查询。

B. 污染物分布与水环境敏感点对应关系

重点行业水环境风险防控基础数据库的主要保护对象之一可被认定为水环境敏感点。水环境敏感点是环境管理中着重保护的一类目标，其受环境中污染物等影响因子的作用更加显著，有研究对水环境敏感点做出解释，水环境敏感点是指具有控制意义的水体断面，主要包括国控断面、省控断面以及饮用水源区，即数据库风险防控的受体之一即是水环境敏感点，在任务环境污染事故中，如果没有可受污染影响的受体，发生的污染事故也就不存在任何环境风险，如果受污染影响的敏感目标的重要性越高，则污染事故引起的环境风险也就越大。

而水环境敏感点数量较多，分布较广，不同敏感点的水质特征又存在较大差异，如常见的饮用水源地，其水质一般高于Ⅲ类水质标准的河流。除此之外，不同环境敏感点中污染物的种类和浓度均存在较大的差异。

为了能够及时准确地掌握不同水环境敏感点的变化，建立污染物分布与水环境敏感点的对应关系是极其重要的，通过两者的对应关系可以更加便捷地掌握不同环境敏感点的空间位置，更加直观地了解不同环境敏感点污染物的基本信息，同时可以更加快速地确定某污染物存在的敏感点的位置和分布，以及不同敏感点中该污染物的含量水平。

C. 重点行业污染源与水环境敏感点的对应关系

重点行业污染源与水环境敏感点的对应关系是重点行业水环境风险防控数据的重要研究内容，是风险防控的核心目标。通过借助软件或模型实现重点行业污染源影响范围的确定，实现水环境敏感点中污染物的溯源，是对应关系的两大主要研究内容。单独地研究重点行业污染源或水环境敏感点一般只能评价污染源的风险大小或水环境敏感点的水质状况，并不能有效地将两者建立起对应关系，无法真正落实污染源在水环境管理工作的作用或应该承担的责任。

重点行业污染源影响范围的确定可以在环境事故发生的情况下，迅速地定位到污染物可能影响的范围，即对应的水环境敏感点的数量与位置，尤其是在突发水环境事故的情况；同时，在水质日常监测中，如果发现某断面处的某污染物超过国家或地方的相应标准，可以通过此对应关系，确定可能对该敏感点产生影响的污染源，以实现水环境管理与企业监督的双向关联。

2）构建技术要求

A. *污染物分布与重点行业污染源对应关系构建要求*

污染物分布与重点行业污染源对应关系的构建主要包括确定污染物信息和重点行业污染源信息。污染物的信息包括污染物的种类、含量水平、排放量、毒性大小、降解能力等，该部分信息可以通过多个途径获取，如污染物的种类可以通过企业调研，由企业提供相关的监督性监测数据信息，也可以向企业所在地的环境管理部门申请污染物普查数据资料，或通过现场采样调查获取相关的数据信息，所得信息需要具有时效性和代表性，另外需要获得不同时期的污染物监测数据，单独一个时期的污染物监测数据可能缺乏代表性，最理想的情况是获取不同污染物的月变化、季度变化或年变化数据，主要包括排放量和排放浓度等信息；此外还可以通过文献调研的方式获取不同行业的主要污染物信息和污染物的毒理学数据信息等。

重点行业污染源的信息一般通过向该企业所在地的环境管理部门申请获取，但该种方法具有一定的局限性，如企业的更新成长速度相对较快，而环境管理部门的信息数据可能会存在时效性弱的问题。另外，可以通过申请在环境管理部门的陪同下进入企业进行调研，直接由相关企业提供所需材料数据。除通过政府参与渠道外，还可以基于我国的相关企业或环境管理平台进行检索，如我国的企业排污许可平台、各地方的环境保护/管理部门或机构网站等。除此之外，还可以从科学研究文献中搜索相关的数据信息，但该方式获取信息的难度较大，所获得信息数据量较小，难以满足数据库的构建要求。重点行业污染源的数据信息类型包括污染源的地理位置、行业类型、企业法人代表、联系方式等信息。

数据获取过程中或获取后的处理需要按照相关规范或标准进行处理，对应关系的表现形式可以借助 Excel 或 SPSS 等数据处理软件完成。

B. *污染物分布与水环境敏感点对应关系构建要求*

污染物分布与水环境敏感点对应关系的构建主要体现在污染物的调查和水环境敏感点的确定。河流等水环境中污染物的信息一般包括污染物的种类、含量水平及变化趋势等；而水环境敏感点的数据信息包括水环境敏感点的确定方法及其数量、分布等，一般情况下，选取国控、省控、市控或饮用水源地等的监测断面作为水环境敏感点研究对象。

河流等水环境中污染物信息的获取主要包括三种方式：第一，通过向该地区的环境管理部门申请日常水质监测或监督性监测数据信息，该种方式需在政府相关部门的支持下完成；第二，通过现场采样，实验室监测获取所需数据信息，该种方式的经费需求较大，工作任务繁重，要求的时间、人力、物力较大；第三，通过相关平台或文献报告的调研获取相关数据。

两者关系的简单建立可以借助 Excel 或 SPSS 完成，主要保证水环境敏感点选取的科学合理性和水质监测数据的真实可靠性。

C. 重点行业污染源与水环境敏感点对应关系构建要求

重点行业污染源与水环境敏感点对应关系的构建较为复杂，需要借助系列模型或方法完成，主要包括重点行业污染源影响扩散范围的确定和水环境敏感点中超标污染物的溯源两方面内容。

（1）污染源对敏感点的影响矩阵构建。矩阵构建方法如下：针对一个重点排污企业，判断其是否直排，如果是直排，则显示排放到河流的点位；如果不是直排，则显示排入到的污水厂名称，另外还要获取企业排放量数据信息 q。依据受纳水体，得知其执行标准 $C_标$、得知受纳水体流量 Q、流速 u、监测断面处该污染物的背景浓度 C_Q、该污染物降解系数 k、河流纵向扩散系数 D_x 的数据信息；判断出排放点其上游最近的监测断面 J_0，取得上游来水浓度值 C_Q 和流量 Q；依据排放点位与下游关联的监测断面 J_1、J_2、…之间的距离 X_1、X_2、…。经过计算得到排污企业在其下游关联监测断面 J_1、J_2、…处的浓度值；针对同一个监测断面 J，将其关联的上游污染源在该点的浓度值进行叠加，并与河流的浓度限值进行对比，来判断影响（这个属于对每个监测断面的上游所有污染源进行叠加，解决了每个企业都有影响但是影响又没有达到 C_{max} 值的问题），所用公式如下。

排污口排放的污染物与河水混合后的浓度值计算见式（3-10）：

$$C_0 = \frac{QC_Q + qC_实}{Q + q} \qquad (3-10)$$

式中，Q 为河流上游来水的流量（手动输入），m^3/s；q 为排入河流废水的流量（手动输入），m^3/s；C_Q 为该污染物在河流中的背景浓度（手动输入），mg/L；$C_实$为企业排放浓度，mg/L。

扩散一定距离后的污染物浓度值计算见式（3-11）：

$$C(x) = C_0 \exp\left[-\frac{ux}{2D_x}\left(\sqrt{1 + \frac{4kD_x}{u^2}} - 1 \right) \right] \qquad (3-11)$$

式中，C_0 为排放口断面处（$x=0$）的完全混合浓度（上一步计算结果）；u 为河流流速（手动输入），m/s；x 为下游距离（手动输入），m；D_x 为河流纵向扩散参数（手动输入），m^2/s；k 为污染物降解系数（手动输入），d^{-1}；$C(x)$为污染物扩散 x 距离下的浓度值（需要计算）。

但在实际计算过程中需考虑污染源的叠加问题，因此上述公式需进行迭代计算，见式（3-12）和式（3-13）：

$$C_1 = \frac{QC_Q + q_1 C_{W1}}{Q + q_1} \qquad (3\text{-}12)$$

$$C(x)_1 = C_1 \exp\left[-\frac{ux_1}{2D_x}\left(\sqrt{1 + \frac{4kD_x}{u^2}} - 1 \right) \right] \qquad (3\text{-}13)$$

技术路线如下：首先确定行政区县，在行政区县下搜索受纳水体，得知该受纳水体的一些基本信息，包括流量、流速，扩散系数，污染物降解系数、周边排污企业信息等数据，以上信息作为基础，后期代入一维扩散模型中进行计算，以此得到企业排放的污染物对敏感点的影响，具体见图 3-9。

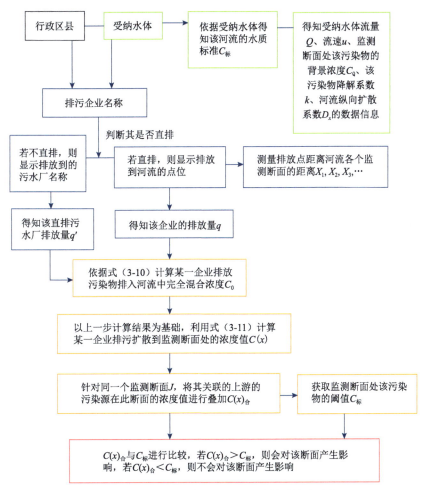

图 3-9　污染源对敏感点的影响矩阵构建技术路线

（2）单一污染源对敏感点的影响的排放限值矩阵构建。矩阵构建方法如下：首先对行政区下的受纳水体进行搜索，针对一个重点排污企业，判断其是否直排，如果是直排，则显示排放到河流的点位；如果不是直排，则显示排入到的污水厂名称，另外还要获取排污企业排放量 q 的数据信息。依据受纳水体，得知其执行标准 $C_标$，得知受纳水体流量 Q、流速 u、监测断面处该污染物的背景浓度 C_Q、该污染物降解系数 k、河流纵向扩散系数 D_x 的数据信息；测量排污点距离各个监测断面的距离 X_1，X_2，X_3，…，依据公式计算该污染物在扩散距离为排污点到各个监测断面处情况下的完全混合浓度 C_0，依据上一步算出的扩散不同距离下的 C_0 值来计算企业排放浓度 C_W；获取企业实际排放浓度，C_W 与 $C_实$ 进行比较，若 $C_实 > C_W$，则会对该断面产生影响，若 $C_实 < C_W$，则不会对该断面产生影响。

技术路线如下：首先确定行政区县，在行政区县下搜索要研究的受纳水体，得知该受纳水体的一些基本信息，包括流量、流速、扩散系数、污染物降解系数、周边排污企业信息等数据，以上信息作为基础，将一维扩散模型进行反算，计算出企业排放浓度限值，并与实际排放值进行比较，以此可对企业排放污染物进行管控，具体见图3-10。

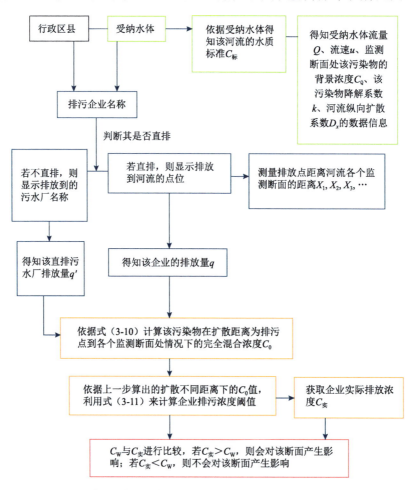

图 3-10　单一污染源对敏感点的影响的排放限值矩阵构建技术路线

（3）源解析。在行政区下搜索受纳水体：①在该河流的最下游监测断面 J_x 中，监测出某种特征污染物 Z 超出其浓度限值，则追溯到上一个监测断面 J_{x-1}，判断 J_{x-1} 断面处的 Z 污染物是否超标，若不超标，则初步划定范围为 J_x 断面与 J_{x-1} 断面之间的行业，找出 J_x 断面与 J_{x-1} 之间所排污染物包含 Z 的行业，最终对应到该行业的企业；若 J_{x-1} 断面 Z 污染物不超标，则追溯到 J_{x-2} 断面处，判断 J_{x-2} 断面处的 Z 污染物是否超标，若不超标，则初步划定范围为 J_x 断面与 J_{x-2} 断面之间的行业，找出 J_x 断面与 J_{x-2} 断面之间所排污染物包含 Z 的行业，最终对应到该行业的企业；以此类推。②在该河流的最下游监测断面 J_x 中，若监测出某种特征污染物 Z 未超出其浓度限值，则追溯到 J_{x-1} 断面，判断 J_{x-1} 断面处 Z 污染物是否超标，若超标，则追溯到 J_{x-2} 断面，判断其是否超标，若不超标，则初步划定范围为 J_{x-1} 断面与 J_{x-2} 断面之间的行业，找出 J_{x-1} 断面与 J_{x-2} 断面之间所排污染物包含 Z 的行业，最终对应到该行业的企业；若 J_{x-2} 断面处 Z 污染物超标，则追溯到 J_{x-3} 断面，判断其是否超标，若不超标，则初步划定范围为 J_{x-1} 断面与 J_{x-3} 断面之间的行业，找出 J_{x-1} 断面与 J_{x-3} 断面之间所排污染物包含 Z 的行业，最终对应到该行业的企业；以此类推。

首先确定所要研究的受纳水体，对该河流的所有监测断面进行定位。确定该河流中存在的一种特征污染物，在最下游的监测断面处对该污染物浓度值与其浓度限值进行比较，确定是否超标，再对其上一个监测断面的该污染物进行判断，以此类推，确定一个超标与不超标的断面区间，并确定此区间内的行业是否排放该污染物，以此确定排放源头，具体见图 3-11。

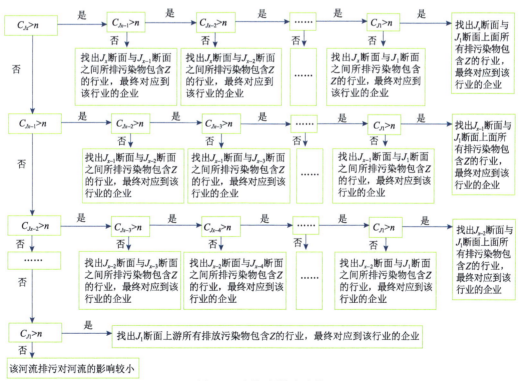

图 3-11　源解析技术路线

3）模型/方法选择

A. 扩散模型

零维扩散模型适用于水面、水深均不大的湖库或流速较小河段，该模型分为非稳态和稳态两种情况，通过水量平衡基本方程和水质迁移转化基本方程进行求解。

一维扩散模型适用于一般内陆河流，当深度和宽度相对于它的长度非常小时，排入河流的污水，在很短的距离内便可在断面上混合均匀，因此绝大多数的河流水质计算常常可简化为一维水质问题。一维扩散模型方程分为水流运动基本方程（即水量平衡基本方程）和水质迁移基本方程。一维水质方程的解析解可分为稳态解（适用于不受潮汐作用的内陆河流）、瞬时排污情况的动态解（适用于突发污染事件）。二维扩散模型由水平二维水质迁移转化基本方程和竖向水质迁移转化基本方程组成，适用于河流水深较浅的河段。三维扩散模型是指在一个具有 x、y、z 坐标的三维空间中，任一微小水团三维水质迁移转化方程，由于其求解复杂而不常用于水质预测。

B. 溯源模型

污染源解析最早起源于大气污染物研究，近年来才逐渐应用到水环境及土壤等研究领域（陈锋等，2016；于旦洋等，2021）。

（1）CMB 法。CMB 法的基本原理就是质量守恒。有 4 个假设条件：①可以识别出对环境受体中的污染源类别，且各源类所排放的化学组成有明显的差别；②各源类所排放化学组成相对稳定，化学组分之间无相互影响；③各源类所排放污染物没有相互作用，在传输过程中的变化可以被忽略，并且所有的污染源成分谱是线性无关的；④污染源种类低于或等于化学组分的种类。化学质量平衡法广泛应用于大气污染源解析，但是在水环境中的应用受到假设②的限制，同时由于水体中溶解态、悬浮态和沉积物之间迁移、转化、释放等机理较为复杂，尤其是水体本底差异性较大，目前在水污染源解析工作中应用较少（李雯香等，2019）。

（2）因子分析法。因子分析（FA）法通过研究多个指标相关矩阵的内部依赖关系，寻找控制所有变量的少数公因子，将每个指标变量表示成公因子的线性组合，以再现原始变量与因子之间的相关关系。其应用要求具备 5 个假设条件：①源成分谱从源到受体这段距离内没有发生显著变化；②单个污染物通量的变化与浓度成比例；③在给定时段内污染物的总通量是所有已知源污染物通量的总和；④源成分谱和贡献率线性无关；⑤所有采样点均受到几个相同源的影响。对矩阵方程运用不同的处理方法，会产生不同的因子分析法，目前主要有两种，即主因子分析（PFA）法和目标试验因子分析（TTFA）法。PFA 法又称为主成分分析法，与 FA 法的主要区别在于 PFA 法提取的因子个数等于变量个数，要以所有因子对所有变量的总方差作为说明，而 FA 法提取的公因子个数小于变量个数，要以公因子对同一变量的变量总方差作为说明。FA 法作为一种多元统计法，特点是通过减少变量数目，使问题得以简化，但不能得到各类排放源的绝对贡献值，还需要再进行回归分析，所以该方法需要与其他方法结合使用。

（3）稳定碳同位素法。自然界的污染源非常复杂，污染物的稳定碳同位素特征是所有污染源的总表征，相对低分子量化合物而言，高分子量化合物的稳定碳同位素较为稳定，在运用稳定碳同位素法识别污染物来源时，应尽可能使用高碳数化合物的稳定同位采用稳定碳同位素进行源解析。

（4）多元方法。多元方法的基本思路是利用观测信息中物质间的相互关系来产生源成分谱或产生暗示重要排放源类型的因子，主要包括因子分析法及其相关技术（主要包括主成分分析）、多元线性回归法等。多元方法具有以下优点：①不用事先假设排放源的数目和类型，排放源的判定相对比较客观；②能够解决次生或易变化物质的来源，能利用除浓度以外的一些参数；③研究者只需对排放源组成有大致的了解，并不需要准确的源成分谱数据。这种方法也具有一定的局限性：①该法不是对具体数值进行分析而是对偏差进行处理，如果某重要排放源比较恒定，而其他非重要源具有较大的排放强度变异，可能会忽略恒定且排放强度较大的排放源；②气象学因素的变化影响较大，为了得到准确结果，需要采集足够多数量的样品；③在实际中一般可以鉴别出 5～8 个因子，如果重要排放源类型大于 10 种，这种方法不能提供较好的结果。

（5）混合方法。随着各种单一方法的逐步成熟，混合方法已经成为必然趋势，混合方法也趋于多元化。1982 年，美国 EPA 设计了一组数据提供给不同的研究人员，并通过结果对各种受体模型的优劣进行比较。结果表明，对于排放源数目少的体系，FA、MLR 很成功，而对于排放源数目较多的体系，CMB 法具有明显优势。多元分析适宜于鉴别排放源的类型和数目，而 CMB 法适用于检验多元分析的结果，将这两种技术共同使用能够取长补短，发挥更好的作用。

（6）逸度模型。逸度（f）是表征物质脱离某一相倾向性的热力学量。1979 年首次将这一概念引入有机化学品在多介质环境的分布与预测模型的研究。该模型在源解析中的应用，即在一个真实的环境中求出化学品在各环境单元的 f 值，根据质量平衡原理和稳态条件，求解各环境单元对受体污染物的贡献率。与以浓度为基础的源解析模型相比，逸度模型的优点主要为：①逸度模型只需要污染物的理化性质及环境参数，模型计算与求解比较简单，且适用于由任意多个环境介质构成的环境系统；②逸度模型以热力学原理为基础，许多参数可以直接由热力学计算获得，减少了实验测定工作；③利用逸度模型中的各种动力学和平衡参数可以比较各种迁移、转化和降解过程的速率，确定污染物在环境系统的主要变化过程，并合理解释模型的输出。但模型的前提假设决定了该模型不能应用于非均相和非线性环境系统，它的应用将会使模型输出的不可靠性增大。利用该模型中各种动力学和平衡参数，可以比较各种迁移、转化和降解过程的速率，确定污染物在环境系统的主要变化过程，并合理解释模型的输出。

3.2.5　流域重点行业水环境风险源管理

1. 功能模块

重点行业水环境风险管理数据库可实现重点行业水环境风险管理，共包含 10 个子数据库，图 3-12 为功能模块内容。

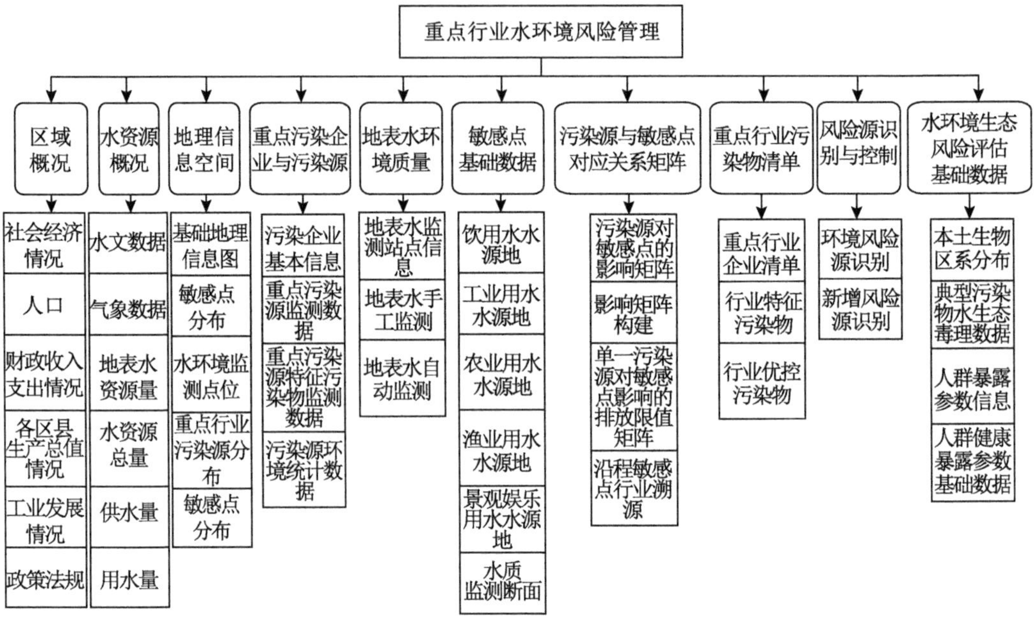

图 3-12 重点行业水环境风险管理数据库模块

2. 功能实现

本数据库可用于区域概况、水资源概况、重点污染企业与污染源、敏感点基础数据等信息查询，部分功能模块介绍如下。

1）敏感点基础数据

敏感点类型广泛，包含饮用水水源地、工业用水水源地、农业用水水源地、渔业用水水源地、景观娱乐用水水源地以及水质监测断面等。

功能实现：①通过查询"水源地名称""断面名称""行政区（市/区/县）""水源地水源地性质"等信息，实现常州市水源地基本信息的查询。②主要通过表格形式展现常州市水源地基本信息的查询。③该部分表格需要增加条数据。

2）污染源与敏感点对应关系矩阵

功能实现：针对一个重点排污企业，判断其是否直排，如果是直排，则显示排放到河流的点位；如果不是直排，则显示排入到的污水厂名称，另外还要获取企业排放量数据信息 q。依据受纳水体，得知其执行标准 $C_标$，得知受纳水体流量 Q、流速 u、监测断面处该污染物的背景浓度 C_Q、该污染物降解系数 k、河流纵向扩散系数 D_x 的数据信息；判断出排放点其上游最近的监测断面 J_0，取得上游来水浓度值 C_Q 和流量 Q；依据排放点位与下游关联的监测断面 $J_1, J_2, \cdots$ 之间的距离 $X_1, X_2, \cdots$。经过计算得到排污企业在其下游关联监测断面 $J_1, J_2, \cdots$ 处的浓度值；针对同一个监测断面 J，将其关联的上游的污染源在该点的浓度值进行叠加，并与河流的浓度限值进行对比，来判断影响

（这个属于对每个监测断面的上游所有污染源进行叠加，解决了每个企业都有影响但是影响又没有达到 C_{max} 值的问题）。

3）重点行业污染物清单

功能实现：①查询功能，通过查询"企业名称""行业类别"等信息，实现印刷电路板行业/企业特征污染物等信息的查询。②查询功能，通过查询"企业名称""行业类别"等信息，实现印刷电路板行业/企业优控污染物等信息的查询。

4）风险源识别与控制

功能实现：①通过企业名称进行检索可以知道该企业的基本信息情况（包括名称、行业类型、所属行政区、地理位置、经纬度等），实现企业基本信息及风险等级信息的查询。②对于在风险源识别与控制模块中没有检索到的企业，可以进行新增风险源识别，风险源识别方法参照《企业突发环境事件风险分级方法》（HJ 941—2018）。

5）水环境生态风险评估基础数据库

功能实现：①显示同一地点不同年份的污染物暴露信息（包括监测数据加上补充的人工实测数据可以链接到监测数据）。②输入污染物名称进行搜索，得到污染物的性质及其他信息。③显示太湖流域（常州市）人群（儿童/成人）健康暴露参数调研数据。

3.3　太湖流域（常州市）重点行业水环境风险综合管理

3.3.1　太湖流域（常州市）重点行业水环境风险概况

1. 常州市重点行业发展与排污概况

常州市环统数据显示（表 3-18），常州市 2017 年工业企业共包含 27 个行业类别，工业生产总值达 7156.28 亿元，其中，化学原料和化学制品制造业、纺织业、金属制品业、非金属矿物制品业、黑色金属冶炼和压延加工业企业数量位居前五。企业原来以传统加工制造企业为主，该类企业产值较低能耗高且对环境的破坏较严重，虽有部分企业已在近年产业转型中逐步被高新技术企业取代，但目前传统行业企业数量仍较多，对该类企业进行能源资源节约、循环化生产的改造潜力较大，资源产出率的提升空间较大。

表 3-18　常州市 2017 年各类工业企业单位数量和工业生产总值

行业类型	企业数量/个	工业生产总值/亿元
电力、热力生产和供应业	40	177.25
电气机械和器材制造业	52	386.89

行业类型	企业数量/个	工业生产总值/亿元
纺织服装、服饰业	38	156.17
纺织业	456	542.31
非金属矿物制品业	140	137.14
废弃资源综合利用业	6	1.42
黑色金属冶炼和压延加工业	116	2449.75
化学纤维制造业	8	1.91
化学原料和化学制品制造业	744	951.66
计算机、通信和其他电子设备制造业	46	447.23
金属制品业	286	399.46
酒、饮料和精制茶制造业	8	15.73
木材加工和木、竹、藤、棕、草制品业	20	16.99
农副食品加工业	18	7.44
皮革、毛皮、羽毛及其制品和制鞋业	8	3.22
其他制造业	6	4.60
汽车制造业	8	206.32
石油、煤炭及其他燃料加工业	2	1.19
食品制造业	24	30.25
铁路、船舶、航空航天和其他运输设备制造业	24	190.67
通用设备制造业	52	296.23
橡胶和塑料制品业	34	36.29
医药制造业	88	155.52
印刷和记录媒介复制业	6	2.18
有色金属冶炼和压延加工业	32	290.97
造纸和纸制品业	28	30.97
专用设备制造业	62	216.52
合计	2352	7156.28

从环统数据看（表 3-19），常州市 2017 年度企业取水量为 34111.20 万 t，废水排放量达到 23363.39 万 t，其中直接排入环境 9874.33 万 t，排入污水处理厂 13489.06 万 t。COD 产生量为 77633.34t，经污水处理设施处理后，COD 排放量为 12104.07t，去除率为 84.41%；氨氮产生量为 4267.74t，排放量为 830.36t，去除率为 80.54%；总氮产生量为 11425.48t，排放量为 2126.68t，去除率为 81.39%；总磷产生量为 649.34t，排放量为 78.42t，去除率为 87.92%。

其中，纺织业废水排放量最大，为 9396.04 万 t；其次为化学原料和化学制品制造业，排放量为 6153.82 万 t；黑色金属冶炼和压延加工业废水排放量达到 2952.03 万 t。

表 3-19 企业排污情况 （单位：万 t）

行业类型	取水量	废水排放量		
		废水排放总量	直接排入环境的	排入污水处理厂的
电力、热力生产和供应业	2378.97	189.14	102.22	86.92
电气机械和器材制造业	876.89	718.01	5.24	712.77
纺织服装、服饰业	451.43	365.19	124.75	240.44
纺织业	11651.52	9396.04	1449.97	7946.07
非金属矿物制品业	364.94	102.13	38.09	64.04
废弃资源综合利用业	43.30	34.00	0.00	34.00
黑色金属冶炼和压延加工业	5817.59	2952.03	2920.09	31.94
化学纤维制造业	62.56	49.13	3.65	45.48
化学原料和化学制品制造业	8012.35	6153.82	4112.14	2041.68
计算机、通信和其他电子设备制造业	541.50	468.58	22.03	446.55
金属制品业	872.60	664.96	460.68	204.28
酒、饮料和精制茶制造业	649.20	536.33	0.00	536.33
木材加工和木、竹、藤、棕、草制品业	7.26	5.81	3.20	2.61
农副食品加工业	193.61	143.22	57.74	85.48
皮革、毛皮、羽毛及其制品和制鞋业	19.77	15.74	0.97	14.77
其他制造业	19.10	13.75	13.67	0.08
汽车制造业	92.10	65.70	0.00	65.70
石油、煤炭及其他燃料加工业	0.05	0.04	0.04	0.00
食品制造业	299.30	238.32	78.34	159.98
铁路、船舶、航空航天和其他运输设备制造业	324.15	168.41	39.30	129.11
通用设备制造业	105.52	79.48	60.97	18.51
橡胶和塑料制品业	79.71	63.09	15.77	47.32
医药制造业	711.22	530.97	174.77	356.20
印刷和记录媒介复制业	0.30	0.25	0.00	0.25
有色金属冶炼和压延加工业	190.01	152.97	108.33	44.64
造纸和纸制品业	134.58	112.09	58.79	53.30
专用设备制造业	211.67	144.19	23.58	120.61
总计	34111.20	23363.39	9874.33	13489.06

2. 常州市重点行业水环境风险源特征

常州市企业环境风险源存在的数量及特征，对太湖流域水环境风险的大小起到直接作用。本研究选择印刷电路板、黑色金属冶炼和压延加工业（钢铁行业）、纺织染整等典型行业进行分析，为常州企业水环境风险管理提供相关参考。

1）印刷电路板行业

印制电路板行业的风险源主要包括危险化学品储存仓库、电镀生产区、危险废物暂存场所及废水、废气处理设施。可能发生环境污染事故的主要原因及形式有：①危险化学品或危险废物在储存、使用过程中，因防腐、防泄漏措施不当等发生泄漏，造成水体的污染。②生产区、危化仓或危险废物暂存场所因火灾、爆炸产生大量的对人体有毒有害气体，导致周边环境中的大气污染，还有人员中毒；而次生消防废水则会挟带危险物质通过雨水管道或外溢进入外环境，造成水体的污染。③废水处理设施管道破裂、处置设备故障、员工操作失误等造成废水事故排放，造成周边环境出现水体污染。④废气处理设施出现故障，从而泄漏，造成包括酸碱甚至氰化物等在内的有毒有害物质的气体事故排放，导致出现大气环境污染，通过大气湿沉降造成水体的污染。⑤在废气或废水治理设施中工作人员的操作失误、安全防护措施不严谨、设施存在故障等情况，导致安全事故出现。

2）钢铁行业

钢铁行业的主要环境风险有高炉、转炉煤气柜泄漏导致煤气中毒并引起火灾、爆炸；丙烷泄漏引发火灾爆炸；油品泄漏及酸碱泄漏导致设备损坏及人员伤亡，同时潜在的环境风险为上述事故发生时处理过程中洗消废水，可能发生的风险形式有：①废水的非正常排放：废水处理设施在处理过程发生故障，废水未处理达标排入环境；废水输送管道损害导致废水泄漏；消防废水未及时收集，直接进入环境；危险化学品泄漏事故现场清洗废水未及时收集，直接进入周边环境。②化品泄漏风险：危险化学品在储存、使用、装卸环节中可能存在泄漏风险；在废水处理过程中，酸碱储罐的破裂等引起酸碱等有毒物料的泄漏，一旦发生泄漏如未及时控制和处理，直接进入环境；危险废物在收集、装卸过程中，人为操作失误、储存设施破损，或台风、暴雨等造成构筑物破坏，导致泄漏；其他化学品因操作失误、设备失修、腐蚀或者设备本身等发生泄漏。③火灾爆炸事故等产生的次生环境污染：火灾爆炸事故中进行消防时产生的大量消防废水，挟带污染物，不加处理直接排入水体。

3）纺织染整行业

纺织染整行业可能发生的环境风险形式为：①企业所用的部分原料如液碱、乙酸等发生泄漏及泄漏处置产生的洗消液；或当生产及仓储发生火灾等事故处置过程中，含液碱、乙酸、燃料等物质的消防水外泄；以及企业污水处理设施不能正常运行或污水管道破裂，导致污水外泄等直接影响水环境。②极端天气导致染料等物质泄漏。

3.3.2　太湖流域（常州市）重点行业特征污染物和优控污染物调查与筛选

水污染源优控污染物筛选研究中选取了具有代表性的典型行业，即印刷电路板、纺织染整、黑色金属冶炼和压延加工业（钢铁行业）三个典型行业（企业），应用筛选技术建立了这三个行业（企业）的优先控制污染物。这些行业优先控制污染物名录为污染源的风险控制和日常监管提供了数据支撑，将极大地提高现有流域水环境监管的有效性和针对性，同时为其他行业优控污染物清单的建立提供借鉴。

1. 印刷电路板行业

根据作者团队对常州市印刷电路板行业的文献收集、调研、现场考察、资料汇总整理和废水检测，得到印刷电路板行业特征污染物清单。

通过进一步归纳和汇总，得到常州市印刷电路板行业特征污染物清单，共计 173 种特征污染物。

经过对印刷电路板行业生产全过程和污染治理全过程的分析以及对重点行业废水中污染物的检测，作者团队筛选出了印刷电路板行业特征污染物清单，进而筛选出了优控污染物清单，包含 32 种有机物，具体清单见表 3-20。

表 3-20　常州市印刷电路板行业优控污染物清单

行业	优控污染物
印刷电路板行业	卤代烃（3 种）：二溴甲烷、三氯溴甲烷、二氯溴甲烷
	苯系物（11 种）：甲苯、二甲苯、9,9-二甲基-9-硅芴、八溴二苯基氧化物、五溴乙基苯、苯酚、2,4,6-三溴苯酚、4,4′-双(1-甲基亚乙基) [2,6-二溴]-苯酚、4,4′-(1-甲基亚乙基)二苯酚(双酚 A)、4,4′-亚甲基-苯酚(双酚 F)、2-羟基异丁苯酮
	脂类（3 种）：邻苯二甲酸二丁酯、邻苯二甲酸二(6-甲基庚基-2-基)酯、1,4-苯二羧酸双(2-乙基己基)酯
	醛类（1 种）：甲醛
	醇类（6 种）：2-丁氧基乙醇、三缩四乙二醇、2-(2-丁氧基乙氧基)乙醇、戊乙二醇、3,6,9,12-四氧杂-1-醇、1-(2-甲氧基-1-甲基乙氧基)异丙醇
	烷酮（1 种）：2-吡咯烷酮
	金属离子（5 种）：铜离子、铅离子、镍离子、锌离子、铬离子
	盐类（1 种）：氰化氨
	其他（1 种）：络合物{EDTA-Cu、$[Cu(NH_3)_4^{2+}]$}
总计	32 种

2. 纺织染整行业

通过进一步归纳和汇总，得到常州市纺织染整行业特征污染物清单，共计 204 种特征污染物。

通过多步骤的筛选，得到常州市纺织染整行业优控污染物清单，共含 39 种物质，具体见表 3-21。

表 3-21　常州市纺织染整行业优控污染物清单

行业	优控污染物
纺织染整行业	卤代烃（3种）：三氯甲烷、1,2-二氯乙烷、1,1,2-三氯乙烷
	苯系物（13种）：甲苯、乙苯、间二甲苯、邻二甲苯、对二甲苯、苯酚、2,6-二叔丁基-4-甲基苯酚、2,4-二叔丁基苯酚、苯胺、氯苯、萘、2,2'-亚甲基双[6-(1,1-二甲基乙基)-4-甲基-苯酚]、3,5-双(1,1-二甲基乙基)苯酚
	醇类（4种）：2-乙基-1-己醇、2-丁氧基-乙醇、2-(2-丁氧基乙氧基)-乙醇、1-苯基-1,2-乙二醇
	脂类（6种）：邻苯二甲酸二甲酯、邻苯二甲酸二丁酯、邻苯二甲酸二正辛酯、十二烷酸甲酯、己二酸二甲酯、辛酸二甲酯
	醛类（1种）：甲醛
	酮类（2种）：2-吡咯烷酮、丙酮-1-苯基-1,2-乙二醇缩酮
	醚类（3种）：二乙二醇单十二烷基醚、六乙二醇单十二烷基醚、七乙二醇单十二烷基醚
	呋喃类（1种）：四氢-2,2,5,5-四甲基呋喃
	重金属（6种）：镍离子、铜离子、铬离子、汞离子、镉离子、锑离子
总计	39种

3. 黑色金属冶炼和压延加工业（钢铁行业）

通过进一步归纳和汇总，得到常州市黑色金属冶炼和压延加工业（钢铁行业）特征污染物清单，共计 62 种特征污染物。

通过多步骤的筛选，得到常州市黑色金属冶炼和压延加工业（钢铁行业）优控污染物清单，共含 12 种物质，具体如表 3-22 所示。

表 3-22　常州市黑色金属冶炼和压延加工业（钢铁行业）优控污染物清单

行业	优控污染物
黑色金属冶炼和压延加工业（钢铁行业）	苯系物（2种）：苯酚、对二甲苯
	脂类（3种）：邻苯二甲酸二(2-乙基己基)酯、邻苯二甲酸二丁酯、1,2-苯二羧酸双(2-甲基丙基)酯
	醇类（1种）：1-苯基-1,2-乙二醇
	盐类（1种）：氰化物
	酮类（2种）：2-吡咯烷酮、丙酮-1-苯基-1,2-乙二醇缩酮
	重金属（3种）：锌离子、铬离子、铅离子
总计	12种

3.3.3　太湖流域（常州市）重点行业水环境风险源识别及分类

通过调研和分析，对 57 家企业进行风险源分级划分，其中一般环境风险级别共计 36 家，较大环境风险级别 12 家，重大环境风险级别 9 家。

3.3.4　太湖流域（常州市）重点行业水环境风险防控基础数据库构建

太湖流域（常州市）重点行业水环境风险防控基础数据库构建内容主要包括 9 个子数据库，为太湖流域（常州市）风险防控提供了充足的数据和技术支持。

1. 常州市概况子数据库

（1）水系概况。针对太湖流域（常州市）地理位置，湖库河流数量、面积、分布进行了概述，对常州市三大水系和其中 50 余条重要河道及 4 个重要湖泊进行了简介。

（2）社会经济情况。包括总人口、人口城乡构成、市州县人口数、财政收入支出情况、各区县生产总值情况和工业发展情况，对人口数量、男女比例、出生死亡率、财政收入与比较和区县发展进行了详细的展示和分析，对常州市重点行业名单和数量、分布比例等做出详细展示。

（3）政策法规。针对当前我国及当地的水环境标准规范、技术导则和生态保护标准、环境影响评价标准、环境监测方法标准等做出总结和展示。

2. 水资源概况子数据库

（1）水文数据。包括水文基本信息和水文监测数据，通过该部分显示河流位置、属性等基本信息，并可展示不同时段河流水位情况和流量等信息。

（2）气象数据。包括气象基本信息和气象监测数据，通过河流温度和湿度、雨量和风速等气象信息的展示。

（3）水资源量。对太湖（常州市）地表水资源、总水资源、供水量和用水量等进行详细展示并提供查询功能。

3. 地理信息空间子数据库

本子数据库采用常州市地理信息行政区划图和地形图等，以标准规范进行数据的集成和分布，基础数据采用国家统一地理坐标系统，并对比例尺做出准确标注。

太湖（常州市）地理信息空间数据包括基础地理信息图：全市基础图、全市影像图、全市地形地貌图和全市水系图；水环境监测点位分布；水生态功能区；重点行业污染源分布；敏感点分布。

4. 重点污染企业与污染源子数据库

（1）污染企业基本信息。通过年份、行政区、污染源名称和受纳水体等信息与列表，实现污染源企业信息的查询。

（2）重点污染源监测数据。包括重点污染源在线监测数据和企业监督性监测数据，可以通过污染源名称和所在地等检索化学需氧量和氨氮等在线监测或监督性监测数据及超标情况。

（3）重点污染源特征污染物。通过企业污染源的检索，可以获得污染源排放特征污染物清单与特征污染物浓度。

（4）污染源环境统计数据。主要内容包括企业名称、编码、所属行政区划、经纬度、类型和排入水系等基本信息及污染物排放与污染物监测信息等。数据来源于环境统计数据库，包括化学需氧量、氨氮等几十项污染指标。

5. 水环境质量子数据库

太湖（常州市）水环境质量数据库主要包括手动监测数据库、自动监测数据。

（1）手动监测数据库。太湖流域（常州市）监测断面基本属性：断面名称、断面编号、所在区县、经纬度、所在河流、断面属性、断面级别、监测项目、监测时间等。针对常规及技术指标可进行检索和查询。

（2）自动监测数据。通过集成监测站点和监测时间等信息，对地表水 COD、总氮、氨氮、溶解氧、总磷等常规及金属指标进行展示、查询和评价。

6. 敏感点基础数据库

太湖流域（常州市）可能受水环境事故危害的敏感目标类型主要包括饮用水源地、工业用水水源地、农业用水水源地、渔业用水水源地和景观用水水源地等。同时对河流监测断面点位信息做相对补充。

敏感点基本信息包括水源地名称、断面名称、所属水系和水源地性质等检索获得常规及金属物质监测数据，并分手动监测数据和自动监测数据及不同数据的评价实现敏感点基础数据库的分析展示功能。

7. 污染源与敏感点对应关系矩阵子数据库

（1）污染源对敏感点的影响矩阵构建。对排污口排放的污染物进入河流，进行扩散与降解，对敏感点造成影响，判断敏感点处污染物浓度值是否超标。从而获得污染源对敏感点的影响矩阵。

（2）单一污染源对敏感点的影响排放限度。依据敏感点处污染物浓度限值，计算出企业排放的最大污染物浓度值，并与企业真实排放值进行比较，判断企业排污是否超标。从而获得单一污染源对敏感点的影响的排放限值矩阵。

（3）源解析。依据监测断面处某种特征污染物的浓度值，判断其是否超出限值，溯源到河流周边排污行业，实现污染的溯源和展示查询。

8. 重点行业污染物清单子数据库

针对印刷电路板行业、纺织染整行业、黑色金属冶炼和压延加工业（钢铁行业），通过查询"企业名称""行业类别"等信息，实现不同行业/企业特征或优控污染物清单等信息的查询，展示不同行业的特征污染物及优控污染物。

9. 风险源评估子数据库

（1）环境风险源信息。针对太湖流域常州市区域水环境风险源的数量、近水情况、危险化学品环境污染事件等调查，包括 24 家企业。通过对其环境风险物质风险源、生产工艺过程与环境风险控制水平类型和水环境风险受体敏感程度类型判断得出风险等级，对企业名称进行检索可得该企业的基本信息情况（包括名称、行业类型、所属行政区、地理位置、经纬度等），实现企业基本信息及风险等级信息的查询。

（2）新增风险源识别。对于在环境风险源基本信息中没有检索到的企业，可以进行新增风险源识别，风险源识别方法参照《企业突发环境事件风险分级方法》（HJ 941—2018），将风险源识别分为三步。通过企业基本情况调查与分析，计算涉水风险物质数量与其临界量比值等步骤获得企业突发环境事件风险等级，从而得到一般环境风险、较大环境风险和重大环境风险等级的判断与新增，实现环境风险受体敏感度评价和风险源识别新增。

3.3.5　太湖流域（常州市）重点行业水环境风险管理方案

1. 优化产业分区布局

太湖流域现有产业管理政策不能满足面向水生态保护的分区、分类管理，需要创建体现分区差异的太湖流域产业准入、布局优化制度。

根据产业结构现状、风险等级与水生态相关关系研究成果，结合现有政策对不同水生态功能区的保护和管理目标制定产业转入管理措施，见表 3-23。

表 3-23　产业管理措施

序号	四级区类型	风险源相关规定
1	珍稀、濒危物种保护功能区	禁止新建各级别风险源；转移、搬迁已建各级别风险源
2	敏感物种保护功能区	禁止新建各级别风险源；转移、搬迁已建各级别风险源
3	丰富生物多样性维持功能区	禁止建设重大风险源；限制建设和重点管控较大风险源；允许建设一般风险源
4	种质资源保护功能区	禁止建设重大风险源；限制建设和重点管控较大风险源；允许建设一般风险源
5	涉水重要保护与服务功能区	禁止新建各级别风险源；转移、搬迁已建各级别风险源
6	湖滨带生态生境维持功能区	禁止建设重大风险源；限制建设和重点管控较大风险源；允许建设一般风险源
7	城镇岸带生境区	重点管控重大风险源和较大风险源；允许建设一般风险源
8	农田岸带生境区	重点管控重大风险源和较大风险源；允许建设一般风险源

2. 建立信息化管理系统

如果政府对区域内环境风险底数不清，对风险源没有全面的预警和管理手段，发生了环境灾害后才启动污染处置程序，这样不仅造成了行政资源的浪费，而且应对环境风险的工作开展得非常被动。为了解决污染源监控力度不足，废水排放浓度超标超量等类似问题，化被动为主动，提前防范区域内的环境风险，建立信息化管理系统掌握环境风险源信息非常重要。

（1）构建风险源大数据信息系统。基于本研究中重点行业水环境风险防控基础数据库，全面掌握各个风险源的风险水平等级及分布信息。监管部门实时更新风险源基本信息，对重点行业环境风险源实行动态监管，以便合理分配应急资源。

（2）加快推进全区应急指挥平台建设。各区职能部门、各街道应急指挥部完善各自应急指挥平台，实现与区应急指挥平台的互联互通和信息共享，提高行政效率。

3. 制定分类分级管理政策

我国对环境风险源的划分较为细致，因为各种风险源的事故情况、风险具体表现和其中的差别都比较明显，所以对其进行分类管理就显得尤为紧迫。另外，由于环境风险源数量非常多，每种风险之间的风险程度也都有所区别，因此要通过相应的筛选方案，找到需要优先控制的风险源。并对监管内容和监管频率做出更加科学的设定，达成分级管理的目的。首先，依据本研究中流域水环境风险源等级判定，对于各流域内各种不同等级的风险源进行调查，优先对重点流域高风险区进行监管，加大监管力度与日常监测频次。其次，合理分级分类，制定符合实际情况的管理方式。例如，一般环境风险等级的风险源由街道力量进行属地管理，而较大环境风险等级以上的风险源则由区级部门负责，联合街道形成合力，共同管理。最后，通过日常监管实时更新风险源的风险水平数据。

4. 建立多部门联合预警机制

为应对重大环境风险等级的风险源，区环境保护部门应制定多部门联动工作方案，健全多部门联合预警机制。当遇到突发情况时，应充分调动上级环境保护部门和社会专业环境保护技术机构力量联合处置。落实现场总指挥部开设所需物资装备，建立现场总指挥部通信系统，完善应急状态下交通管制、警戒、疏散等防范措施，加强训练和演练。

区环境保护部门牵头组织各街道办、各专业抢险救援处置力量和市级环境保护部门定期开展桌面推演与实兵演练，防范重特大突发事件。健全多部门协同预警发布和响应处置机制，实现快速、科学、有效救援。

5. 全面强化环境监管力度

大力推动污染源监控体系的建立与完善。不断落实在重点污染源方面的自动监控，即进行"天眼"网格化建设，建立污染源自动监控网络，真正做到监控工作人员、经费、场地及设备。提高在自动监控设施方面的运维与巡检，迅速而准确地加强设施作用。实时监控水质基本数据，如果某个监测点数据异常，立即通过区域风险源信息平台查看监测点位周边的风险源，从此就可大概确定污染的来源，监管部门即可直接查明污染源头并进行处置。

6. 引导规范企业内部管理

重点污染企业加强环境管理的方法是发展循环经济和积极参与环境污染责任保险。为了解决企业对职业技能培训不重视的问题，必须引导规范企业内部管理，做法包括以下几方面：①使用绿色技术和绿色工艺，创新发展生产技术。企业发展循环经济即需采用绿色技术，即企业要加快这一转型过程，这一过程是建设绿色企业的重要途径。企业改造技术主要包括使用生态工艺代替落后的生产工艺、升级产品生产过程的关键设备的技术使得生产出的废弃物的量减少、改造生产过程控制系统使其实现自动化控制来减少废弃物量的产生。整合和利用能源和资源的先进技术来促进建设绿色企业。②鼓励参与环境污染责任保险。最近几年环境污染责任保险的特殊模式不是行政手段而是商业运行模式，故渐渐成为企业进行政府管理的一种有效方法。但光靠市场运作模式，离开了政府的推动与支持，离开了国家对政策的推行去展开这个模式很难达到预期效果。而政府提供的方法可以有多种表现形式。如果在投保期间企业遭遇困难政府可以提供税收优惠政策，如果想让保险公司提供更加优惠的保费套餐或者设立财政专项资金的企业需要满足投保连续两年并且在保单期间从未发生任何意外情况，在满足条件的情况下还可以让政府授予荣誉和奖金对参保的企业进行补贴；为了帮助企业对赔偿金额高于保险限额的情况所应对的方法是与保险公司合作成立专项赔偿基金再保费，而提出这些方法措施的原因是想减少保险公司的风险并且激励更多的企业乐于参保，让保险公司有很多精力去工作完善保险，并且协助企业创造科学的现代化的防控风险体系，让环境风险的系数大大分散降低。

参 考 文 献

陈锋, 孟凡生, 王业耀, 等. 2016. 地表水环境污染物受体模型源解析研究与应用进展. 南水北调与水利科技, 14(2): 6.

段思聪. 2017. 河北省流域水环境优先控制污染物筛选方法研究. 煤炭与化工, 40(11): 146-150.

范薇, 周金龙, 曾妍妍, 等. 2018. 石河子地区地下水优先控制污染物的确定. 人民黄河, 40(4): 69-75.

方路乡, 胡望钧. 1991. 浙江省第一批环境优先污染物黑名单研究. 环境污染与防治, 13(3): 8-11.

傅德黔, 孙宗光, 周文敏. 1990. 中国水中优先控制污染物黑名单筛选程序. 中国环境监测, 6(5): 48-150.

高辰龙, 陆纪腾, 刘燕婕. 2016. 荆江航道疏浚土优先控制污染物筛选研究. 水运工程, (7): 26-31.

李雯香, 秦培智, 唐晗. 2019. 化学质量平衡法在污染源解析中的应用研究. 绿色科技, (14): 201-202, 204.

刘臣辉, 徐青, 申雨桐, 等. 2015. 备用水源地农田面源优先控制污染物筛选研究. 安全与环境工程, 22(6): 79-89.

刘林丽, 于梦. 2022. 水监测中有机污染物的检测技术运用研究. 当代化工研究, (1): 3.

刘铮, 曹婷, 王瑶, 等. 2020. 行业全过程水特征污染物和优控污染物清单筛选技术研究及其在常州市纺织染整业的应用. 环境科学研究, 33(11): 14.

刘志彬. 2009. 松花江饮用水水源中优先检测有机污染物的 GC/MS 分析. 科技信息, (7): 37.

刘仲秋, 史箴, 郭华, 等. 1992a. 四川省优先污染物的研究(上). 环境保护, (1): 39-40.

刘仲秋, 史箴, 郭华, 等. 1992b. 四川省优先污染物的研究(下). 环境保护, (3): 36-37.

穆景利, 王菊英, 张志峰. 2011. 我国近岸海域优先控制有机污染物的筛选. 海洋环境科学, 30(1): 114-117.

裴淑玮, 周俊丽, 刘征涛. 2013. 环境优控污染物筛选研究进展. 环境工程技术学报, 3(4): 363-368.

全燮, 孙英, 杨凤林, 等. 1996. 海域有机污染物优先排序和风险分类模糊评判系统. 海洋环境科学, 15(1): 1-7.

任双梅, 杨良年, 甄继琪. 1996. 甘肃省优先控制有毒化学品名单筛选研究. 甘肃环境研究与监测, 9(1): 8-11.

邵俊杰, 万金娟, 张美琴. 2019. 水环境中重金属检测方法的研究. 中国新技术新产品, (24): 2.

宋乾武, 代晋国. 2009. 水环境优先控制污染物及应急工程技术. 北京: 中国建筑工业出版社.

宋仁高, 王菊先, 饶欣, 等. 1992. 天津市水体中优先有机污染物的筛选. 中国环境科学, 12(4): 276-280.

万军明, 李适宁. 1998. 南海市废水重点污染源的特征与筛选方法. 上海环境科学, (12): 6-7.

王立阳, 李斌, 李佳熹, 等. 2019. 沈阳市典型城市河流优先控制污染物筛选及生态环境风险评估. 环境科学研究, 32(1): 25-34.

王维国, 李新中. 1991. 筛选优先控制有毒化学品程序. 环境化学, 10(4): 55-58.

王先良. 2014. 流域水环境特征污染物筛选理论与实践. 北京: 中国环境出版社.

王向明, 万方, 杨银锁, 等. 1996. 黄浦江上游优先控制有机物的筛选. 环境监测管理与技术, 8(5): 13-15.

王媛. 2011. 江苏水体优先控制有毒有机污染物的筛选//中国毒理学会环境与生态毒理学专业委员会. 第二届学术研讨会暨中国环境科学学会环境标准与基准专业委员会 2011 年学术研讨会会议论文集. 北京: 中国环境科学研究院: 78-81.

肖凯. 2021. 嘉峪关市大气颗粒物 $PM_{2.5}$, PM_{10} 及其无机元素污染特征, 来源解析及健康风险评价. 兰州: 兰州交通大学.

徐晓琳, 李红莉, 高虹, 等. 2003. 我国水生生态系统优先控制有机污染物的研究现状. 环境科学研究, 16(2): 27-30.

杨友明, 柳庸行, 王维国, 等. 1993. 潜在有毒化学品优先控制名单筛选方法研究. 环境科学研究, 6(1): 1-9.

印楠. 1997. 福建省水环境优先污染物初探. 福建环境, 14(4): 6-15.

于旦洋, 王颜红, 丁茯, 等. 2021. 近十年来我国土壤重金属污染源解析方法比较. 土壤通报, 52(4): 1000-1008.

俞诗颖. 2021. 区域土壤重金属污染源解析和污染风险情景模拟. 杭州: 浙江大学.

翟平阳, 刘玉萍, 倪艳芳, 等. 2000. 松花江水中优先污染物的筛选研究. 北方环境, 75(3): 19-21.

郑庆子, 祝琳琳. 2012. 松花江吉林江段优先控制污染物筛选. 环境科技, 25(4): 68-70.

周文敏, 傅德黔, 孙宗光. 1991. 中国水中优先控制污染物黑名单的确定. 环境科学研究, 4(6): 9-12.

Arnot J A, Mackay D, Webster E, et al. 2006. Screening level risk assessment model for chemical fate and effects in the environmental. Environmental Science & Technology, 40: 2316-2323.

Clarke R, Roberts A, Conrad A. 2009. Chemical prioritisation: Ranking chemicals of concern to Scotland's environment: phase1. surface waters. https://www.sepa.org.uk/media/163247/chemical-prioritisation-ranking-chemicals-of-concern-to-scotlands-environment[2022-3-20].

Dunn A M. 2009. A relative risk ranking of selected substances on Canada's national pollutant release inventory. Human and Ecological Risk Assessment, 15(3): 579-603.

European Commission. 1999. Study on the prioritisation of substances dangerous to the aquatic environment. https://op.europa.eu/en/publication-detail/-/publication/f4bc0323-77eb-4f63-be65-abbbad27aa9a[2022-3-20].

Guinee J B, Hellungs R, Oers L, et al. 1996. USES: Uniform system for the evaluation of substances inclusion of fate in LCA characterisation of toxic releases applying USES 1.0. International Journal of Life Cycle Assessment, 1(3): 133-138.

Halfon E, Reggianl M G. 1986. On ranking chemicals for environmental hazard. Environmental Science & Technology, 20(11): 1173-1179.

Klein W, Denzer S, Herrchen M, et al. 1999. Revised proposal for a list of priority substances in the context of the water framework directive (COMMPS procedure) final report. https://ec.europa.eu/environment/water/ water-dangersub/pdf/commps_report[2022-3-20].

Lerche D, Matsuzaki S Y, Carlsen L, et al. 2004. Ranking of chemical substances based on the Japanese pollutant release and transfer register using partial order theory and random linear extensions. Chemosphere, 55(7): 1005-1025.

Zhou S B, Paolo D C, Wu X D. 2019. Optimization of screening-level risk assessment and priority selection of emerging pollutants: The case of pharmaceuticals in European surface waters. Environment International, 128: 1-10.

第4章　流域水生态环境损害评估

本章在借鉴美国自然资源损害评估和欧盟环境损害鉴定评估与赔偿经验的基础上，基于我国生态环境损害鉴定评估的总体技术框架，梳理流域水环境损害鉴定评估需要解决的关键技术问题，构建流域水生态环境损害评估技术体系。

4.1　生态环境损害评估进展

生态环境损害是指污染环境、破坏生态造成环境空气、地表水、沉积物、土壤、地下水、海水等环境要素和植物、动物、微生物等生物要素的不利改变，以及上述要素构成的生态系统的功能退化和服务减少。本章中的水生态环境损害是指污染环境、破坏生态造成地表水、沉积物等环境要素和水生生物等生物要素的不利改变，以及上述要素构成的水生态功能退化和服务减少。

针对生态环境损害评估与赔偿，美国建立了自然资源损害评估制度，欧盟建立了环境损害鉴定评估与赔偿制度，我国也通过实施《生态环境损害赔偿制度改革方案》、修订《中华人民共和国民法典》等，构建了生态环境损害赔偿制度，并制定了生态环境损害评估的系列技术规范。

4.1.1　国内外生态环境损害评估进展

1. 美国

美国是世界上第一个建立完备的自然资源损害评估制度的国家，从 20 世纪 70 年代开始建立了完善的生态环境损害鉴定评估与赔偿的相关立法工作机制和技术体系——自然资源损害评估制度，并随着环境形势的变化和结合环境损害应对实践经验不断改进。

美国自然资源损害评估制度是伴随着法律及司法案例的发展需要而逐步完善起来的。20 世纪 70 年代，美国颁布了《清洁水法》（CWA）（用于消除地表水污染排放），随后出现的《超级基金法》（CERCLA）和《油污法》（OPA）分别针对历史污染的清理和溢油事件的响应，这三部法令的颁布是推动环境损害鉴定评估与赔偿制度发展的重要支撑。尤其是《超级基金法》创建了自然资源受托人制度，并授权联邦和各州资源管理机构等法定资源受托人进行自然资源损害评估，为追讨损害赔偿提供了重要依据。从法律对污染损害的定义来看，环境事件造成的污染损害包括两种类型：一种是

"传统损害"，即污染对人身和财产造成的损害；另一种是"资源环境损害"，即污染导致的自然资源损害。自然资源损害，包括有生命的生物群落的损害，无生命的自然资源的损害（如土壤或沙滩被污染，导致娱乐功能丧失；栖息地遭到破坏即便没有造成生物的损害也可认为自然资源遭到了破坏），美国的三部主要法令均考虑了这两种损害。美国对自然资源进行损害评估主要用于民事索赔，是对野生动物、栖息地以及失去的公共服务的一种补偿，而不带有任何的惩罚性，也不是刑事处罚的依据。所有索赔得到的资金将会用于自然资源的恢复行动。

在美国早期的自然资源损害评估中，无论在基本理念还是实际工作上都存在认识不足和缺陷，但随着对问题认识的不断深入，经过几千个自然资源损害评估实际案例，美国从立法修订、技术方法和组织实施方面都在实践中不断改进与完善，现行的美国自然资源损害评估经验已经相当成熟并广泛为世界其他地区所借鉴。

美国已建立了一套基本完备的生态环境损害评估程序：污染事件发生以后，各部门对污染事件造成的自然资源的生态风险进行评估，若评估认为污染具有潜在的生态风险，则进入预评估阶段。在预评估阶段，评估机构要对各类自然资源（如地表水、底泥、底栖生物、暴露于水体的水生生物、鸟类、空气）受到的潜在损害及其休闲娱乐等服务功能受到的潜在损害进行分类评估，通过预评估筛选出具有潜在损害的资源与服务类别，由受托人根据资源受损情况以及评估成本综合考虑是否进行后续的评估，受托人经过协商，认为有必要进行后续的损害评估的自然资源与服务，则进入后评估阶段。在后评估阶段，评估机构若认为一些自然资源只是造成了短期的损害，则对这类型自然资源和服务停止评估；对于一些造成长期损害的自然资源与服务则继续进行损害评估，并制定修复方案，进行自然资源修复。

在美国颁布的联邦法规《自然资源损害评估》（43 CFR Part 11 Natural Resource Damage Assessment）中，环境损害鉴定评估以将受损环境资源与生境修复至基线状态作为首选方案和最终目标，利用文献总结、现场勘察监测、模型模拟、实验分析等技术方法，必要时辅以专项研究，有选择地开展污染物迁移扩散模拟、敏感受体暴露途径和毒性分析、物理损害结果量化、污染修复与生态修复方案设计、资源环境损害经济评价，得到自然资源或自然资源提供的生态环境服务的损害量，以及相应的修复方案。

同时，联邦法规《自然资源损害评估》（43 CFR Part 11 Natural Resource Damage Assessment）也给出了是否要开展后续的损害评估的准则。该法规指出，是否采取进一步的恢复行动可以在清理行动的过程中考虑，如果清理行动可以消除对公众健康、福利或环境的威胁，而且自然资源可以很快恢复基线状态，则自然资源损害评估和恢复行动就没有必要开展。

美国自然资源损害评估主要包括 4 个阶段：预评价—评价计划—评价—后评价。预评价阶段，主要是确定自然资源或者服务是否受到损害。这一阶段的工作还包括响应机构（或其他人）将事件通知受托人、启动必要的应急行动、进行必要的取样试验、对处于危险的自然资源或资源的服务进行初步确认和评价。如果预评价阶段的结论显示应进行损害评估，则评价者应制定评价计划，受托人在制定评价计划时，应选择采用的评价类型。评价计划制定后，受托人应针对计划中所选择的不同的评价类型采取不同的执行方式，由此进入评价阶段。在评价阶段要进行损害因果关系判定，通过确定基线状态，量化受损害资源提供的服务数量和质量相对于基线状态的减少程度。评价结束后，受托人编写由预评价筛选确定评价计划和有关信息组成的评价报告，且向潜在责任方提交交纳损害赔偿金和评价费用的书面要求，将评价报告作为其附件。美国自然资源损害评估制度常用的资源对等法、服务对等法等等值分析类型的评价方法已经在美国的具体环境损害案例中得到成功应用，并在欧盟推广使用。

2. 欧盟

欧盟的环境损害鉴定评估与赔偿进程晚于美国自然资源损害评估与赔偿实践，但在其发展过程中充分借鉴了美国经验。在早期的环境损害鉴定评估中，主要侧重于人身健康和财产损害的评估。从 20 世纪 90 年代开始，欧盟成员国开始关注环境污染造成的生态环境损害。与美国不同，欧盟针对环境损害赔偿的立法仅涉及生态环境损害，传统的人身损害、财产损害的评估与赔偿仍由各成员国根据传统民事侵权法律解决。

欧盟委员会于 2000 年颁布了《环境民事责任白皮书》，界定了传统损害与环境损害的概念，并将环境损害概括为生物多样性损害和场地污染损害两种形式，设立了行为人对环境损害的民事责任。2004 年，欧盟委员会在《环境民事责任白皮书》的基础上，制定了《预防和补救环境损害的环境责任指令》（ELD，2004/35/CE）。这是欧盟第一部具有严格环境责任和强制执行并以环境污染损害预防与受损生态环境恢复为理念的环境责任指令，基本形成了欧盟环境损害评估与赔偿的法律制度。

欧盟环境责任指令将环境损害的范围严格限定在《水框架指令》（2000/60/EC）中涉及的水生态环境、《关于保护野生鸟类的理事会指令》（79/409/EEC）及《关于保护自然栖息地及野生动植物的理事会指令》（92/43/EEC）涉及的受保护物种及其栖息地、对人体健康存在潜在风险的污染土地三大类，战争、内乱、不可抗力以及核辐射等造成的环境损害不包括在内。欧盟环境责任指令还规定了环境损害的修复目标，对于水体，要使受保护物种和自然栖息地服务功能修复到基线状态；对于土地损害，需要满足不会对人类健康产生重大风险的标准。随后，欧盟分别于 2006 年、2009 年、2011 年对环境责任指令进行修订，补充规定了采选矿、工业固体废物处置、存储场地运营工业活动、近海岸石油和天然气开采开发与冶炼活动的环境责任等。

欧盟环境责任指令推荐在评价环境损害和选择适合修复项目时采用资源等值法（REM），包括初始评价、确定和损害量化、确定和量化增益、确定补充和补偿性修复措施的规模、监测和报告五个阶段。为弥补欧盟成员国在环境损害评估技术和资金来源机制上的不足，欧盟于 2006~2008 年开展了在欧盟 ELD 指令框架下资源等值分析技术在环境损害评估中的应用（REMEDE）研究计划，并于 2008 年推出了等值分析工具包（Toolkit）。该项目开发了适用于欧盟成员国在环境损害评估中应用资源等值分析方法学的标准工具包，提供了应用资源等值分析的基本步骤、数据来源以及做出重要分析决策的基本准则。但目前，该工具包尚未得到欧盟委员会的批准实施。

从案例研究情况来看，在环境损害的量化上，欧盟和美国的做法有所不同。美国在评估自然资源损害时基于补偿性原则，不带有惩罚性色彩；而欧盟在评估环境损害时，往往会将环境违法行为的严重程度与其造成的环境损害进行关联，评估企业的过错程度以及获得的不当利润。当受损的生态环境在短期内恢复至基线水平时，美国不启动自然资源损害评估与赔偿，而欧盟则采用虚拟治理成本法评估此类环境损害。

3. 中国

中国生态环境损害评估与赔偿制度起步较晚。2015 年，中共中央办公厅、国务院办公厅印发了《生态环境损害赔偿制度改革试点方案》，在吉林等 7 个省市部署开展改革试点，取得明显成效；为进一步在全国范围内加快构建生态环境损害赔偿制度，在总结各地区改革试点实践经验的基础上，2017 年，中共中央办公厅、国务院办公厅印发了《生态环境损害赔偿制度改革方案》，力争在全国范围内初步构建责任明确、途径畅通、技术规范、保障有力、赔偿到位、修复有效的生态环境损害赔偿制度；2020 年 5 月 28 日，第十三届全国人民代表大会第三次会议表决通过了《中华人民共和国民法典》，自 2021 年 1 月 1 日起施行，通过立法确立了生态环境损害赔偿制度。

技术体系方面。自 2011 年起，生态环境部先后制订了《环境污染损害数额计算推荐方法（第 I 版）》《环境损害鉴定评估推荐方法（第 II 版）》《突发环境事件应急处置阶段环境损害评估推荐方法》《生态环境损害鉴定评估技术指南　总纲》《生态环境损害鉴定评估技术指南　损害调查》《生态环境损害鉴定评估技术指南　地表水与沉积物》《生态环境损害鉴定评估技术指南　土壤与地下水》《关于虚拟治理成本法适用情形与计算方法的说明》等生态环境损害评估技术文件。2020 年，生态环境部、国家市场监督管理总局联合发布《生态环境损害鉴定评估技术指南　总纲和关键环节　第 1 部分：总纲》（GB/T 39791.1—2020）、《生态环境损害鉴定评估技术指南　总纲和关键环节　第 2 部分：损害调查》（GB/T 39791.2—2020）、《生态环境损害鉴定评估技术指南　环境要素　第 1 部分：土壤和地下水》（GB/T 39792.1—2020）、《生态环境损害鉴定评估技术指南　环境要素　第 2 部分：地表水和沉积物》（GB/T 39792.2—2020）、《生态环境损害鉴定评估技术指南　基础方法　第 1 部分：大气污染虚拟治理成本法》（GB/T 39793.1—2020）、《生态环境损害鉴定评估技术指南　基础方法　第 2 部分：水污染虚拟治理成本法》（GB/T 39793.2—2020）6 项国家推荐性标准。《海洋生态损害评估技术导则　第 1 部分：总则》（GB/T 34546.1—2017）和《海洋生态损害评估技术导则　第 2 部分：海洋溢油》（GB/T 34546.2—2017）规定了海洋生态损害的评估程序、评估内容、评估方法和要求；《渔业污染事故经济损失计算方法》（GB/T 21678—2018）规定了渔业污染事故的渔业生物损失量评估方法、渔业污染事故经济损害评估等。上述国家标准的制定与实施，标志着我国生态环境损害鉴定评估技术标准体系初步建立。

4.1.2　流域水生态环境损害评估的科技需求

我国地表水生态环境污染与破坏形势较为严峻，近年来涉及地表水的环境污染与生态破坏事件急剧增多，事件类型包括环境污染、湿地破坏、非法采砂、过度捕捞、工程建设等导致地表水生态环境及生态系统服务功能遭受损害。由于地表水体流动性强、水生生物链复杂、生态环境基线数据缺乏、生态系统服务功能影响因素多，地表水生态环境事件往往影响范围较广、水下环境影响调查难度大、生态环境基线确定难、生物多样性损害成因复杂、生态系统服务功能损害量化缺少成熟的技术方法。

流域水生态环境损害评估是一个复杂的过程，涉及不同的（技术、经济、法律）专业知识和技术方法。根据不同案例的特点而选用不同的评估方法，因此没有统一的、系统化的方法可循。此外，每种方法均有其适用范围，主要取决于一系列独立因素，如数据可得性、损失范围和影响区域的敏感性等。美国和欧盟的经验表明，损害评估方法应该通过立法的形式予以确定。评估机构可以选择法律推荐的方法，也可以选择其他方法。需要指明的是，如果采纳的是法律推荐使用的评估方法，评估机构无须证明方法的科学性；相反，如果评估机构选用了法律推荐方法以外的其他方法，则应证明所选用方法的科学性。无论如何，必须定期对推荐使用的评估方法进行修订。另外，河流、湖泊、水库或湿地等不同类型地表水体，存在不同类型水体中环境污染行为和生态损害事实的特点，因此，需要从环境损害因子、暴露途径、水生生态系统服务、环境损害量化等要素综合考虑，建立统一框架下满足不同类型水体的环境损害评估工作程序和技术方法。

中国环境损害鉴定评估工作起步较晚，目前正处在借鉴欧美等发达国家和地区相关经验并结合中国实际情况探索前进的起步阶段。2020 年发布的《生态环境损害鉴定评估技术指南 环境要素 第 2 部分：地表水和沉积物》（GB/T 39792.2—2020），初步规定了涉及地表水和沉积物生态环境损害鉴定评估的内容、程序、方法和技术要求。同时，越来越多的学者在环境损害鉴定评估方面开展了相关研究，但生态环境损害鉴定评估仍未形成一套完整的体系。由于相关的法律法规和技术导则规定得不明确，在实际的污染损害评估过程中，存在评估程序不完善、评估技术方法薄弱等缺陷，大多数案例仅仅在应急处置期间或之后对污染事件的经济损失进行评估，很少涉及地表水污染导致的水生生物和生态服务功能损失，需要在实践中进一步验证和探讨流域水生态环境损害鉴定评估的技术方法。

4.1.3　生态环境损害评估在我国流域水环境风险管理中的定位

当前，由于环境污染和生态破坏造成的生态环境损害及其赔偿已逐渐成为社会瞩目、公众关切的重要问题。随着《关于办理环境污染刑事案件适用法律若干问题的解释》《关于审理环境民事公益诉讼案件适用法律若干问题的解释》《生态环境损害赔偿制度改革方案》《中华人民共和国民法典》等法律政策文件的实施，我国生态环境相关的刑事、民事、行政司法制度逐步确立。生态环境损害评估通过明确污染环境、破坏生态行为和生态环境损害事实，量化损害范围和程度，计算损害赔偿数额，为生态环境刑事、民事和行政诉讼提供重要技术依据，对开展生态环境监管执法和生态环境损害赔偿具有重要价值。

生态环境风险评估与损害赔偿是生态环境风险管理的重要组成部分，对推动我国流域水环境风险管理具有重要的意义。首先，通过评估环境污染或生态破坏造成的流域水生态环境损害，制定水生态环境恢复方案，通过生态环境损害赔偿解决生态环境治理资金，修复受损的地表水生态环境；其次，通过开展生态环境损害评估与赔偿，追究污染环境或破坏生态行为责任，可以倒逼企业规范内部管理、重视生态环境保护、履行主体法律责任，提升企业环保意识，降低整个流域的生态环境风险水平。

4.2　流域水生态环境损害评估技术框架

4.2.1　适用范围

流域水生态环境损害鉴定评估技术方法旨在为污染环境或破坏生态导致的地表水、沉积物、水生生物及上述要素构成的生态系统服务功能损害的鉴定评估提供技术指导。考虑到我国生态环境损害鉴定评估技术体系的构成，将流域水生态环境损害鉴定评估技术的适用范围限定为污染环境或破坏生态导致的涉及地表水和沉积物的生态环境损害鉴定评估。主要适用范围为陆地表面的各种形态水体，包括天然和人工的河流、湖泊、水库和淡水河口等，在专门针对湿地生态系统生态环境损害鉴定评估的技术文件编制完成之前，涉及湿地的生态环境损害鉴定评估工作可以参考《生态环境损害鉴定评估技术指南　环境要素　第 2 部分：地表水和沉积物》（GB/T 39792.2—2020）。地表水体中的污染物会随水流扩散至其他流域或附着到沉积物或河岸周边，进而对包括水生生物在内的地表水生生态系统服务功能产生影响，而非法采砂、工程建设等活动不仅直接对地表水生态系统造成损害，而且产生噪声污染，并扰动沉积物，进而对地表水环境质量产生影响，因此《生态环境损害鉴定评估技术指南　环境要素　第 2 部分：地表水和沉积物》（GB/T 39792.2—2020）同时对地表水和沉积物环境质量及地表水生生态系统服务功能损害的调查评估做出规定。

4.2.2　评估类型

自《突发环境事件应急处置阶段环境损害评估推荐方法》《环境损害鉴定评估推荐方法（第Ⅱ版）》《生态环境损害鉴定评估技术指南　总纲》和《关于虚拟治理成本法适用情形与计算方法的说明》（以下简称《说明》）等技术文件发布以来，虚拟治理成本法在生态环境损害鉴定评估尤其是大气污染和地表水污染的生态环境损害鉴定评估实践中得到了广泛应用。该方法由于计算简单，使用参数少、不确定性较小，鉴定评估结果易于被生态环境损害赔偿权利人、责任方及司法机关接受，已经成为目前实践中最具有应用前景的生态环境损害简化评估方法。

由于地表水污染扩散快，一般不能通过修复/恢复工程恢复至受损前的状态，实践中也经常存在环境损害鉴定评估费用远远大于生态环境损害数额的情况。借鉴美国自然资源损害评估技术方法，针对流域水生态环境损害鉴定评估的特点，建议将流域水生态环境损害鉴定评估分为详细评估和简化评估两类。其中简化评估主要适用于非法排放或倾倒废水或固体废物（包括危险废物）等排放行为事实明确，但损害事实不明确或无法以合理的成本确定地表水生态环境损害范围、程度和损害数额的情形；不适用于突发环境事件中实际发生的应急处置费用或治理费用明确、通过调查和评估可以确定的生态环境损害的鉴定评估。详细评估则适用于污染环境或破坏生态导致的地表水和沉积物生态环境损害鉴定评估。

4.2.3　简化评估

随着生态环境损害赔偿和环境公益诉讼案例的增加，实践中发现虚拟治理成本法仍存在以下三方面的突出问题：第一，仍存在不符合适用情形、错误应用虚拟治理成本法的情况。现行技术文件对虚拟治理成本法的适用情形的规定较为原则，部分鉴定评估机构对适用情形的理解仍存在偏差，导致该方法错误应用于不适用的情形。例如，应修复但实际未修复的土壤环境损害，或采用受污染的河流湖库水量计算治理成本等，均不符合虚拟治理成本法的适用情形。第二，单位治理成本的确定仍存在较大的不确定性。《说明》中规定了单位治理成本确定方法的优先次序，依次为收费标准法、实际调查法和成本函数法。一方面，由于环境治理行业市场化程度逐渐提高，各地区的污水处理和危险废物处置收费不再简单地根据收费标准确定，而是更多地根据废水或废物的性质和市场供需情况确定，收费标准的应用范围在逐渐降低。另一方面，收费标准本身包括了污染治理单位的利润，不符合虚拟治理成本法中"治理成本"的内涵。由于缺乏明确界定，实践中仍存在着对"收费标准"的滥用。第三，调整系数对废水或废气等的危害性考虑不足。美国自然资源损害简化评估方法中一般均同时考虑污染物的危害性和受污染环境的脆弱性，而现行的虚拟治理成本法在确定调整系数时并未考虑废水或废气等的环境危害性。目前的环境污染治理技术主要根据污染物类型和理化性质，物理、化学或生化技术的选择和使用均与污染物的环境危害性无关，单位治理成本不能反映污染物的环境危害性。《突发环境事件应急处置阶段环境损害评估推荐方法》中仅针对不同类型环境功能的敏感性制定了环境功能敏感系数，未考虑污染物质的环境危害性。《说明》中仅对部分大气污染物基于环境危害性做了调整敏感系数的原则规定，而仍未考虑地表水污染物的环境危害性。除了废水或固体废物的危害性外，废水或固体废物中污染物的浓度也是其损害程度的决定因素，在现行的虚拟治理成本法中并未得到体现。

为了进一步规范虚拟治理成本法在生态环境损害鉴定评估实践中的应用，解决上述存在的突出问题，优化计算方法和参数选择，亟须进一步明确虚拟治理成本法的适用范围，明确适用情形和不适用性情形，优化单位治理成本的确定方法，改进调整系数的构成及其取值原则，增强虚拟治理成本法的科学性和可操作性。

1. 评估程序

按照《突发环境事件应急处置阶段环境损害评估推荐方法》《关于虚拟治理成本法适用情形与计算方法的说明》，主要通过计算虚拟治理成本和调整系数实现对水生态环境损害的简化评估。其工作程序应包括简化评估方法适用情形分析、确定排放数量、确定单位治理成本、确定调整系数、虚拟治理成本计算共 5 个步骤。在简化评估方法的制定过程中，应进一步细化为考虑危害系数、超标系数和环境功能系数（图 4-1）。

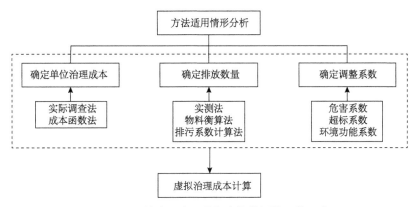

图 4-1　流域水生态环境损害简化评估工作程序

2. 关键问题

美国依据《超级基金法》《油污法》等相关法律法规建立了自然资源损害评估制度，其中简化评估方法是自然资源损害评估方法的重要组成部分。简化评估方法适用于自然资源无法恢复且难以量化或无法以合理成本量化赔偿金额的情形。在构建简化评估方法时，从有毒有害物质的危害性和受影响区域的敏感性两方面确定调整系数，乘以有毒有害物质的泄漏量和单位赔偿金额，确定石油或有毒有害物质泄漏造成的自然资源损害赔偿金额。针对溢油和地下水污染导致的自然资源损害评估，佛罗里达、华盛顿、新泽西、明尼苏达等州制定了正式的简化评估方法，并将其大量应用于自然资源损害评估实践。

华盛顿州生态局于 1991 年制定了溢油简化赔偿方案，该方案用于赔偿溢油造成的不可量化或无法以合理成本量化的自然资源损害。赔偿金额基于泄漏的油品的危害性和受影响区域的敏感性确定，前者主要考虑油品的毒性或持久性，后者主要考虑泄漏地点、栖息地敏感性对娱乐、美学或考古等的重要性。该简化评估方法主要由 4 部分组成：①按照已知油品的化学、物理性质和溢油对环境影响的严重程度与持久性因素，确定不同类别油品或污染物的相对危害级别；②根据泄漏地点、栖息地或自然资源对泄漏油品的敏感度、资源的季节性分布、娱乐美学重要性等确定受影响区域的相对脆弱性；③根据①和②确定调整系数，乘以泄漏量和单位赔偿金额，计算溢油造成的自然资源损害赔偿金额；④根据责任方采取的措施，如立即采取污染清除措施、改进溢油监测方法、阻止油品扩散等，对③计算的赔偿金额进行调整。自 1991 年起，华盛顿州约 90% 的溢油自然资源损害评估是采用简化评估方法处理和解决的。

佛罗里达州在州法律中明确规定，即使自然资源无法恢复且损失难以量化，责任方仍需赔偿溢油造成的自然资源损害。该州法律规定当溢油量较少时，可以采用简化评估方法评估自然资源损害，以避免评估费用的过度支出。该州采用的简化评估方法基于受损自然资源相关的恢复成本、受损资源的使用价值（如经济、科学、娱乐、教育、审美）和非使用价值（如生态价值和内在价值）而制定。与详细评估相比，该方法使用更少的数据，主要根据泄漏量、泄漏污染物的危害性、泄漏点与海岸线或特殊管理区域的距离、受影响生境的类型和数量、泄漏造成濒危物种死亡的数量等量化自然资源损害赔偿数额。

借鉴华盛顿州和佛罗里达州溢油造成的自然资源损害的简化评估方法，建议从废水或固体废物排放数量、单位治理成本和调整系数 3 个维度构建水污染简化评估方法。地表水生态环境损害简化评估方法需要解决的关键问题包括评估方法的构建、排放数量的确定、单位治理成本的确定以及调整系数的确定。

4.2.4 详细评估

1. 评估程序

按照生态环境损害鉴定评估的一般性工作程序，对流域水生态环境损害鉴定评估的流程进行梳理，将流域水生态环境损害鉴定评估的程序划分为 7 个阶段，即工作方案制定、损害调查确认、因果关系分析、损害实物量化、损害价值量化、评估报告编制、恢复效果评估（图 4-2）。根据不同的事件类型、委托目的及事项、不同的评估条件，实际的评估程序可以适当简化或细化。例如，受损地表水和沉积物无法恢复的，损害恢复和价值量化则可简化为损害价值量化；若水生生物及其服务功能没有受到损害，不需开展生物调查，另外，水生生物调查与鉴定的开展应根据实际情况（损害的严重程度、委托需求、评估经费等）；若损害的因果关系非常明确，则无须另开展因果关系判定相关工作。

（1）工作方案制定。此阶段主要目的是掌握地表水和沉积物生态环境损害的基本情况与主要特征，确定生态环境损害鉴定评估的内容、范围和方法，编制鉴定评估工作方案。

（2）损害调查确认。此阶段主要通过开展地表水和沉积物环境状况与水生态服务功能调查，必要时开展水文地质调查，确定地表水和沉积物环境质量及水生态服务功能基线，判断地表水和沉积物生态环境是否受到损害，确定损害类型。

（3）因果关系分析。分析污染环境或破坏生态行为与地表水和沉积物环境及水生生物、水生生态系统、水生态服务功能损害之间是否存在因果关系，可根据需要采用同源性分析、暴露评估等分析方法。

（4）地表水生态环境损害实物量化。筛选确定地表水生态环境损害的评估指标，对比评估指标现状与基线，确定污染物浓度、生物量、生物多样性、水生态服务功能等地表水生态环境损害的范围和程度，计算地表水生态环境损害实物量。

（5）地表水生态环境损害恢复方案确定。分析恢复受损地表水生态环境的可行性，基于等值原则，选用地表水、沉积物环境质量或水生态关键物种作为恢复目标，制定基本恢复方案，计算地表水和沉积物生态环境期间损害，制定补偿性恢复方案，筛选确定地表水和沉积物生态环境综合恢复方案。

（6）地表水生态环境损害价值量化。对于已经采取的污染清除活动，统计实际发生的费用；对于可以恢复的地表水生态环境损害，估算恢复方案的实施费用；对于难以恢复的地表水生态环境损害，计算地表水生态环境损害的价值量；对于已经自行恢复的地表水生态环境损害，利用虚拟治理成本法计算损害数额。

（7）地表水生态环境损害鉴定评估报告编制。编制地表水与沉积物的生态环境损害鉴定评估报告（意见）书，同时建立完整的鉴定评估工作档案。

（8）地表水生态环境恢复效果评估。定期跟踪地表水和沉积物生态环境的恢复情况，评估恢复效果是否达到预期目标，决定是否需要开展补充性恢复。

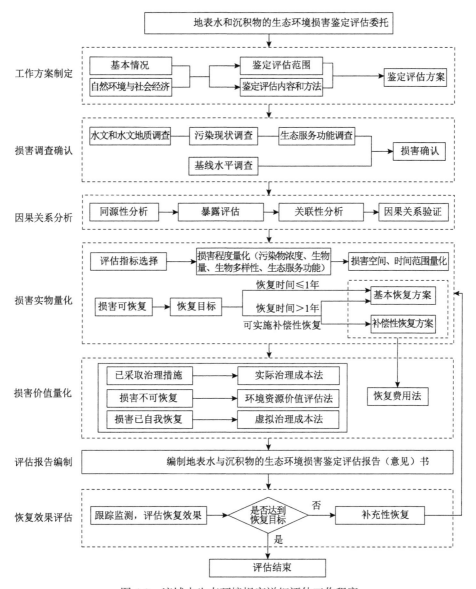

图 4-2　流域水生态环境损害详细评估工作程序

2. 关键问题

流域水生态环境损害详细评估方法需要解决的关键问题包括生态环境损害调查的对象与范围、生态环境基线的确定方法、生态环境损害的确认条件、污染环境或破坏生态行为与生态环境损害间的因果关系判定原则和方法、生态环境损害实物量化和价值量化的原则与方法等。

1）损害调查重点

地表水生态环境损害调查是确定污染环境或破坏生态行为是否造成了生态环境损害的关键步骤，通过调查明确污染环境或破坏生态行为的事实，确定生态环境基线，确认生态环境损害的事实。参照 HJ/T 91、HJ 493、HJ 494、HJ 495、HJ 589 等相关标准，根据事件特征开展地表水和沉积物布点采样分析，确定地表水和沉积物环境状况，可对水生态服务功能、水生生物种类与数量开展调查；收集水文地貌资料，掌握流量、流速、水位、河道湖泊地形及沉积物深度、地表水与地下水连通循环等关键信息。同时，通过历史数据查询、对照区调查、标准比选等方式，确定基线，通过对比确认地表水生态环境是否受到损害。

不同类型的污染环境或破坏生态事件，其对流域水生态环境造成的影响不同，损害的类型也就有所不同，因此，应基于案例研究，分析造成流域水生态环境损害的污染环境或破坏生态事件类型，并针对不同的事件类型，明确调查的范围、对象和重点，同时确定不同类型地表水生态环境事件的调查指标。建议将污染环境行为划分为突发水环境事件和累积水环境事件，分别确定不同事件类型的调查重点和调查指标；建议将生态破坏事件按照非法捕捞、非法采砂、侵占围垦、违规工程建设、物种入侵、圈占养殖等分类，分别确定不同事件类型的调查重点和调查指标。损害调查的指标应包括环境质量指标和水生态服务功能指标。

2）基线确定方法

基线确定是判定污染环境或破坏生态行为是否造成生态环境损害的前提条件。常见的基线确定方法包括历史数据法、对照数据法、环境标准法和模型预测法。《生态环境损害鉴定评估技术指南 总纲》和《生态环境损害鉴定评估技术指南 损害调查》对于基线的确定方法比较原则，对数据的要求、具体的取值方法以及最少样本数量等缺乏明确的规定，导致环境损害鉴定评估中，基线确定的主观性和不确定性较大，影响环境损害鉴定评估结果的科学性和可靠性。不同的方法具有不同的适用条件和优缺点，因此，建议对不同的基线确定方法进行系统梳理，比较不同方法的优缺点，明确不同方法的优先次序，并对用于确定基线的历史数据、对照数据及环境标准等的数据要求进行明确的规定。

3）损害确认条件

生态环境损害的确认，应由法律来进行规定和约束。目前现行法律法规并没有对此进行明确的界定。美国和欧盟在其环境损害评估（自然资源损害评估）中明确划分了环境损害或自然资源损害的类型及其确认标准。在美国自然资源损害评估中，将自然资源损害划分为地表水资源、地下水资源、空气资源、地质资源、生物资源，明确界定了每种自然资源的定义和是否发生损害的确认标准。例如，美国内政部自然资源损害评估技术导则中规定："如果有害物质的浓度达到以下水平，溢油或有害物质释放将导致生物资源损害：①导致生物资源及其后代的生存能力经历以下变化之一：死亡、疾病、行为异常、癌症、遗传变异、生理障碍（包括再生产障碍）或物理变形；②生物可食用部分超过《美国法典》21 条 342 款，即食品、药品和化妆品第 402 款确定的行动或容许水平；③超过州卫生机构发布的限制或禁止消费此类生物的指令规定的水平。"欧盟在其环境责任指令中将环境损害类型明确划分为对受保护物种和自然栖息地的损害、对水的损害和对土地的损害。

建议在梳理现行法律法规的基础上，结合国内其他领域如职业病鉴别、人体损伤程度鉴定等现行做法，借鉴美国自然资源损害评估关于地表水、地下水、土壤、生物资源等损害确认条件，进一步完善地表水生态环境损害确认的条件，明确生物损害的类型，包括死亡、疾病、行为异常、肿瘤、遗传突变、生理功能失常及畸形，明确可以从种群特征、群落特征或生态系统特征等多个维度进行生态环境损害的确认。此外，建议通过直接比较污染环境或破坏生态行为发生前后生态服务功能的变化来确定生态环境损害。

4）损害实物量化

实物量化是量化流域水生态环境损害的时空范围和程度。建议明确环境要素、生物要素和生态服务功能实物量化的指标选择原则，对环境要素中特征污染物浓度或生物资源或服务功能超过基线的时间、数量、面积、体积或程度等进行量化。以污染环境或破坏生态行为造成了地表水体的损害为例，可以以地表水体的面积、长度、体积和水资源量，以及地表水中污染物的浓度、超标倍数、水质分级等进行表征。

生态环境损害评估与赔偿的根本目的是恢复受损的生态环境并补偿期间损害。制定恢复方案并对恢复方案的实施费用进行量化，是生态环境损害价值量化的重要方法。在制定恢复方案时，应明确水生态环境基本恢复的目标，并考虑经济、技术和时间不可行时，如何与现有的环境管理相衔接，将损害评估与风险评估相衔接。建议进一步细化基本恢复和补偿性恢复方案的制定程序与要求，明确补偿性恢复规模的确定方法。

建议进一步明确恢复技术和备选恢复方案的筛选比较原则与方法，补充常见的地表水生态环境恢复技术方法及其适用条件和技术性能。恢复方案的筛选标准包括：恢复方案的实施成本；恢复方案能满足受托人将受损害自然资源和服务功能恢复到基准水平和/或补偿期间损失目标的程度；恢复方案成功率；防止发生事故后续损害的程度，以及能避免实施恢复方案产生次生损害；恢复方案能对不止一种资源、服务有利的程度；恢复方案对公众健康和安全的影响等。如何针对中国的国情制定出适合的恢复方案筛选标准也是本课题所要研究的关键问题之一。

5）损害价值量化

生态环境损害指环境污染事故使环境受到污染或破坏，从而导致区域生态功能和自然资源等环境权益受到损害而造成的损失，它包括环境资源的永久性损失和期间损失两部分。如果环境资源可以恢复，就计算它的期间损失；如果无法恢复，就计算永久性损失。环境资源损害还应该包括土壤、水体、空气、生物栖息地和野生生物等资源的期间损失（受损环境从污染开始至恢复到基线水平的损失）。根据损失评估方法的特性，资源环境损失可通过多种方法评估。在西方国家，由于任何一种方法都不能将环境事件导致的所有损害类型完全涵盖，因此往往综合采用各类经济评估方法，包括揭示支付意愿法（观察市场价格法、生产率法、隐含价格法、旅行费用法）、虚拟支付意愿或揭示偏好法（基于成本的方法）、陈述支付意愿法（条件价值评估法、选择模型法）、效益转化法等。然而，西方国家现在更倾向于采用等值分析法。等值分析法的最基本假设是资源环境及其服务的期间损失可以通过未来提供相同类型的附加资源和服务来对公众加以补偿。作为对资源环境损失的补偿，这些服务是将资源恢复到基线状态之外的一种补充性恢复。这种方法的独特之处在于对可赔偿价值的测算不是以货币的形式，而是用减少的资源/服务本身来衡量。

在生态环境损害的计算上，美国和欧盟的做法有所不同，从案例研究的情况来看，美国在确定生态环境损害计算方法时完全基于补偿性原则，而不带有任何惩罚性或补偿性的色彩，但欧盟在评估环境损害时，往往会将环境违法的严重程度与其造成的环境损害数额进行关联。例如，对于突发水环境事件，大部分的事件仅会导致水体的短暂超标，如果基于美国的补偿性损害计算方法，大量的泄漏事件无法追究责任，因此基于中国的国情，如何建立不同损害情形下生态环境损害的计算方法是需要解决的关键问题。

生态环境价值量化常用的方法包括实际治理成本法、恢复费用法、环境资源价值量化方法等，建议针对地表水生态环境损害类型，明确不同情形下，上述价值量化方法的适用原则。建议针对已经发生的应急处置费用、已经开展或正在开展水环境质量或水生态恢复的，采用实际治理成本法量化生态环境损害；对于尚未开展应急处置或生态环境恢复的，且可以恢复的，基于恢复方案实施费用，量化生态环境损害；对于无法通过恢复措施恢复生态环境及其服务功能的，采用环境价值量化方法，同时应明确不同水生态服务功能（水产品供给服务、水资源供给服务、生境服务、航运支持功能，洪水调蓄、水质净化、气候调节、土壤保持等调节服务等）损失的环境价值量化方法。

4.3 流域水生态环境损害评估关键技术方法

4.3.1 流域水生态环境基线确定方法

生态环境基线是指环境污染或生态破坏行为未发生时，受影响区域内生态环境的物理、化学或生物特性及其生态系统服务的状态或水平。生态环境基线是确定生态环境损害的关键。基线确定作为损害评估与修复的重要组成部分，是科学评价的关键技术环节和重要前提，也是中国开展生态环境损害鉴定评估亟待解决的问题。

生态环境基线是确定生态环境损害的关键。在环境损害鉴定评估的工作程序中，不同国家对基线有不同的理解和认识。美国内政部在《超级基金法》自然资源损害评估规章中提出，基线是环境损害事件未发生的状况下自然资源及其提供服务的存在状态，通常按照评价区域的历史数据、邻近参照区域数据、控制数据等其中的某一种或几种的组合来确定。美国《油污法》中提出的基线则是指评价区域在没有出现研究的石油排放或有害物质释放时的状态。《关于预防和补救环境损害的环境责任指令》（Directive 2004/35/EC）对基线状态的定义为在环境损害事件没有发生时自然资源和服务存在的状态，通常是基于现有可利用信息估计得到的。在中国环境损害鉴定评估中，基线也称为生态环境基线，是指环境污染或生态破坏行为未发生时，受影响区域内生态环境的物理、化学或生物特性及其生态系统服务的状态或水平。

国际上常用的环境基线确定方法包括历史数据法、参照区域法、环境基准（标准）法和模型估算法四种，各有优缺点，本书探讨不同基线确定方法的具体工作步骤，并结合中国水环境基准研究工作的积累与进展，提出中国水环境基线确定基本原则和推荐"4 步法"工作程序，以期为中国开展流域水生态环境损害鉴定评估工作提供理论依据和科学指导。

1. 生态环境基线确定的常用方法

1）历史数据法

历史数据法是指以污染环境或破坏生态行为发生前评价区域的状态为参照，采用能够用于描述环境损害事件发生前评价区域特性的历史资料信息和相关数据作为该区域的基线。数据来源包括历史监测、专项调查、统计报表、学术研究等收集的反映人群健康、财产状况和生态环境状况等的历史数据。具体到流域水生态环境损害鉴定评估，则是反映评价水体水环境质量状况的历史数据。

历史数据资料是了解评价区域历史状态的直接证据资料，能够提供评价区域有价值的背景信息。在环境损害鉴定评估中，理想情况下就应该采用被损害区域的历史数据作为衡量损害程度的依据，在此参考下可评价获得最接近真实情况的损害状况。例如，美国在判定和评价有机污染物 PAHs 对布法罗河、科麦奇化学厂区域的沉积物资源的损害时，基于历史研究文献中的 PAHs 阈值效应浓度（1.61mg/kg）等历史数据确定的基线水平准确判定和评价了沉积物资源的损害程度与范围，为后续开展修复提供了有力依据。

2）参照区域法

参照区域法是指从一组生境类似、可用以比较的相似区域中选择未受污染环境或破坏生态行为影响的区域作为参照，将该区域的历史数据或现场监测数据作为基线值与评价区域进行数值比较。在欧美国家和地区的环境损害鉴定评估中，当历史数据不适用于评价受损区域或受损资源，或不满足要求时，参照区域数据资料即为确定评价区域环境基线水平的重要数据来源。科达伦河流域自然资源损害评估案例在确定科达伦河流域水污染物基线浓度以及植被资源基线状态时，利用评价区域的上游参照区域确定了评价区域资源基线水平，成功确定了损害范围和损失赔偿。与该案例类似，在美国黑鸟矿自然资源损害评估中评价铜、钴等重金属对流域水资源造成的污染损害时，评价人员将上游参照区域的浓度水平和水质标准作为损害评估的基线水平。

在选择用参照区域作为基线数据来源时，通常需要遵循以下原则和要求：第一，选择的参照区域在物理、化学、地质学、生物学特性以及人群特征、生态系统服务功能水平与评价区域相似或相同，且必须保证没有受到评价区域污染事件的影响。对于流域水生态环境损害鉴定评估，参照水体应与评价水体的水文特征、水环境特征、水生生物组成以及水生态环境服务功能等具有可比性。第二，获取参照区域基线数据的方法应该与评价区域数据获取方法相似或具有可比性，且应该满足评价计划中规定的质量保证要求。第三，获取的参照区域数据应与科学文献中报道的相同/类似资源数据进行比较，以证明获得的数据在一个正常的范围内，确保数据的准确性和可靠性。

确定最小干扰参照区域的一般步骤是：①从土地利用、河岸植被、河道底质、水质等角度综合分析确定备选的未受干扰的参照河段；②地方资源环境管理部门和专家从备选河段中推荐进一步调查采样的河段；③研究者从调查采样河段中提取参照区域的筛选标准，如总磷、总氮、叶绿素 α、生境指数等；④开展深入调查评价，确定全部指标达标河段作为参照基线。

3）环境基准（标准）法

环境基准（标准）法是以国家/地方颁布的环境基准或标准作为评价参照，将相关环境基准或标准中的适用基准值作为基线水平，用偏离基准值的程度衡量损害程度的大小。流域水生态环境损害鉴定评估则是参考国家或地方颁布的水环境基准、标准来确定基线。

美国联邦法规《自然资源损害评估》明确指出，当资源中的特征污染物浓度超过相关基准/标准（如联邦水环境基准、饮用水标准等）规定的限量值即可确定自然资源受到损害。在美国已开展或正开展自然资源损害评估的案例中，有相当一部分是采用相关环境基准判定资源损害的。例如，哈德逊河自然资源损害评估、布法罗河自然资源损害评估等案例均以联邦水环境基准、州水质标准等为参照，利用 PCBs、PAHs 等特征污染物的基准值作为基线判定评价损害，成功确定了资源损害程度以及修复补偿范围和规模，为后续开展损害修复和经济赔偿提供了参考依据。

环境基准（标准）作为基线水平是确定环境基线最简便的方法，也常被用于处理环境事故和解决环境纠纷。利用环境基准（标准）确定基线需要注意以下原则：首先，环境基准和标准都具有时效性，是被国家和地方主管部门不断修订更新的。环境基准虽然与技术和社会经济发展水平无关，但受到人们科学认识水平的限制和区域环境特征的影响；而具有法律强制约束性的环境标准还可能随着污染控制技术的改善和经济发展水平的提升而不断发展变化。其次，国家或地方不同部门颁布的环境标准种类繁多，容易误用或混用标准值而影响损害评估结果的准确性和可靠性。从准确性和可比性考虑，环境基准是指保护人体健康、生态系统与使用功能的环境因子（污染物质或有害因素）在环境介质中的剂量或水平，比种类繁多、部门差异的环境标准更适用于环境损害鉴定评估的基线确定。

4）模型估算法

模型估算法是通过大量数据构建特征污染物浓度与潜在生态毒性效应等之间的剂量-效应关系模型以及描述种群/群落水平的生物量、生境丰度等生物因子变化的生态模型等，计算毒性效应阈值，揭示未受污染环境或破坏生态行为影响下生态环境应有的特征。通过人类活动影响与生物因子变化之间的预测模型，能够有效揭示未受人类活动干扰情况下生物群落应有的组成和结构（基线状态）。随着各国基础数据库的完善，这类工具将会在环境基线确定中发挥越来越重要的作用。

生态模型中定义的效应通常采用的是生物量、生长速率、物种丰度变化等，一般认为生态系统中的种群在受扰动情况下与未受扰动情况下相比，其生物量变化幅度在20%范围内均是正常的，超过这个范围则认为偏离了正常值。美国 EPA 开发的 AQUATOX 模型就是通过生物量和生产力等指标定量描述环境污染等人为扰动对群落生境的影响，早年被广泛用于北美地区水体中有机氯农药（OCPs）、PAHs、PCBs 等污染物的生态风险评估，近年来改进的 AQUATOX 模型则被成功应用于深水地平线石油泄漏自然资源损害评估的案例研究，用以确定近岸海水在 PAHs 等特征污染物环境损害影响下的基线状态。

尽管模型估算能够有效确定或重现基线水平，但是在应用模型确定基线水平时仍需谨慎。使用的模型必须具有可靠的科学逻辑支撑，这是保证模型科学性和模拟结果准确性的必要前提，是确保模型方法可行性的重要保证。模型通常具有场景不确定性、模型不确定性、参数可变性和参数不确定性等不足，以及输入数据的质量和可用性限制，导致模型估算结果不确定性程度难以确定。因此，在使用模型确定基线状态时，必须结合其他相关信息共同判定推测结果的准确性和可用性。

2. 流域水生态环境基线确定方法

本书从数据来源、方法要素与主要工程程序、方法优点、局限性四方面，综合比较四种水环境基线确定方法（表 4-1）。从表 4-1 可以看出，前两种方法即历史数据法和参照区域法是对基线数据的直接调查研究，因此确定基线水平更为直接和客观；但工作程序烦琐，且可获取数据可能极为有限。后两种方法即环境基准（标准）法和模型估算法都是通过科学方法间接计算确定水环境基线水平，前者依靠管理发布的基准和标准，后者依靠毒性效应阈值；但由于是间接计算结果，其科学性和合理性都需要进一步验证。

表 4-1　不同水环境基线确定方法的比较

方法	数据来源	方法要素与主要工程程序	方法优点	局限性
历史数据法	受损害区域的历史数据	历史数据收集→数据筛选评价→确定基线	最直接的基线水平，损害评估结果准确	可靠性和充分性受到历史数据资料限制，难以直接应用

方法	数据来源	方法要素与主要工程程序	方法优点	局限性
参照区域法	相似条件未受污染的参照区域的数据	基础调研→选定参照区域→调查分析→确定基线	较为直接和客观	需要在参照区域开展大量和长期的调查分析
环境基准（标准）法	国家/地方环境基准值；国家/地方环境标准值	基础调研→环境基准（标准）筛选分析→确定基线	最简单和方便，且有法规标准支持	水环境基准刚刚起步，可获取数据极为有限；水环境标准存在部门、区域差异，且更新缓慢，影响数据科学性与合理性
模型估算法	基于大量调研/实验数据的模型估算结果；剂量-效应关系模型（个体以下水平）；生态模型（种群以上水平）	基础调研和数据收集→模型构建优化→数据筛选评价→预测确定基线	模型边界条件可控制，通过模型调整优化适应不同水平的损害评估需求	模型不确定性程度难以确定，需要文献调研和实验数据支持；目前可直接应用的模型有限

历史数据法是确定损害评估基线的一种有效办法，但利用评价区域历史数据作为基线也存在不足之处。首先，在大多数情况下，损害区域的历史数据难以获得，因为在污染损害事件发生前，很少会有机构或个人长期持续地对其进行监测记录。其次，历史研究通常不是以环境损害鉴定评估为目的开展的，从而导致历史数据很难满足损害鉴定评估的定性和定量标准要求。再次，由于研究介质和对象的自然可变性，从获得历史数据到环境损害事件发生期间的环境变化也会导致历史数据难以用于确定损害区域基线。除此之外，由于技术水平、采样方法科学性和数据资料有效性的限制，历史数据质量参差不齐，难以直接用于确定基线。

虽然参照区域法是确定基线的重要方法之一，但采用对照区域数据确定损害评估基线水平仍面临众多的质疑，包括：受到其他相同干扰影响但未受损害事件影响的参照区域几乎不存在；与此同时，不同区域之间总会存在一定的差异性，无法判断区域间的差异是由损害事件导致的还是由其他因素引起的；另外，由于气候和自然干扰的影响均会导致对照区域状态的变化，利用单一的对照区域无法准确反映真实情况。

环境基准或环境质量标准作为基线水平是确定环境基线最简便的方法，也常被用于处理环境事故和解决环境纠纷。从准确性和可比性考虑，环境基准是指保护人体健康、生态系统与使用功能的环境因子（污染物质或有害因素）在环境介质中的剂量或水平，比种类繁多、部门差异的环境标准更适用于环境损害鉴定评估的基线确定。

通过专项研究获得环境基准值并用于生态环境损害鉴定评估的基线确定是重要的方法，研究中采用的数据更加符合当时当地的情况，研究获得的基线的不确定性相对较低，能有效提升损害鉴定评估结果的可信度。然而，专项研究所需数据需要现场收集和调查，耗费时间较长、工作量大、投入成本高，因此在基线确定中不建议优先使用该方法。

根据《生态环境损害鉴定评估技术指南 总纲和关键环节 第 1 部分：总纲》（GBT 39791.1—2020），当基线确定所需的直接数据充分时，优先采用历史数据法和参照区域法的数据；若采用历史数据法和参照区域法的数据无法确定基线，则推荐采用环境基准（标准）法；当缺乏相应的历史数据、参照区域法数据和环境基准（标准）数据时，或相关数据无法满足损害鉴定评估目标要求时，开展专项研究推导确定基线。在时间、数据和成本投入满足鉴定评估方案要求的情况下，综合采用不同基线确定方法并相互验证，可有效提高水环境基线确定的科学性和合理性。

4.3.2 流域水生态环境损害实物量化方法

在确定环境损害的性质后，应对这些损害进行量化。损害的量化通常包括评估：损害和服务或资源损失的空间范围；损害和服务损失的时间（过去、现在和预期）范围；损害和服务损失的级别（通常表示为相对于基线条件提供的服务比例、有机体数量，生物体或栖息地特征质量的降低程度）。

1. 空间范围量化

表征受损害的空间范围需要确定损害的全部区域范围，并且还应包括对损害梯度或影响区域的识别。用于评估运输、分散、稀释、转化或不利影响的抽样或建模方法，可能有助于识别此类损伤梯度或区域。在某些情况下，可以使用照片和遥感数据（如航空照片、卫星图像）来识别影响的空间范围。可以同时使用采样数据、遥感数据和空间分析方法来模拟损害的空间范围。

根据各采样点位地表水与沉积物、水生生物、水生生态系统损害确认和损害程度量化的结果，分析地表水与沉积物环境质量、水生生物、水生生态系统服务功能等不同类型损害的空间范围。对于涉及污染物泄漏、污水排放、废物倾倒等污染地表水的突发水环境污染事件中，缺少实际调查监测数据的生态环境损害，可以通过收集污染排放数据、水动力学参数、水文地质参数、水生态效应参数，构建水动力学、水质模拟、水生态效应概念模型，模拟污染物在地表水与沉积物中的迁移扩散情况，研究不同位置的污染物浓度及其随时间的变化，确定损害空间范围。

2. 时间范围量化

损害时间范围的表征涉及确定事件的发生日期和发生不利影响的日期（如果两者不同）。对于事前预测事件，开始日期可能是基于既定目标、计划或时间表的预测。如果无法获取特定地点的信息来量化损害的时间范围，则损失的持续时间可参照类似地点、类似事件的信息，恢复的过程可以基于生态演替率、污染物在环境中的化学持久性以及对结果和动态传输的理解，或经历类似破坏后的恢复率的文献信息来估计。如果计划或正在进行主要的恢复措施，则损害时间范围的估计应考虑恢复措施对恢复的影响。

根据污染物的生物毒性、生物富集性、生物致畸性等特性以及水环境治理方案、水生态恢复方案，判断生物资源类生态环境损害的时间范围。涉及产品供给服务、水源涵养等调节服务、航运交通和栖息地等支持功能、休闲旅游等文化服务功能的，分析地表水生态环境损害和水环境治理方案、水生态恢复方案实施对产品供给、水源涵养、航运交通、生物栖息地、休闲舒适度、旅游人次等生态系统服务功能影响的持续时间。

3. 损害程度量化

估计损害以及服务损失的程度和级别的方法包括使用化学、毒理学、生物学或经济学数据，以及使用地理信息系统和建模。

使用量化指标来表示事故的损害程度和服务损失以及可恢复项目的服务收益程度，量化指标通常包括易于测量的定量指标（如种群密度或使用数量）、概念或定性指标，以及某些情况下复杂的指数。在评估过程中，必须使用相同的量化指标来估算损害和收益。

服务损害的程度一般应相对于基线条件来确定。在某些情况下，这将通过明确量化基线和事故后的状况来确定。在其他情况下，只需要计算事件造成的明显或差别损害（例如，通过计算化学毒物造成的差异死亡率，或通过量化开发项目对栖息地类型的物理损害量来评估）。资源或资源提供的服务的损害程度通常是根据可用于反映事件的不利影响的一个或多个指标来表达的。

损害程度量化也可以在资源的基础上进行，自然资源和它们所提供的生态服务是相互依存的。例如，地表水、沉积物、漫滩土壤和河岸植被一起构成水生生物群、半水生生物群和高地生物群的栖息地，并且具有横向和纵向连通性。因此，对个别自然资源的破坏可能会导致生态系统服务功能的退化。在选择指标和量化服务损失时，评估人员应考虑这些相互依赖的生态系统服务损失。提供多种服务措施，包括已公布或可接受的环境健康指数，以及为特定事件和栖息地等值分析应用制定的指数。用于等值分析的这些类型的度量的示例包括以下两种。

（1）栖息地适宜性指标通常用于汇总与热量、隐藏覆盖率、牧草可用性、繁殖要求以及维持野生动物群落的功能和结构的物理栖息地相关的许多属性。总分表示土地当前和预期以提供栖息地服务的未来状况。

（2）基于众多风险指标的一系列决策要求，包括毒性阈值或水生生物标准超出的程度和频率、种群变化或减少的证据、生态功能丧失或生物地球化学途径的证据。通过制定一组决策规则，假定服务损失程度会随着越来越多的指标或规则相符合而增加。此类决策规则通常是根据具体情况制定的，并且只针对特定事件。

等值分析的结果与用于量化损失和替换服务的度量指标的选择密切相关。由于所有栖息地和自然资源都提供各种生态服务，因此单一指标永远不能反映所有已丢失的潜在服务。因此，指标的选择是适当扩展恢复项目时最重要的考虑因素之一。

损害程度量化是对地表水与沉积物中特征污染物浓度、水生生物量、种群类型、数量和密度、水生生态系统服务功能超过基线水平的程度进行分析，为地表水生态环境与水生生物资源恢复方案的设计和恢复费用的计算、价值量化提供依据。

1）污染物浓度

基于地表水与沉积物中特征污染物浓度与基线水平，确定每个评估点位地表水和沉积物的受损害程度，根据式（4-1）计算：

$$K_i = (T_i - B) / B \qquad (4\text{-}1)$$

式中，K_i 为某评估点位 i 地表水与沉积物的受损害程度；T_i 为某评估点位 i 地表水与沉积物中特征污染物的浓度；B 为地表水与沉积物中特征污染物的基线水平。

基于地表水、沉积物中特征污染物平均浓度超过基线水平的区域面积占评估区面积的比例，确定评估区地表水与沉积物的受损害程度：

$$K = N_O / N \qquad (4\text{-}2)$$

式中，K 为超基线率，即评估区地表水、沉积物中特征污染物平均浓度超过基线水平的区域面积占评估区面积的比例；N_O 为评估区地表水、沉积物中特征污染物平均浓度超过基线水平的区域面积；N 为地表水、沉积物评估区面积。

2）水生生物量

根据区域水环境条件和对照点水生生物状况，选择具有重要社会经济价值的水生生物和指示生物，参照 GB/T 21678，采用式（4-3）估算：

$$Y_l = \sum D_i \times R_i \times A_p \qquad (4\text{-}3)$$

式中，Y_l 为生物资源（包括鱼、虾、贝等水产品）损失量，kg 或尾；D_i 为近 3 年内同期第 i 种生物资源密度，kg/km^2 或尾/km^2；R_i 为第 i 种生物资源损失率，%；A_p 为受损害面积，km^2。

生物资源损失率按式（4-4）计算：

$$R = \frac{\bar{D} - D_p}{\bar{D}} \times 100\% - E \qquad (4\text{-}4)$$

式中，R 为生物资源损失率，%；$\bar{D}$ 为近 3 年内同期水生生物资源密度，kg/km^2 或尾/km^2；D_p 为损害后水生生物资源密度，kg/km^2 或尾/km^2；E 为回避逃逸率，%，取值参考 GB/T 21678。

3）水生生物多样性

从重点保护物种减少量、生物多样性指数变化量两方面进行评价。

（1）重点保护物种减少量（ΔS）：

$$\Delta S = NB - NP \qquad (4\text{-}5)$$

式中，NB 和 NP 分别为基线水平和损害影响范围下的重点保护物种数。

（2）生物多样性变化量：

$$\Delta BD_i = BD_{i0} - BD_i \qquad (4\text{-}6)$$

式中，ΔBD_i、BD_{i0} 和 BD_i 分别为第 i 类生物多样性指数（如鱼类、浮游动物、大型底栖动物、两栖动物等）变化量、基线水平和损害发生后的生物多样性指数。

生物多样性指数可以采用香农-维纳指数：

$$H = -\sum_{i=1}^{N} P_i \times \ln P_i \qquad (4\text{-}7)$$

式中，H 为群落物种多样性指数；P_i 为第 i 种物种的个体数占总个体数的比例。若总个体数为 N，第 i 种个体数为 n_i，则 $P_i = n_i / N$。

4）水生态服务功能

如果涉及除水产品或生物多样性支持以外的水生生态系统服务功能受损，如支持功能（地形地貌破坏量）、产品供给服务（水资源供给量、砂石资源破坏量）、调节服务（水源涵养量、蒸散量、污染物净化量、土壤保持量）、文化服务（休闲娱乐水平、旅游人次）等受到严重影响，可根据水生生态系统服务功能的类型特点和评估水域实际情况，选择适合的评估指标，确定水生生态系统服务功能的受损害程度或损害量。

$$K = \frac{|S - B|}{B} \qquad (4\text{-}8)$$

式中，K 为水生生态系统服务功能的受损害程度；B 为水生生态系统服务功能指标的基线水平；S 为损害发生后水生生态系统服务功能指标的水平。

$$K' = |S' - B'| \qquad (4\text{-}9)$$

式中，K' 为水生生态系统服务功能的损害量；B' 为损害发生前水生生态系统服务功能量；S' 为损害发生后水生生态系统服务功能量。

4.3.3 流域水生态环境损害价值量化方法

流域水生态环境损害价值量化应遵循生态环境损害价值量化的一般原则：①污染环境或破坏生态行为发生后，为减轻或消除污染或破坏对生态环境的危害而发生的污染清除费用，以实际发生费用为准，并对实际发生费用的必要性和合理性进行判断；②当受损生态环境及其服务功能可恢复或部分恢复时，应制定生态环境恢复方案，采用恢复费用法量化生态环境损害价值；③当受损生态环境及其服务功能不可恢复、只能部分恢复、无法补偿期间损害时，选择适合的其他环境价值评估方法量化未恢复部分的生态环境损害价值；④当污染环境或破坏生态行为事实明确，但损害事实不明确或无法以合理的成本确定生态环境损害范围和程度时，采用虚拟治理成本法量化生态环境损害价值，不再计算期间损害。

1. 实际治理成本法

对于突发水环境污染事件，如果地表水和沉积物中的污染物浓度在应急处置阶段内恢复至基线水平，水生生物种类、形态和数量以及水生态服务功能未观测到明显改变的，采用实际治理成本法统计应急处置费用。对于其他地表水生态环境损害，已经或正在开展水环境治理或水生态恢复的，适用实际治理成本法。实际治理成本基础数据的统计与校核参见《突发环境事件应急处置阶段环境损害评估推荐方法》和《突发生态环境事件应急处置阶段直接经济损失核定细则》。

2. 恢复费用法

制定地表水和沉积物生态环境基本恢复和补偿性恢复方案，采用费用明细法、指南或手册参考法、承包商报价法、案例比对法等方法，计算恢复方案实施所需要的费用。

1）费用明细法

费用明细法适用于恢复方案比较明确，各项具体工程措施及其规模比较具体，所需要的设施、材料、设备、人工等比较明确，且鉴定评估机构对恢复方案各要素的成本比较清楚的情况。费用明细法应列出恢复方案的各项具体工程措施、各项措施的规模，明确需要的设施以及需要用到的材料和设备的数量与规格、能耗等内容，根据各种设施、材料、设备、能耗的单价，列出恢复工程费用明细。

2）指南或手册参考法

指南或手册参考法适用于恢复技术有确定的工程投资手册可以参照的情况，根据确定的恢复工程量，参照相关指南或手册，计算恢复工程费用。

3）承包商报价法

承包商报价法适用于恢复方案比较明确，各项具体工程措施及其规模比较具体，所需要的设施、材料、设备等比较确切，但鉴定评估机构对方案各要素的成本不清楚或不确定的情况。承包商报价法应选择 3 家或 3 家以上符合要求的承包商，由承包商根据恢复目标和恢复方案提出报价，对报价进行综合比较，确定合理的恢复工程费用。

4）案例比对法

案例比对法适用于恢复技术不明确的情况，通过调研与本项目规模、损害特征、生态环境条件相类似且时间较为接近的案例，基于类似案例的恢复费用，计算恢复工程费用。

3. 环境价值量化方法

对于受损地表水和沉积物生态环境不能通过实施恢复措施进行恢复或完全恢复到基线水平，或不能通过补偿性恢复措施补偿期间损害的，基于等值分析原则，采用环境资源价值评估方法对未予恢复的地表水生态环境损害进行计算。具体根据评估区的水生态服务功能,采用直接市场法、揭示偏好法、效益转移法、陈述偏好法等方法,对不能恢复或不能完全恢复的生态服务功能及其期间损害进行价值量化,具体如下:①对于以水产品生产为主要服务功能的水域,采用市场价值法计算水产品生产服务损失;②对于以水资源供给为主要服务功能的水域,采用水资源影子价格法计算水资源功能损失;③对于以生物多样性和自然人文遗产维护为主要服务功能的水域,建议采用恢复费用法计算支持功能损失,当恢复方案不可行时,采用支付意愿法、保育成本法计算;④对于砂石开采影响地形地貌和岸带稳定的情形,采用恢复费用(实际工程)法计算岸带稳定支持功能损失;⑤对于航运支持功能的影响,建议采用市场价值法计算航运支持功能损失;⑥对于洪水调蓄、水质净化、气候调节、土壤保持等调节功能的影响,建议采用恢复费用法计算,当恢复方案不可行时,建议采用替代成本法计算调节功能损失;⑦对于以休闲娱乐、景观科研为主要服务功能的水域,建议采用旅行费用法计算文化服务损失,当旅行费用法不可行时,建议采用支付意愿法计算;⑧对于采用非指南推荐的方法进行环境资源价值量化评估的,需要详细阐述方法的合理性。

对于超过地表水环境质量基线,但没有超过地表水环境质量标准并影响水生态功能的情况,根据损害发生地的水资源非使用基准价值和根据超过基线倍数确定的水资源非使用基准价值调整系数计算水资源受损价值,调整系数见表 4-2。地表水资源非使用基准价值为损害发生地水资源费或水资源税的 1/2;当损害涉及多个地方时,根据多个地方的水资源税费和水量确定。对于超过地表水环境质量标准并影响水生态功能的情况,如果计算得到的水生态功能损害价值小于受损的水资源非使用价值,可以将受损的水资源非使用价值作为计算结果,但两者不能相加,以避免重复计算。

表 4-2　水资源非使用基准价值调整系数

地表水环境质量超基线的倍数/倍	调整系数
≤5	0.2
5~20	0.4
20~100	0.6
100~1000	0.8
>1000	1.0

1)供给服务损害评估

A. 水产品供给

水环境污染事件、非法捕捞、侵占围垦等生态破坏事件造成鱼虾等水产品的损失,可采用市场价值法对提供淡水产品的供给服务进行评估,计算方法见式(4-10):

$$V_{\mathrm{p}} = \sum_{i=1}^{n} Y_i \times P_i \tag{4-10}$$

式中,V_{p} 为生态系统物质产品价值,元/a;Y_i 为第 i 类生态系统产品产量,根据产品的计量单位确定，如 kg/a；P_i 为第 i 类生态系统产品的价格，根据产品的计量单位确定，如元/kg。如果水产品供给服务长期受损（损害时间大于 1 年），需要对其损失进行贴现计算。

B. 水资源供给

水环境污染事件造成的水资源供给服务的损失，以及突发水环境事件采取的应急措施，如通过释放水库水冲走污染团，也造成水资源损失，包括水量减少及水力发电量减少，可采用影子价格法对水资源供给价值进行计算。所谓影子价格，是指资源投入的潜在边际效益，它反映了产品的供求状况和资源的稀缺程度，即资源的数量和产品的价格影响着影子价格的大小。资源越丰富，其影子价格越低。对于水资源，它所创造的追加效益越高，其影子价格就越高。水资源供给服务计算方法见式（4-11）：

$$V_W = \left(\prod_{t_0}^{t} PI_t \right) \cdot P_W \cdot Q_W \tag{4-11}$$

式中，V_W 为水资源损失的总价值；P_W 为受影响水资源的影子价格；Q_W 为受影响的水资源量；PI_t 为水产品出厂价格指数，数据来源于统计年鉴；t_0 为基准年。如果水资源供给服务长期受损（损害时间大于 1 年），需要对其损失进行贴现计算。

C. 电力供给

水资源的减少导致电力供给的降低。通过调查发电量，包括水力发电等，核算电力供给的减少量，结合当地电力价格，计算得出电力供给减少的价值量。

2）支持功能损害评估

A. 河床结构破坏与土壤流失

河床结构破坏常见于工程建设与河道采砂等活动，造成河床沉积结构、地形地貌与支撑功能的改变。工程建设与河道采砂等活动改变了河流泥沙与输送能力之间的平衡状态，会造成河床下切，河岸侵蚀，损害河床及河岸带的稳定性，并影响河流的自然水文情势。

河床结构破坏通常还造成土壤流失，河岸带、湖岸带等区域的植被、沉积结构破坏导致岸边土壤、砂层等环境介质失去固着力后随降雨、水流的冲刷而流失，进而造成河岸生态环境和堤防工程等的破坏。土壤流失造成流失区及周边植被生长环境破坏，也易造成堤防工程受损，流失的土壤顺流而下淤积河床及下游涉水构筑物，造成河流等水体水文情势的变化。

计算河床结构变化与土壤流失的价值量时，即通过实测工程建设、采砂活动及土壤流失等造成的损失量或破坏量，设计恢复方案，以实际恢复工程费用进行核算。

当设计河道、河岸等恢复方案时，应按 GB 50286 和 SL 386 等技术规范中关于河道边坡设计的要求开展；当评估工程恢复效果时，应充分考虑工程建设、采砂行为、土壤流失发生后对河流水动力条件的改变，计算河道冲淤强度、泥沙恢复饱和系数等，进行河道冲刷、河道演变等分析，如采用三维 ASM 研究河床的稳定与变形，采用一维数学模型和动力学模型模拟多级河道泥沙输移等，评估恢复工程实施前后河道、河岸的变化及恢复率。

B. 生物多样性与自然人文遗产维护

（1）支付意愿法。对于以生物多样性、自然人文遗产维护为主要服务功能的水域，建议采用恢复费用法计算支持功能损失。当恢复方案不可行时，建议采用支付意愿法或保育成本法计算。采用支付意愿法进行生物多样性经济价值的计算方法见式（4-12）：

$$V_{BWPT} = \sum_{t=0}^{n} \left(\Delta Q_{n,l} \times P_{n,l} \right) \tag{4-12}$$

式中，V_{BWPT} 为损失的价值量；$t=0$ 是起始年，是损害开始年或损失计算开始年，$t=n$ 是终止年，终止年是不再遭受进一步损害（或者通过自然恢复达到，或者通过主要恢复措施达到）的年份；$Q_{n,l}$ 为资源或服务随时间的变化，此参数可以是资源或服务由损害引起的总变化的定性描述；$P_{n,l}$ 为资源或服务变化的价值，通过问卷调查设计模拟市场来获取人们赋予环境资源或服务变化的价值（用货币衡量），可以利用人们对预防环境变化的支付意愿或不希望变化的接受意愿来表达。

（2）保育成本法。地表水生态系统的生物多样性保育成本主要根据受损水域的鱼类、鸟类、大型底栖动物、高等植物等的物种丰富度，以及珍稀濒危物种的数量及特征来计算。计算方法见式（4-13）和式（4-14）：

$$V_{BM} = G_{bio} \times S_{生} \times A \tag{4-13}$$

$$G_{bio} = 1 + 0.1 \sum_{m=1}^{x} E_m + 0.1 \sum_{n=1}^{y} B_n + 0.1 \sum_{r=1}^{z} O_r \tag{4-14}$$

式中，V_{BM} 为生物多样性价值，元/a；G_{bio} 为物种保育的实物量；$S_{生}$ 为单位面积物种保护的成本，元/（$hm^2 \cdot a$），可结合受损物种或栖息地所在区域的当地保育成本来确定；A 为群落面积，hm^2；E_m 为区域内物种 m 的濒危物种指数分值；B_n 为区域内物种 n 的特有物种指数分值；O_r 为区域内物种 r 的古树年龄指数；x 为计算濒危物种指数的物种数量；y 为计算特有物种指数的物种数量；z 为计算古树年龄的物种数量。

C. 航运支持

航运支持是指通过内陆水路运输的方式运输人和货物，包括客运和货运。水环境污染、侵占围垦、违规工程建设等污染破坏事件导致的航运功能的降低，可以采用市场价值法计算。内陆航运的航运量和航运价格数据来源包括统计年鉴、水资源公报、交通年鉴、旅游业报告等统计资料。航运支持服务功能价值量为客运价值量和货运价值量的总和，计算方法见式（4-15）：

$$V_t = Q_{客} \times L_{客} \times P_{客} + Q_{货} \times L_{货} \times P_{货} \tag{4-15}$$

式中，V_t 为航运价值量；$Q_{客}$ 为水路运输的年客运人数，人次；$L_{客}$ 为客运路线长度，

km；$P_{客}$ 为客运价格，元/(人次·km)；$Q_{货}$ 为水路运输的年货运量，t；$L_{货}$ 为货运路线长度，km；$P_{货}$ 为货运价格，元/(t·km)。

3）调节服务损害评估

A. 洪水调蓄

洪水调蓄功能是指地表水生态系统其特有的生态结构能够吸纳大量的降水和过境水，蓄积洪峰水量，削减并滞后洪峰，以缓解汛期洪峰造成的威胁和损失的功能。工程建设、地质结构变化和侵占围垦等事件会造成河道改变，湖泊、河岸、水库及河口湿地等周边的植被也会被破坏，致使洪水调蓄范围缩小，从而导致洪水调蓄能力的减弱。

洪水调蓄量核算的主要思路是依据洪水前后湖泊、水库及河湖周边沼泽湿地等的水位变化量与相应湿地类型的面积计算。

湖泊和水库可直接采用年内水位最大变幅来估算洪水调蓄量，计算方法见式（4-16）：

$$F_{lr} = S \times \Delta H \qquad (4\text{-}16)$$

式中，F_{lr} 为调蓄量；S 为湖泊或水库面积；ΔH 为洪水前后水位变化量。

沼泽湿地需要同时考虑沼泽土壤蓄水和地表滞水两部分进行核算，计算方法见式（4-17）：

$$F_m = S \times \Delta H + O \qquad (4\text{-}17)$$

式中，F_m 为调蓄量；S 为沼泽湿地面积；ΔH 为洪水前后沼泽湿地水位变化量；O 为湿地泥炭土壤蓄水量。

洪水调蓄价值量采用影子工程法进行核算，通过建设水库的成本计算生态系统的洪水调蓄价值，计算方法见式（4-18）：

$$V_f = F \times c \qquad (4\text{-}18)$$

式中，V_f 为洪水调蓄价值；F 为所有湿地（湖泊、水库、沼泽）洪水调蓄能力；c 为建设单位库容的造价。

B. 水质净化

水质净化功能是指湖泊、河流、沼泽等水域吸附、降解、转化水体污染物，净化水环境的功能。常见于水环境污染事件以及违规工程建设造成河流、湖泊、水库及沼泽等水域的水环境质量降低。

水质净化计算需要根据污染情况选取不同的计算方法。当水环境质量满足或优于Ⅲ类水，表明污染物排放量没有超过水环境容量，采用污染物排放量估算水质净化量的实物量，计算方法见式（4-19）：

$$Q_{wp} = \sum_{i=1}^{n} Q_i \qquad (4\text{-}19)$$

式中，Q_{wp} 为水污染物排放总量，kg；Q_i 为第 i 类水污染物排放量，kg；i 为污染物类别。

当水环境质量劣于Ⅲ类水，说明污染物排放量超过环境容量，采用水生生态系统自净能力估算实物量，将水域按照栅格进行划分，计算方法见式（4-20）~式（4-22）：

$$ALV_x = HSS_x \times pol_x \qquad (4-20)$$

$$HSS_x = \frac{\lambda_x}{\lambda_w} \qquad (4-21)$$

$$\lambda_x = \log(\sum_U Y_u) \qquad (4-22)$$

式中，ALV_x 为栅格 x 调节的载荷值；pol_x 为栅格 x 的输出系数；HSS_x 为栅格 x 的水文敏感性得分值；λ_x 为栅格 x 的径流指数；λ_w 为流域平均径流指数；$\sum_U Y_u$ 为径流路径内 x 栅格以上栅格产水量的总和。

水质净化价值量采用治理成本法进行计算，利用水污染物治理成本进行核算，计算方法见式（4-23）：

$$V_{wp} = \sum_{i=1}^{n} c_i \times Q_i \qquad (4-23)$$

式中，V_{wp} 为地表水生态系统水质净化的价值，元；c_i 为单位污染物治理成本，元/t；Q_i 为污染物水质净化实物量，t。

C. 气候调节

地表水生态系统气候调节服务是指通过水面蒸发过程吸收太阳能，降低气温、增加空气湿度，改善人居环境舒适程度的生态功能。侵占围垦和违规工程建设等生态破坏行为造成水面范围减小，会进而导致气候调节能力下降。其中，降温功能在气温大于26.0℃时计算，增湿功能在相对湿度小于 45%时计算。气候调节实物量主要依据水面的蒸发量进行估算，计算方法见式（4-24）：

$$E_{we} = E_w \times q \times 10^3 / 3600 \qquad (4-24)$$

式中，E_{we} 为地表水生态系统水面蒸发消耗的能量，kW·h；E_w 为水面蒸发量，m³；q 为挥发潜热，J/g。

气候调节价值量采用替代成本法进行核算，通过人工调节相应温度和湿度所需要的耗电量进行计算，计算方法见式（4-25）：

$$V_{tt} = E_{we} \times P_e \qquad (4-25)$$

式中，V_{tt} 为地表水生态系统气候调节的价值；E_{we} 为地表水生态系统蒸发过程消耗的总能量；P_e 为一般参考工业电价。

D. 土壤保持

土壤保持功能是生态系统（如森林、草地等）通过林冠层、枯落物、根系等各个层次保护土壤、消减降雨侵蚀力，增加土壤抗蚀性，减少土壤流失，保持土壤的功能。当河流和湖泊岸带植被或沼泽湿地被侵占围垦时，土壤受侵蚀度会增加，土壤保持功能降低。

通过设置有植被和无植被两种情景模式，选用两种情景下的植被土壤侵蚀模数进行评估，计算方法见式（4-26）：

$$Q = A \times (X_2 - X_1) \qquad (4\text{-}26)$$

式中，Q 为土壤保持量；A 为湿地土壤面积；X_1 为有湿地植被情景下土壤侵蚀模数；X_2 为无植被情景下土壤侵蚀模数。

土壤保持价值量采用替代成本法进行核算，主要从减少泥沙淤积和保持土壤养分两方面进行考虑，通过清淤工程费用和化肥成本进行评估，计算方法见式（4-27）～式（4-29）：

$$V_{sr} = V_{sd} + V_{dpd} \qquad (4\text{-}27)$$

$$V_{sd} = \lambda \times (Q_{sr} / \rho) \times c \qquad (4\text{-}28)$$

$$V_{dpd} = \sum_{i=1}^{n} Q_{sr} \times c_i \times R_i \times T_i \qquad (4\text{-}29)$$

式中，V_{sr} 为生态系统土壤保持价值，元/a；V_{sd} 为减少泥沙淤积价值，元/a；V_{dpd} 为减少面源污染价值，元/a；Q_{sr} 为土壤保持量，t/a；c 为单位水库清淤工程费用，元/m³；ρ 为土壤容重，t/m³；λ 为泥沙淤积系数；i 为土壤中污染物种类，$i = 1,2,\cdots,n$；c_i 为土壤中污染物（如氮、磷）的纯含量，%；R_i 为氮、磷、钾元素和有机质转换成相应肥料（尿素、过磷酸钙和氯化钾）及碳的比率；T_i 为尿素、过磷酸钙、氯化钾、有机质（转化成碳）价格，元。

4）休闲旅游损害评估

对于以休闲娱乐、景观科研为主要服务功能的水域，建议采用旅行费用法计算文化服务损失。旅行费用法是非市场物品价值评估的一种比较成熟的评估技术，主要适用于风景名胜区、休闲娱乐地、国家公园等地的文化服务价值评估。当旅行费用法不可行时，采用支付意愿法计算。

文化旅游服务价值的实物量主要体现在旅游人数，根据旅游部门相关的统计数据获取地区旅游人数，并从中筛选出生态文化旅游人数作为实物量进行核算，计算方法见式（4-30）和式（4-31）：

$$\text{文化旅游实物量} = \text{生态系统文化旅游人数} \qquad (4\text{-}30)$$

$$旅游文化服务价值=消费者实际支出费用+消费者剩余 \qquad (4\text{-}31)$$

旅游文化服务价值的调查计算步骤如下：

（1）对旅游者进行抽样调查，获得游客的客源地、游憩花费金额、游憩花费时间和被调查者的社会经济特征。

（2）定义和划分旅游者的出发地区，以此确定消费者的交通费用和经济水平。

（3）计算每一区域内到研究区旅游的人次（旅游率），计算方法见式（4-32）：

$$Q_i = \frac{V_i}{P_i} \qquad (4\text{-}32)$$

式中，Q_i 为旅游率；V_i 为根据抽样调查的结果推算出的 i 区域中到评价地点的总旅游人数；P_i 为 i 区域的人口总数。

（4）根据对旅游者调查的样本资料，用分析出的数据，对不同区域的旅游率和旅行费用以及各种社会经济变量进行回归，建立需求模型，即旅行费用对旅游率的影响。

$$消费者实际支出费用=交通费用+景区门票费+食宿费+购买旅游商品费用+娱乐休闲费用+时间成本$$

时间成本=旅行时间×客源地平均工资

（5）计算旅游文化服务的剩余价值，计算方法见式（4-33）：

$$V_\mathrm{T} = \int_{实际旅费}^{P_\mathrm{m}} f(x)\,\mathrm{d}x \qquad (4\text{-}33)$$

式中，V_T 为消费者旅游服务剩余价值；P_m 为追加旅费最大值；$f(x)$ 为旅游费用与旅游率的函数关系式。

4. 虚拟治理成本法

对于向水体排放污染物的事实存在，但生态环境损害观测或应急监测不及时等导致损害事实不明确或无法以合理的成本确认地表水生态环境损害范围和程度或量化生态环境损害数额的情形，采用虚拟治理成本法计算生态环境损害。

以现行技术方法能够将废水或固体废物治理达到相关标准所需的成本为基础，同时考虑废水或固体废物中物质或污染物的危害性、浓度以及地表水环境功能等因素进行损害数额计算，见式（4-34）和式（4-35）：

$$D = E \times C \times \gamma \qquad (4\text{-}34)$$

$$\gamma = \alpha \times \tau \times \omega \qquad (4\text{-}35)$$

式中，D 为地表水生态环境损害数额，元；E 为排放数量（根据实际选择超标排放量或排放总量，可采用体积或质量单位），t 或 m³；C 为废水（或废水中的特征污染物）或固体废物的单位治理成本，元/t 或元/m³；γ 为调整系数；α 为危害系数；τ 为超标系数；ω 为环境功能系数。

1）排放数量

排放数量指排污单位超标或超总量排放的污染物量或向其法定边界以外环境排放的废水量或倾倒的固体废物量。对于无排放标准的水污染物，指该污染物的排放总量。

环境损害鉴定评估实践中，废水的排放主要分为两种情形：一种是在生态环境管理部门批准的排污口超标排放废水并进入地表水体，这种情况下，排放数量为超标排放的废水或特征污染物总量；另一种是向地表水体偷排或倾倒废水的，排放数量为排放的废水总量。对于向地表水体排放倾倒固体废物的，排放数量为固体废物排放总量。

排放数量的计算方法包括实测法、物料衡算法和排污系数计算法。对于废物或废液倾倒、违法违规排污类事件，废水或固体废物排放量一般通过现场排放量核定、人员访谈、生产或运输记录获取相关资料数据，根据实际情况选择合适的计算方法；对于突发环境事件，一般通过实测法与物料衡算法相互验证的方法进行测算。

2）单位治理成本

单位治理成本是指工业生产企业或专业污染治理企业治理单位体积或质量的废水或固体废物所产生的费用，一般包括能源消耗、设备维修、人员工资、管理费、药剂费等处理设施运行费用、固定资产折旧费用及治理过程中产生的废物处置等有关费用，不包括固体废物综合利用产生的效益。

近年来，环境治理行业的市场化程度逐渐提高，各地区污水处理和危险废物处置收费不再简单地依据收费标准，而是更多地考虑废水或固体废物的性质以及市场情况确定，收费标准的应用范围在逐渐降低。另外，收费标准本身包括了污染治理单位的利润，不符合虚拟治理成本法"治理成本"的定义。由于没有明确定义，在实际使用过程中也存在着对"收费标准"概念的滥用。因此，建议删除争议较大、证据选择范围依据不够明确的收费标准法，保留实际调查法和成本函数法，优先采用实际调查法确定单位治理成本。

单位水污染物治理成本计算方法见式（4-36）：

$$C_{i,j} = \frac{\lambda \times F \times \mu + c(t)}{T_i} \qquad (4\text{-}36)$$

式中，$C_{i,j}$ 为水污染物 i 在调查企业 j 的单位治理成本，元/t；λ 为价格指数，可以取工业生产者购进价格指数，参考国家或地方统计年鉴获得；F 为污染治理设备购置等固定成本投入，元；μ 为折旧系数，反映污染治理持续时间内污染治理设备的使用折损情况；c 为水污染治理设施运行成本，与水污染物违规排放持续时间相关，元；t 为水污染物违规排放持续时间；T_i 为水污染物 i 的处理量，t。

通过实际调查，获得相同或邻近地区、相同或相近生产工艺、产品类型、生产规模、治理工艺的企业，治理相同或相近废水或固体废物，能够实现稳定达标排放的平均单位治理成本。在上述因素中，相同产品类型和治理工艺、生产规模、能够实现稳定达标排放为首要考虑因素，相同或邻近地区为次要考虑因素，其次为生产工艺。计算方法见式（4-37）：

$$C = \frac{\sum\limits_{i=1}^{n} C_i}{n} \tag{4-37}$$

式中，C_i 为调查企业 i 处理废水（或废水中的特征污染物）或固体废物的单位治理成本；n 为调查企业数量，原则上不少于 3 家。

废水或固体废物来源明确且来源单位具有自有处理设施，满足以下条件之一的，可采用来源单位自行核算的治理成本：①在近三年内有正常运行记录，废水可以达标排放或满足固体废物污染控制要求；②近三年未运行，但已有资料可以充分证明处理工艺有效，废水可达标排放或固体废物满足污染控制要求。

应对来源单位提供的成本核算资料进行合理性评估，在支出成本项目构成、单价和数量等方面合理的情况下，来源单位自行核算的治理成本可作为废水或固体废物的单位治理成本。对于废水或固体废物治理成本不明确的情况，可以采用专业废水或固体废物治理企业提供的单位治理成本核算数据。

当调查样本量足够大时，可采用成本函数法，通过调查数据建立典型行业的废水或固体废物的治理成本函数，将达到排放标准的单位污染治理成本平均值作为单位治理成本，见式（4-38）：

$$C_i = \lambda \times f_i(l,d,k,s) \tag{4-38}$$

式中，C_i 为水污染物或废水、固体废物 i 的单位治理成本，元/t；$f_i(l,d,k,s)$ 为水污染物或废水、固体废物 i 的单位治理成本函数，l、d、k、s 分别为地区、行业、治理工艺、企业规模。其他符号意义见式（4-36）中符号解释。

3）危害系数的构建

由于废水或固体废物中化学物质种类过多，且往往以多种化学物质混合的形式存在，难以通过列举的方式明确各类污染物的危害系数。考虑到现有的水污染物环境监测以各类排放标准中的指标为主，排放标准以外的污染物大多没有检测标准方法，实际工作中较少进行检测；另外，排放标准中的污染物也是综合考虑排放量和物质毒性等多方面因素而确定的，可以代表各行业污染特征，因此，纳入废水危害分类的污染物主要根据现行的行业或综合类排放标准、污染控制标准中规定的污染物确定。

为了识别排水中所有有毒物质对水生生态系统的潜在综合影响，一些国家和组织采用生物毒性指标评价排水和受纳水体的综合毒性。美国 EPA 将排水综合毒性（WET）测试定义为用一组淡水、海水与河口的标准化植物、无脊椎动物和脊椎动物评估排水与受纳水体的急性及慢性综合毒性的测试。新西兰和韩国也采用 WET 表示排水综合毒性。英国和澳大利亚采用直接毒性评价（DTA）表示排水综合毒性。加拿大则采用环境效应监测（EEM）表示排水综合毒性。欧洲大陆国家组织和波罗的海有害物质控制项目 8 国则进一步提出排水综合评价（WEA），将其定义为一组用于评价排水的持久性、生物蓄积性和综合毒性的生物学测试。排水综合毒性评价技术在发达国家的环境管理和改善环境水质的过程中起到了重要作用。生物毒性测试是排水综合毒性评价的技术基础。毒性阈值是综合毒性评价的依据，因此各个国家和区域组织都非常重视制定与完善测试方法标准系列。近 40 年来，发达国家和地区分别颁布了一系列测试方法标准，使排水综合毒性评价技术成为水污染控制的新措施。排水综合毒性测试方法标准系列的建立，需要综合考虑受纳水体的性质、测试方法的种类、受试生物的选择、稀释水和稀释梯度的选择、毒性阈值和风险标准方式等多种影响因素。我国在排水综合毒性测试与评价方面开展了相关的技术研究，主要是对国外技术规范的引进和测试方法的本地化。目前，我国水质生物毒性测试方法标准数量有限，本土受试生物种类少，标准化程度不足，尚未形成物种门类齐全的测试方法标准系列，也没有制定排水综合毒性评价的技术标准。根据我国排水综合毒性评价技术规范的发展现状，尚无法利用排水综合毒性评价方法确定排放废水的危害性及其分级。

除排水综合毒性评价方法外，也可以考虑采用化学品分类和标签相关技术规范来评价废水的危害等级。考虑到化学品分类和标签技术规范的系统完整性，本标准采用了GB 30000 系列标准中对水生环境的危害、人体经口急性毒性和人体经皮急性毒性的标准。不同地表水环境功能区的污染物的危害类型根据《化学品分类和标签规范 第 28 部分：对水生环境的危害》（GB 30000.28）和《化学品分类和标签规范 第 18 部分：急性毒性》（GB 30000.18）中有关条款确定。尽管 GB 30000 系列标准为化学品有关标准，但化学品或污染物危害性评估考虑的均为化学物质性质，评估方法一致，且 GB 30000 中对混合物的危害性分级方法做出了较为详细的说明，同样适用于废水中的污染物。

对于珍稀水生生物栖息地及渔业用水，主要考虑废水的急性水生危害和慢性水生危害，根据 GB 30000.28 将废水按照急性水生危害划分为类别 1～类别 3，危害系数分别赋值为 2、1.75、1.5；根据 GB 30000.18 将废水按照慢性水生危害划分为类别 1～类别 4，危害系数分别赋值为 2、1.75、1.5、1.25。考虑到慢性水生毒性数据缺乏时，可以根据急性水生毒性数据对化学物质的慢性危害进行分类，因此急性和慢性水生危害类别的赋值具有一定的可比性和合理性。

对于饮用水源和直接接触娱乐用水，主要考虑废水的人体经口急性毒性和经皮急性毒性，未考虑化学物质的长期慢性毒性，这主要基于两方面考虑：一方面，是为了简化危害系数确定的过程，如果同时考虑化学物质长期暴露的慢性毒性、致畸性、致癌性、致突变性等，势必增加危害系数计算的过程，违背了简化评估的初衷；另一方面，现实中废水排放导致人体长期慢性暴露的可能性很小，即使是在突发环境事件中，发生人体直接暴露污染的地表水的可能性也非常小。根据 GB 30000.18 将废水按照其人体经口急性毒性和经皮急性毒性，将化学物质划分为类别 1～类别 5，本标准中将对应类别的危害系数分别赋值为 2、1.75、1.5、1.25、1。

对于农业用水，由于目前缺乏化学物质对农作物毒性的分类标准，将其统一赋值为 1.5。对于一般工业或景观用水、非直接接触娱乐用水及其他无特定功能用水，由于缺乏明确的保护对象，危害系数取值为 1。

A. 废水

确定废水危害系数时，应根据以下原则确定评价指标：①来源、污染物类别与含量明确的废水，比对行业排放标准，将超标污染物指标全部纳入危害系数计算；②来源不明但通过检测明确污染物类别与含量的废水，比对综合性排放标准，将超标污染物指标全部纳入危害系数计算；③来源已知但污染物质成分不明或无法测定的废水，根据废水的行业来源和行业排放标准，将全部可参与计算的污染物指标纳入危害系数计算。

（1）渔业用水。地表水环境功能为珍稀水生生物栖息地及渔业用水的，根据 GB 30000.28 中 4.3 节混合物的分类标准，对废水中化学混合物的水生环境危害进行分类。根据废水中化学混合物急性水生危害或慢性水生危害类别确定 α 取值，见表 4-3；同时具有急性水生毒性和慢性水生毒性的，α 取最大值。

（2）饮用水源。地表水环境功能为饮用水源的，根据 GB 30000.18 中 4.3 节混合物分类标准，对废水中化学混合物的人体健康急性危害进行分类，并根据废水中化学混合物的人体经口接触急性毒性危害类别确定 α 取值，见表 4-3。

（3）娱乐用水。地表水环境功能为直接接触娱乐用水，根据 GB 30000.18 中 4.3 节混合物分类标准，对废水中化学混合物的人体健康急性危害进行分类，并根据废水中化学混合物的人体经口接触急性毒性危害类别确定 α 取值，见表 4-3。

（4）其他规定。地表水环境功能为农业用水、一般工业或景观用水、非直接接触娱乐用水及其他无特定功能用水，危害系数 α 取值见表 4-3。地表水环境功能为多种用途的，危害系数 α 取最大值。化学物质的急性水生危害、慢性水生危害、人体经口急性毒性、人体经皮急性毒性数据可参考国内外相关化学物质毒性数据库。

表 4-3 废水危害系数

地表水环境功能	危害类型	危害类别	危害系数 α
珍稀水生生物栖息地及渔业用水	急性水生危害	类别 1	2
		类别 2	1.75
		类别 3	1.5
	慢性水生危害	类别 1	2
		类别 2	1.75
		类别 3	1.5
		类别 4	1.25
饮用水源	人体经口急性毒性	类别 1	2
		类别 2	1.75
		类别 3	1.5
		类别 4	1.25
		类别 5	1

续表

地表水环境功能	危害类型	危害类别	危害系数 α
直接接触娱乐用水	人体经皮急性毒性	类别1	2
		类别2	1.75
		类别3	1.5
		类别4	1.25
		类别5	1
农业用水	—	—	1.5
一般工业或景观用水、非直接接触娱乐用水及其他无特定功能用水	—	—	1

B. 固体废物和油品

固体废物的危害系数取值主要依据专家判断确定，具有感染性和毒性的危险废物危害系数取值为 2；仅具有反应性或腐蚀性的危险废物、一般工业固体废物（Ⅱ类）和餐厨垃圾危害系数取值为 1.5；其他生活垃圾和一般工业固体废物（Ⅰ类）危害系数取值为 1.25。

参考美国佛罗里达州对油品的分类和危害程度分级，将船用重油、重质燃油的危害系数确定为 2；废润滑油、沥青、焦油的危害系数确定为 1.75；汽油、柴油、航空燃油、取暖油的危害系数确定为 1.5。

排放或倾倒危险废物、一般工业固体废物、生活垃圾以及油品进入地表水体的，危害系数取值见表 4-4。

表 4-4　固体废物或油品危害系数

类型	危险特性	危害系数 α
危险废物（含有害垃圾）	具有感染性和毒性	2
	仅具有反应性或腐蚀性	1.5
一般工业固体废物（Ⅱ类）	—	1.5
一般工业固体废物（Ⅰ类）	—	1.25
餐厨垃圾	—	1.5
其他生活垃圾	—	1.25
船用重油、重质燃油	—	2
废润滑油、沥青、焦油	—	1.75
汽油、柴油、航空燃油、取暖油	—	1.5

4）超标系数的构建

A. 废水

危害系数反映的是废水或固体废物中化学物质本身的毒性属性，与废水中污染物的浓度或含量无关，为了反映废水或固体废物中化学物质的浓度或含量对地表水生态环境损害程度的影响，本书引入了超标系数。

　　与危害系数确定时相同的考虑，本书主要根据现行的行业或综合类排放标准、污染控制标准中规定的污染物确定废水的超标系数。根据每种污染物的最大超标倍数范围，超标系数取值分别为 2、1.75、1.5、1.25 和 1。当废水中多个污染物存在超标时，根据所有检测样品中各项污染物的最大超标倍数确定超标系数。

　　固体废物的超标系数取值主要依据专家判断确定。危险废物的超标系数确定为 2；一般工业固体废物（Ⅱ类）的超标系数确定为 1.75；一般工业固体废物（Ⅰ类）和危险化学品以外的化学品的超标系数确定为 1.5；生活垃圾的超标系数确定为 1.25。

　　确定废水中污染物超过国家或地方行业排放标准、综合排放标准的超标倍数。当废水中多个污染物存在超标时，根据所有检测样品中各项污染物的最大超标倍数确定超标系数。超标系数取值见表 4-5。对于废水污染物浓度未超过排放标准的情形，超标系数取 1。废水污染物超标倍数 κ 按照式（4-39）计算。

$$\kappa = \frac{Z - B}{B} \qquad (4\text{-}39)$$

式中，κ 为水污染物浓度超标倍数；Z 为废水污染物浓度，mg/L 或 μg/L；B 为排放标准浓度限值，mg/L 或 μg/L。

表 4-5　废水超标系数

最大超标倍数	超标系数 τ
最大超标倍数>1000	2
100<最大超标倍数≤1000	1.75
10<最大超标倍数≤100	1.5
0<最大超标倍数≤10	1.25

　　B. 固体废物

　　排放或倾倒危险废物、一般工业固体废物、生活垃圾进入地表水体的，超标系数取值见表 4-6。危险化学品以外的其他化学品进入地表水体的，超标系数取值为 1.5。

表 4-6　固体废物超标系数

类型	超标系数 τ
危险废物	2
一般工业固体废物（Ⅱ类）	1.75
一般工业固体废物（Ⅰ类）	1.5
化学品（危险化学品除外）	1.5
生活垃圾	1.25

5）环境功能系数

　　环境功能系数是指用于调整地表水污染治理成本与环境污染造成的损害价值间的

差距而确定的系数，反映废水或固体废物对水环境造成的不利影响和不同功能水体的敏感程度，取值与污染物的危害性以及地表水环境功能相关。

《突发环境事件应急处置阶段环境损害评估推荐办法》和《关于虚拟治理成本法适用情形与计算方法的说明》中关于环境功能敏感系数的确定，应用在地表水污染中，主要依据排放或倾倒行为发生地的地表水环境质量现状。本书针对污染集中式生活饮用水地表水源地、水生动植物自然保护区、水产种质资源保护区及其他国家级自然保护区的情况做了补充规定。如果排放或倾倒等行为发生在上述保护区上游，但可以随着水流扩散进入上述保护区，尽管污染发生地的地表水水质未达到保护区水质，但仍按照保护区的环境功能系数进行计算。

环境功能系数 ω 的取值原则如下：①排放行为发生在集中式生活饮用水地表水源地、水生动植物自然保护区、水产种质资源保护区及其他国家级自然保护区内的，或排放行为发生在上述保护区外但污染物进入上述保护区且监测数据表明引起上述保护区水质异常的，ω 取值为 2.5；②排放行为发生在渔业用水功能区的，或排放行为发生在渔业用水功能区外但有监测数据表明引起渔业用水水质异常的，ω 取值为 2.25；③排放行为发生在农业用水功能区的，或排放行为发生在农业用水功能区外但有监测数据表明引起农业用水水质异常的，ω 取值为 2；④排放行为发生在非直接接触娱乐用水、一般工业用水和一般景观用水功能区，或排放行为发生在上述用水功能区外但有监测数据表明引起上述用水水质异常的，ω 取值为 1.75；⑤排放行为发生在上述功能区以外的，ω 取值为 1.5；⑥排放行为同时影响了多种环境功能地表水体的，ω 取最大值。环境功能系数的取值见表 4-7。

表 4-7　环境功能系数

排放行为发生地点	环境功能系数 ω
排放行为发生在集中式生活饮用水地表水源地、水生动植物自然保护区、水产种质资源保护区及其他国家级自然保护区内的，或排放行为发生在上述保护区外但污染物进入上述保护区且监测数据表明引起上述保护区水质异常的	2.5
排放行为发生在渔业用水功能区的，或排放行为发生在渔业用水功能区外但有监测数据表明引起渔业用水水质异常的	2.25
排放行为发生在农业用水功能区的，或排放行为发生在农业用水功能区外但有监测数据表明引起农业用水水质异常的	2
排放行为发生在非直接接触娱乐用水、一般工业用水和一般景观用水功能区，或排放行为发生在上述用水功能区外但有监测数据表明引起上述用水水质异常的	1.75
排放行为发生在上述功能区以外的	1.5

环境损害价值量化是环境损害鉴定评估的一个重要环节。对于污染清理、控制、修复和恢复措施已经完成或正在进行的情况，例如，通过应急处置措施得到有效处置、没有产生二次污染影响的突发水环境污染事件，应该采用实际治理成本法计算生态环境损害。

对于向水体排放污染物的事实存在，但生态环境损害观测或应急监测不及时等导致损害事实不明确或生态环境已自然恢复，或者不能通过恢复工程完全恢复的生态环境损害，或者实施恢复工程的成本远远大于其收益的情形，采用虚拟治理成本法计算生态环境损害。

4.4　流域水生态环境损害评估案例：煤矿废水超标排放损害评估

2018 年 9 月 10 日，山东省印发《流域水污染物综合排放标准 第 1 部分：南四湖东平湖流域》（DB 37/ 3416.1—2018），要求自 2019 年 3 月 10 日起，直接排放废水的排污单位（以再生水和循环水为主要水源的除外）全盐量执行 1600 mg/L 的排放浓度限值；自 2019 年 9 月 10 日起，直接排放废水的排污单位硫酸盐（以 SO_4^{2-} 计）执行 650 mg/L 的排放浓度限值。

某市生态环境局分别于 2020 年 12 月 7 日、2021 年 4 月 3 日对 A 煤矿外排口废水进行采样检测，结果显示废水中全盐量浓度分别为 1640 mg/L、2450 mg/L，废水中硫酸盐（以 SO_4^{2-} 计）浓度分别为 1760 mg/L、823 mg/L，废水中全盐量浓度和硫酸盐浓度均超过排放浓度限值。为科学客观地评估 A 煤矿水污染物超标排放造成的生态环境损害，该市生态环境局委托生态环境损害鉴定评估机构开展 A 煤矿水污染物超标排放造成的生态环境损害评估。

4.4.1　超标排放事实确认

经调查，在鉴定时段内，A 煤矿废水处理站采用预沉、高效沉淀池沉淀、多介质滤池过滤等工艺，主要去除废水中的杂质和煤泥，处理能力约为 12000 m³/d。废水处理工艺流程如图 4-3 所示。

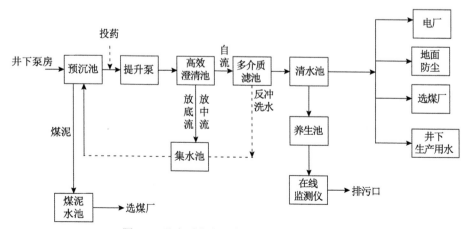

图 4-3　鉴定时段内 A 煤矿废水处理工艺流程

2019 年 3 月 1 日～2021 年 5 月 31 日，A 煤矿连续外排废水，废水排放总量为 4605170 m³，废水月度排放量见表 4-8。

表 4-8　A 煤矿废水排放量 （单位：m³）

排口名称	时间	排放量
A 煤矿总排口	2019 年 3 月	263372
A 煤矿总排口	2019 年 4 月	226572
A 煤矿总排口	2019 年 5 月	214209
A 煤矿总排口	2019 年 6 月	142145
A 煤矿总排口	2019 年 7 月	120431
A 煤矿总排口	2019 年 8 月	187033
A 煤矿总排口	2019 年 9 月	160474
A 煤矿总排口	2019 年 10 月	223682
A 煤矿总排口	2019 年 11 月	200056
A 煤矿总排口	2019 年 12 月	128647
A 煤矿总排口	2020 年 1 月	194502
A 煤矿总排口	2020 年 2 月	147960
A 煤矿总排口	2020 年 3 月	180111
A 煤矿总排口	2020 年 4 月	143828
A 煤矿总排口	2020 年 5 月	127063
A 煤矿总排口	2020 年 6 月	119139
A 煤矿总排口	2020 年 7 月	115909
A 煤矿总排口	2020 年 8 月	191785
A 煤矿总排口	2020 年 9 月	189702
A 煤矿总排口	2020 年 10 月	161945
A 煤矿总排口	2020 年 11 月	205708
A 煤矿总排口	2020 年 12 月	196151
A 煤矿总排口	2021 年 1 月	210023
A 煤矿总排口	2021 年 2 月	179262
A 煤矿总排口	2021 年 3 月	137085
A 煤矿总排口	2021 年 4 月	123094
A 煤矿总排口	2021 年 5 月	115282
总排放量		4605170

根据该市环境监测站 2020 年 12 月 7 日、2021 年 4 月 3 日监测报告，A 煤矿外排口水样中全盐量浓度分别为 1640 mg/L、2450 mg/L，超过 DB 37/3416.1—2018 规定的排放浓度限值 1600 mg/L；硫酸盐（以 SO_4^{2-} 计）浓度分别为 1760 mg/L、823 mg/L，超

过 DB 37/3416.1—2018 规定的排放浓度限值 650 mg/L。A 煤矿违反 DB 37/3416.1—2018 规定，超标排放水污染物的事实明确。

4.4.2　生态环境损害调查

A 煤矿外排废水经管道、明渠进入小苏河，后汇入老运河，排水流向见图 4-4。根据该市水功能区划，小苏河、老运河均为农业用水区。煤矿外排废水中全盐量浓度和硫酸盐浓度超标，可能导致小苏河、老运河地表水和沉积物环境质量发生改变，进而可能对水生生态系统造成影响。经鉴定评估机构与委托单位协商，本次鉴定仅针对煤矿废水超标排放造成的地表水和沉积物环境质量影响进行调查，未对水生生物进行调查。

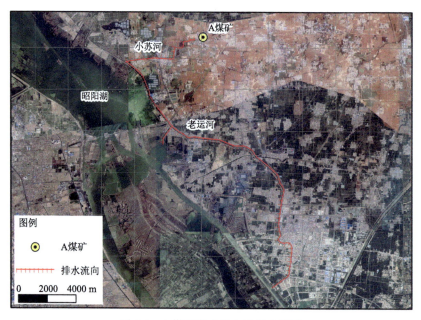

图 4-4　A 煤矿废水排水流向示意图

2021 年 5～8 月，鉴定评估机构在 A 煤矿废水外排口下游及周边环境布设采样点位16 个（图 4-5）。其中，在老运河上游对照区布设 5 个背景点，同时在 A 煤矿废水排水渠及下游小苏河分别布设 1 个和 3 个调查点位，在小苏河汇入老运河处及下游布设 7个调查点位。每个点位采集地表水和沉积物样品各 1 份；地表水和沉积物样品采集、保存、运输、实验室分析过程执行 HJ 493—2009、HJ 494—2009、HJ 495—2009、HJ/T 91—2002、HJ/T 166—2004。检测指标包括全盐量和硫酸盐；地表水中全盐量的检测分析执行 HJ/T 51—1999，硫酸盐的检测分析执行 HJ 84—2016；沉积物中全盐量的检测分析执行 LY/T 1251—1999，硫酸盐的检测分析执行 HJ 635—2012。样品采集和检测分析委托具有 CMA 资质的第三方实验室实施。

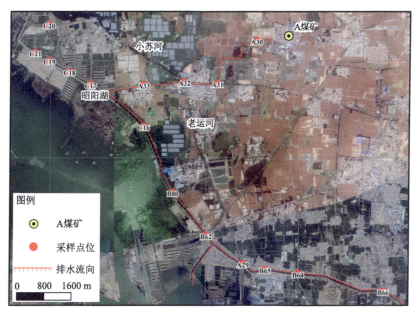

图 4-5　生态环境损害调查采样点位示意图

地表水和沉积物中全盐量、硫酸盐检测结果见表 4-9。

表 4-9　地表水和沉积物中的全盐量、硫酸盐浓度（含量）

点位	地表水				沉积物				河流区域
	全盐量/（mg/L）		硫酸盐/（mg/L）		全盐量/（mg/kg）		硫酸盐/（mg/kg）		
	浓度	基线	浓度	基线	含量	基线	含量	基线	
C17	737		299		1700		246		
C18	567		125		1500		460		
C19	572	683	133	239	7800	6160	589	713	老运河对照区
C20	496		103		1300		311		
C21	603		149		3700		795		
A30	2160	—	1230	—	1300		678	—	排水渠
A31	2790	—	1880	—	2400		1330	—	
A32	2180	—	1240	—	13600		1820	—	小苏河调查区
A33	1520	—	890	—	1000		308	—	
C16	733	—	313	—	1600		269	—	
B80	634	—	273	—	3100		810	—	
B62	638	—	257	—	900		393	—	
A29	872	—	317	—	1100		351	—	老运河调查区
B65	634	—	147	—	2200		485	—	
B64	638	—	144	—	2300		433	—	
B66	623	—	146	—	1900		569	—	

4.4.3   生态环境损害确认

依据《生态环境损害鉴定评估技术指南 环境要素 第 2 部分：地表水和沉积物》（GB/T 39792.2—2020），由于缺乏小苏河、老运河地表水和沉积物中全盐量、硫酸盐的历史监测数据，且小苏河上游未采集到地表水和沉积物，选择老运河对照区数据确定小苏河、老运河的基线。根据老运河对照区（C17、C18、C19、C20、C21）地表水和沉积物中全盐量、硫酸盐浓度（含量），计算第 90 百分位数，作为 A 煤矿废水超标排放损害确认基线水平。老运河地表水中全盐量、硫酸盐的基线分别为 683 mg/L、239 mg/L；老运河沉积物中全盐量、硫酸盐的基线分别为 6160 mg/kg、713 mg/kg。

对比小苏河、老运河调查区与对照区地表水和沉积物中全盐量、硫酸盐的浓度（含量），可以发现，调查点位 A30、A31、A32、A33、C16、A29 地表水中全盐量的浓度高于基线；调查区（A30、A31、A32、A33、C16、B80、B62、A29）地表水中硫酸盐的浓度均高于基线；调查点位 A32 沉积物中全盐量的浓度高于基线；调查点位 A31、A32、B80 沉积物中硫酸盐的浓度高于基线。

因此，根据《生态环境损害鉴定评估技术指南 环境要素 第 2 部分：地表水和沉积物》（GB/T 39792.2—2020）"地表水和沉积物中特征污染物的浓度超过基线，且与基线相比存在差异"，A 煤矿废水超标排放致使小苏河、老运河部分河道地表水和沉积物中全盐量、硫酸盐浓度（含量）高于基线水平，损害事实明确。

4.4.4   因果关系分析

A 煤矿自 2019 年 3 月起持续存在废水排放行为。同时，2021 年 5～8 月地表水和沉积物采样检测分析结果表明，小苏河、老运河地表水和沉积物中全盐量、硫酸盐浓度超过基线，存在生态环境损害。因此，可以判断 A 煤矿排污行为与小苏河、老运河生态环境损害事实之间存在时间先后顺序。

A 煤矿废水流经企业排口→明渠→小苏河→老运河，迁移路径连续合理。2021 年5～8 月损害调查采样检测结果表明，A 煤矿废水排口下游小苏河、老运河地表水和沉积物中全盐量、硫酸盐浓度高于老运河对照区。因此，A 煤矿与受损地表水和沉积物之间存在合理的迁移路径。

综上，认定 A 煤矿废水超标排放行为与废水排口下游小苏河、老运河地表水和沉积物损害之间存在因果关系。

4.4.5   生态环境损害量化

1. 损害范围

基于地表水和沉积物中全盐量、硫酸盐浓度与基线水平，确定超过基线点位地表水和沉积物的受损害程度，计算见式（4-40）：

$$K_i = \left| T_i - B_i \right| / B_i \qquad （4-40）$$

式中，K_i 为某评估点位 i 地表水和沉积物的受损程度；T_i 为某评估点位 i 地表水和沉积物中全盐量、硫酸盐的浓度（含量）；B_i 为某评估点位 i 地表水和沉积物中全盐量、硫酸盐的基线水平。

A 煤矿废水超标排放导致周边地表水和沉积物的受损害程度计算结果见表 4-10。A 煤矿废水超标排放导致小苏河 A31、A32、A33 点位及老运河 C16、B80、B62、A29 点位地表水和沉积物中全盐量、硫酸盐浓度（含量）部分超过基线。

表 4-10　地表水和沉积物中全盐量、硫酸盐浓度（含量）的超基线倍数

点位	地表水				沉积物				位置
	全盐量/（mg/L）		硫酸盐/（mg/L）		全盐量/（mg/kg）		硫酸盐/（mg/kg）		
	浓度	超基线倍数	浓度	超基线倍数	含量	超基线倍数	含量	超基线倍数	
A30	2160	2.16	1230	4.15	1300	—	678	—	煤矿排口下游
A31	2790	3.08	1880	6.87	2400	—	1330	0.87	煤矿排口下游
A32	2180	2.19	1240	4.19	13600	3.39	1820	1.55	煤矿排口下游
A33	1520	1.23	890	2.72	1000	—	308	—	煤矿排口下游
C16	733	0.07	313	0.31	1600	—	269	—	煤矿排口下游
B80	634	—	273	0.14	3100	0.00	810	0.14	煤矿排口下游
B62	638	—	257	0.08	900	—	393	—	煤矿排口下游
A29	872	0.28	317	0.33	1100	—	351	—	煤矿排口下游

基于保守原则，本次评估确定 A 煤矿废水超标排放造成的小苏河地表水损害范围为 A31 点位上游 500m 至 A33 点位，造成老运河地表水损害范围为 C16 点位至 A29 点位；A 煤矿废水超标排放造成小苏河沉积物损害范围为 A31 点位上游 500m 至 A33 点位，造成老运河沉积物损害范围为 C16 点位至 B62 点位（图 4-6）。根据卫星影像对损害范围内的河道进行矢量化，计算得到损害范围的总面积为 136416 m^2。

2. 实物量化

依据《生态环境损害鉴定评估技术指南　环境要素　第 2 部分：地表水和沉积物》（GB/T 39792.2—2020），A 煤矿废水外排口下游小苏河 A31 点位上游 500m 至 A33 点位、老运河 C16 点位至 A29 点位受损地表水无法通过实施恢复措施进行恢复，采用环境资源价值评估方法对地表水生态损害进行计算。由于无法统计损害鉴定时段内 A 煤矿废水外排口下游小苏河 A31 点位上游 500m 至 A33 点位、老运河 C16 点位至 A29 点位的农业用水量，因此以煤矿外排水量作为水资源损害量。在损害鉴定时段内，煤矿外排废水量为 4517379 m^3。

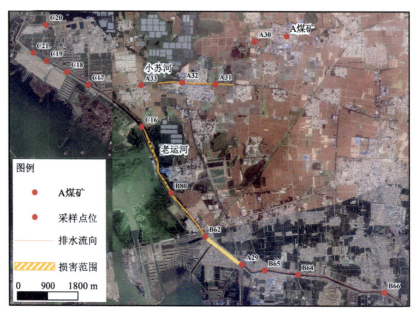

图 4-6 A 煤矿生态环境损害范围

采用河流环保疏浚工程，对 A 煤矿废水超标排放造成的沉积物损害进行恢复。A 煤矿废水超标排放造成小苏河、老运河沉积物损害范围的总面积为 136416 m²，结合文献资料河流环保疏浚工程深度按 0.3 m 估计，共需清理污染底泥 40924.8 m³。

3. 价值量化

A 煤矿废水超标排放导致的小苏河受影响水资源主要生态服务功能为农业用水，依据《生态环境损害鉴定评估技术指南 环境要素 第 2 部分：地表水和沉积物》（GB/T 39792.2—2020），对于以水资源供给为主要服务功能的水域，采用水资源影子价格法计算水资源功能损失。经调研，2020 年淮河流域农业用水水资源影子价格为 1.66 元/m³。鉴定时段内 A 煤矿废水超标排放造成的水资源损害价值为 749.8849 万元（4517379 m³× 1.66 元/m³ = 7498849 元）。与此同时，根据《山东省人民政府关于印发山东省水资源税改革试点实施办法的通知》（鲁政发〔2017〕42 号），煤矿开采过程中产生的疏干排水和生产生活取用的地下水需要支付水资源税，税率分别为 1.0 元/m³ 和 1.5 元/m³，A 煤矿在鉴定时段内至少已按 1 元/ m³ 的水资源税率支付外排废水的水资源税 451.74 万元。因此，基于保守原则，扣除已支付的水资源税，A 煤矿需支付废水超标排放造成的地表水损害价值（298.14 万元）。

根据重点流域河道（湖库）水环境综合治理工程合理造价估算标准，污染底泥清理项目估算标准为 60 元/m³。采用指南和手册参考法，估算实施本次恢复工程所需费用为 245.5488 万元（40924.8 m³ × 60 元/m³ = 2455488 元）。

4.4.6　鉴定评估结论

A 煤矿废水中全盐量、硫酸盐超标排放事实明确，造成排口下游小苏河、老运河部分河段地表水和沉积物中全盐量、硫酸盐浓度（含量）超过基线水平，损害事实明确。

采用水资源影子价格法量化 A 煤矿废水超标排放造成的地表水损害价值，在扣除煤矿开采已支付的疏干排水水资源税后，A 煤矿仍需赔偿的地表水损害价值为 298.14 万元。

采用河流环保疏浚工程，对 A 煤矿废水超标排放造成的小苏河、老运河沉积物损害进行恢复，需恢复面积为 136416 m^2，河道疏浚深度按 0.3 m 估计，工程造价按 60 元/m^3 估算，恢复费用为 245.5488 万元。

综上所述，A 煤矿废水中全盐量和硫酸盐超标排放造成的生态环境损害数额为 543.69 万元。

第5章 流域突发水环境应急防控机制

5.1 流域突发水环境应急管理协同机制研究

5.1.1 国内外区域、流域环境应急响应机制经验总结

发达国家工业化进程当中伴生的环境污染事故和环境风险问题催生了环境应急法律法规的制定与修订，目前"健全而周密"的法律法规体系已成为欧盟、美国等环境应急响应的重要基础和运行保障。为满足环境应急管理的需要，美国、日本等发达国家纷纷设立了正式的环境应急管理相关的职能部门，逐步建立了较为完善的应急管理机制。

1. 美国

1）法律法规

美国联邦政府对环境应急体系的监督工作主要是通过立法来实现的，其核心是《联邦应急计划和社区知情权法案》（1986 年），该法案是美国在印度博帕尔毒气泄漏事件和苏联切尔诺贝利核电站事故发生后为避免此类事故在美国发生而制定的。为实现对工作场所的危险废物的监管，美国联邦政府颁布了《资源保护和恢复法》；对于有关不可控制的危险废物场所的行为颁布了《综合环境反应、赔偿和责任法案》等；其他要求建立应急响应的法律和规定还有《清洁水法》《危险物质运输法》《化学品作业安全法规》等；除此之外，《国家突发事件管理系统》要求包括美国 EPA 在内的所有联邦部门与机构，依此开展事故管理和应急预防、准备、响应与恢复计划，并构建了以《国家应急反应计划》为统领的应急计划体系。

美国应急管理体制发展深受美国法治社会制度影响，从开始就有坚实的法治基础（邓仕仑，2008）。20 世纪 60 年代，美国自然灾害频发，因此制定了《全国洪水保险法》，将保险引入了救灾领域。1988 年通过了《斯坦福灾难救济与紧急援助法》，明确了公共部门的救助职责，概述了各级政府的救援程序。"9·11"事件发生后，美国继续完善应急管理法规，初步建成较为健全的应急管理法律体系。

美国在应急管理方面已经形成了以联邦法、联邦条例、行政命令、规程和标准为主体的法律体系。从效力等级上看，最上位的是宪法，其次是联邦层面的综合性法律和条例，然后是各种单行法。此外，还有直接规范应急处置的应急预案和计划。

2）体制机制

A. 机构设置

美国 EPA 设立环境应急管理办公室负责统筹环境风险防控、应急准备、应急响应等全过程管理工作，同时在全国 10 个区域机构中设置了环境应急管理处，负责区域内的环境应急响应工作。在美国州层面，各州州长都指定了一个州应急委员会（州应急管理机构），负责在其州内实施环境应急管理工作。

B. 响应机制

经过几十年的发展，美国逐步建立起了比较完备的环境应急响应机制。当地方应急反应中心接到事故报告后，立即向 EPA 或海岸警卫队的协调员通报，同时采取应急处置措施。如果当地政府的资源难以控制，协调员会协调联邦政府部门介入和动用资金，并进行评价。如果联邦政府介入应急行动，由 EPA 或海岸警卫队启动国家级响应程序，成员部门同时反应；相关的反应小组、准备小组、技术小组负责收集信息，应急专家负责审查处置方案。

美国应急管理中最为突出的是制定了一套完整的应急反应框架作为应对各种紧急情况的指南，规定了全美各级政府、民间团体、私营部门和每个公民的角色与责任，使得美国应急处置和救援工作社会化程度高（周圆等，2017）。按照《美国国家应急反应框架》，美国应急管理的主要过程可分为准备阶段、响应阶段和恢复阶段。在发生紧急事件需要进行响应时，美国联邦机构的应急响应及恢复行动的运作流程如下：第一步，国土安全部监控潜在紧急事件信息，在可能的威胁发生之前启动区域运作中心。第二步，一旦发生紧急事件，地方政府立即启动地方资源以应对各种情况，同时将情况通知州应急反应机构，由该机构评估紧急事件具体情况并考虑是否需要请求联邦援助。第三步，如果需要州救助，则动用州资源，由州长宣布全州进入紧急状态，激活州紧急事件运作计划。第四步，一旦州的请求被宣布为重大紧急事件，国土安全部将实施联邦应急计划，包括任命联邦协调官、激活紧急事件应急小组、召集重大灾难反应组等。第五步，完成紧急的反应后，在灾区展开恢复行动，讨论下一阶段州的需求。第六步，反应和恢复行动后，灾区办公室的人员要考虑最大化利用联邦、州和地方的资源以修复或重建受损的设施。第七步，紧急事件应急小组开始撤离，选择性撤走联邦资源并关闭灾区办公室。第八步，行动结束后，联邦协调员将做出总结报告，其中数据和总结将被分析并提供给国土安全部管理层，供以后行动参考。

2. 欧盟

1）法律法规

在欧洲，1976 年意大利塞维索二噁英泄漏事故直接推动了《塞维索指令》的产生，塞维索事故之后，同为"新八大公害事件"的印度博帕尔毒气泄漏事故和瑞士巴塞尔 Sandoz 化学公司莱茵河污染事故再次推动了《塞维索指令》的两次修订。

尽管欧盟是在缺乏明确的权力时采取立法措施来解决环境问题，经过多年的发展，欧盟环境法体系已经比较完备，形成了比较系统的、有层级的法律体系（朱达俊，2010）。欧盟环境法分为欧盟一级法和欧盟第二级法。欧盟一级法是欧盟环境法的初始法律，是欧盟赖以建立的基本法律文件，故又称欧盟基础条约。作为欧盟的基础条约，《欧洲联盟条约》在欧盟环境法体系中起着根本性、指导性的作用。欧盟二级法是欧盟一级法的派生法，是欧盟各种机构依据欧盟一级法及其职权所制定的各种法规，其中包括欧盟与第三国和其他国际组织缔结的国际协定。作为区域性政府间组织，欧盟的环境政策、法律在成员国适用时面临与成员国的环境法相协调的问题，欧盟有其适用原则。这些原则亦是欧盟环境应急管理制度的原则，在 REACH 法规、《塞维索指令 II》和民防机制等中均有体现。其中，REACH 法规在环境应急管理中加强对化学品的管理，注重预防；《塞维索指令 II》是对重大事故灾害的预防和控制；民防机制主要是通过民防在应急响应中的保护民众、环境、财产等。

2）体制机制

A. 机构设置

欧盟环境应急管理体制以各成员国日常环境应急管理机构为主，以德国为例：德国内政部的危机管理与公民保护司专职国家危机管理和公民保护领域的政策事务。同时，该司还下设危机管理协调委员会，由各职能部门派代表组成，负责协调国内各应急管理职能机构的工作；德国民事保护与灾难救助局是一个民事防护方面的行政管理和信息协调机构，起到了综合协调、信息中转的作用：它能够调动各种必要的应急资源，以支援联邦及各州的应急管理工作，同时它还负责联邦政府与各州的信息交流，确保灾情的上传下达。联邦技术救援署主要承担国内救灾、国际人道主义救援和能力建设、一般突发事件救援等任务。

B. 响应机制

欧盟各国应急管理基本运行过程可以总结为以下几个步骤：预防与应急准备、应急预案、监测与预警、应急处置与救援、恢复与重建。欧盟大多数国家的应急管理主要有准备阶段、应对阶段和恢复阶段。准备阶段的具体工作主要包括合作、信息分享、风险评估、业务持续管理、应急规划、预警和通报公众、演习、培训等。

3. 日本

1）法律法规

日本是一个自然灾害多发的国家，其应急管理多针对地震、洪水与核辐射等灾害。日本在二十世纪五六十年代经历了经济高速增长期，主要通过扩张重工业、进口能源和原材料、出口制成品实现了经济的高速增长。重工业和沿海工业集中区的发展等造成了严重的环境污染。在这期间发生了四日市大气污染公害、熊本县和新潟县水俣病、富山县痛痛病著名的四大公害事件。由此，日本开始高度重视环境管理和人体健康与生态风险防控等工作。早期环境管理的目的是防止公害、解决具体的环境污染问题，逐步演化为预防公害发生、保护自然和生活环境、提高环境质量政策，最后形成了综合性的环境保护政策（筱雪等，2009）。

日本在防灾减灾方面始终坚持"立法先行"的理念，在环境应急方面建立了完善细致的应急管理法律体系。从应急管理的各个阶段来看，可将日本的应急管理法律体系分为基本法、灾害预防和防灾计划相关法、灾害紧急应对相关法、灾后重建和复兴法、灾害管理组织法五大类型。其中，基本法有《灾害对策基本法》等，灾害预防和防灾计划相关法有《河川法》《海岸法》等，灾害紧急应对相关法有《水防法》《灾害救助法》等，灾后重建和复兴法有《关于应对重大灾害的特别财政援助的法律》等，灾害管理组织法有《消防组织法》等。

2）体制机制

A. 机构设置

日本 1961 年设置了"中央救灾委员会"作为全国综合协调机构。其下设有 24 个中央的省和厅作为"指定行政机关"以具体安排救灾事务和贯彻救灾行动计划。

《灾害对策基本法》中对日本应急管理的行政主体界定为中央政府、都道府县政府、市町村政府、指定公共机关、指定地方公共机关、指定全国性的公共事业以及指定地方公共事业。除此以外，日本还有各级防灾委员会。此外，根据灾害事态的发展，还可设置灾害对策本部等临时机构。

B. 响应机制

日本实行的是全政府型的环境应急管理体制。从纵向看，这一体制以每级政府的行政长官为最高指挥者，每级政府的各应急管理部门一一对应。在地方自治体中也以地方行政长官为首设置不同级别的灾害对策本部，负责本地区的危机处置。从横向看，每级政府都设有专门的危机管理总监，负责整个危机管理中的信息沟通和工作协调。在具体事件发生时，由地方管辖一般性灾害，各级地方政府根据《灾害对策基本法》设置灾害对策本部。若遇重大灾害，则由内阁总理大臣在灾害发生后 30min 内征询中央防灾委员会意见，并经内阁会议通过，在总理府设立临时的紧急灾害对策本部，组成危机管理中心。

日本应急管理的基本运行过程主要有如下几个阶段：信息获知阶段、有效响应阶段、应对实施阶段和灾后恢复阶段。在信息获知阶段，灾害信息的传达有两种途径：一是向上汇集；二是向下传达。在有效响应阶段，起决定性作用的是中央防灾委员会，由其决定是否需要成立灾害对策本部。进入应对实施阶段，在市町村层级，此时市町村长须立即依照防灾计划的规定事项实施防火、防洪、救援等防御措施和防止灾害扩大所需的应急措施。在灾后恢复阶段，日本制定了对灾害规模、灾后受损程度认定的基准和办法，一般流程如下：①与相关部门合作，根据各机关的支援信息，实现信息共享和合作，向受灾者统一、及时提供信息；②向受灾者提供各种支援政策的申请和申请手续的简化图等，方便受灾者及时得到帮助；③市町村内部各部门开展灾害关联业务实施。

日本环境应急职责分工较为明确，日本环境应急流程如图 5-1 所示。事件发生后由企业负责人快速将信息上报至政府管理部门,日本环境政策课作为应急指挥中心,由行政长官担任应急指挥总务部长,根据事件情况作出判断,并向事件涉及的部门,如消防署、警察署、保健所、公用下水道管理课、健康福祉课等下达指令。若涉及重大灾害事故或有害物质污染,有害物质管理课、农业农村事务管理局和防灾危机管理局迅速参与应急响应。现场各关系课分区域进行事故应急指挥、对策指导、样品采集与分析,分析结果最终发送到县环境事务所。企业要在应急专家的指导下开展应急响应,开展现场处置与污染物回收。各项工作都必须对应急指挥总务部长负责。由于做到了分工明确,各负其责,因此日本的应急工作能够平稳、有序地开展。应急终止后,企业需要对污染源现状、排放达标情况进行确认,对环境介质进行跟踪监测,并提交监测报告。

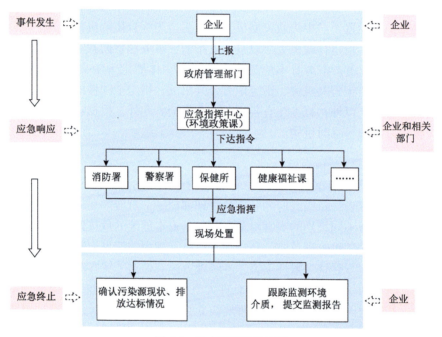

图 5-1　日本环境应急流程

　　日本环境应急社会化参与程度高。在日本政府的鼓励和非政府组织的带领下,地区或社区组织和居民自主自发地成立了防灾救灾市民团体,如消防团、妇女少年或儿童防火俱乐部等。平时进行防灾训练,开展防灾知识教育活动,灾害发生时能做到自救、互救。另外,日本政府与红十字会、社区医院、民间电视台等签订协议,委托这些机构在灾害发生时进行协作和救援,并明确征用物资的程序、费用负担和保险责任。同时,与一些民间团体签订协议,形成一个部门齐全的防灾应急网络。此外,日本政府与企业、公益事业团体之间通过制定法律法规或协议等方式,明确特定污染事故发生情况下的职责分工,注重发挥社会各界的主观能动性,充分调动社会各方资源,从而提高环境应急管理的有效性。

4. 中国

1）突发环境事件应急法律法规体系初步形成

我国环境应急管理法律体系基本形成，围绕突发环境事件的应急法律法规体系日渐完善，各项法规中从不同层面体现了全过程应急响应的管理思路。

环境应急响应的法律依据不断明确。新修订的《中华人民共和国环境保护法》以专门条款，要求各级政府及其有关部门和企业事业单位，要依照《中华人民共和国突发事件应对法》的规定，做好突发环境事件的风险控制、应急准备、应急处置和事后恢复等工作。《中华人民共和国水污染防治法》设有"水污染事故处置"专章。

环境应急全过程管理不断规范。按照环境应急分级、动态和全过程管理要求，生态环境部（原环境保护部）先后印发《突发环境事件信息报告办法》《突发环境事件信息报告情况通报办法》《突发生态环境事件应急处置阶段直接经济损失评估工作程序规定》《突发生态环境事件应急处置阶段直接经济损失核定细则》，制定《突发环境事件调查处理办法》，为应急响应、事件调查、事件定级、加强事后管理等提供依据。

《中华人民共和国环境保护法》是我国环境保护的基本法，2014 年新修订的《中华人民共和国环境保护法》对环境应急工作做出了明确规定："各级人民政府及其有关部门和企业事业单位，应当依照《中华人民共和国突发事件应对法》的规定，做好突发环境事件的风险控制、应急准备、应急处置和事后恢复等工作。"

2）环境应急管理机构建设初见成效

我国的应急管理体制按照"统一领导、综合协调、分类管理、分级负责、属地管理为主"的原则建立。从结构和制度建设看，既有中央级的非常设应急指挥机构和常设办事机构，又有地方对应的各级指挥机构，并建立了一系列应急管理预案、统筹推进建设、配置各种资源、组织开展演习、排查风险源，规定了在突发事件中采取措施、实施步骤的权限。从人员配备看，既有负责日常管理的从中央到地方的各级行政人员和专职救援、处置队伍，又有高校和科研单位专家。

国务院是我国突发公共事件应急管理工作的最高行政领导机构，2018 年以前，国务院办公厅设国务院应急管理办公室，履行值守应急、信息汇总和综合协调职责，发挥运转枢纽作用。地方各级人民政府是本行政区域突发公共事件应急管理工作的行政领导机构，负责本行政区域各类突发公共事件的应对工作。在此管理框架指导下，各地政府逐渐成立本辖区的应急管理机构。

2018 年机构改革后，国务院组建应急管理部将国家安全生产监督管理总局的职责、国务院办公厅的应急管理职责、公安部的消防管理职责、民政部的救灾职责、国土资源部的地质灾害防治职责、水利部的水旱灾害防治职责、农业农村部的草原防火职责、国家林业和草原局的森林防火相关职责、中国地震局的震灾应急救援职责以及国家防汛抗旱总指挥部、国家减灾委员会、国务院抗震救灾指挥部、国家森林防火指挥部的职责整合。应急管理部主要职责是组织编制国家应急总体预案和规划，指导各地区各部门应对突发事件工作，推动应急预案体系建设和预案演练。建立灾情报告系统并统一发布灾情，统筹应急力量建设和物资储备并在救灾时统一调度，组织灾害救助体系建设，指导安全生产类、自然灾害类应急救援，承担国家应对特别重大灾害指挥部工作；指导火灾、水旱灾害、地质灾害等防治；负责安全生产综合监督管理和工矿商贸行业安全生产监督管理等。

机构改革后，生态环境部负责重大生态环境问题的统筹协调和监督管理。牵头协调重特大环境污染事故和生态破坏事件的调查处理，指导协调地方政府对重特大突发生态环境事件的应急、预警工作。生态环境部生态环境应急指挥领导小组办公室设在生态环境部环境应急与事故调查中心。各级环境应急管理机构逐步建立，特别是省级层面环境应急管理机构建设进展较快，部分市、县也逐步建立了环境应急管理机构。环境应急管理机构主要有专职和兼职两种形式。目前，全国 70%以上的省级生态环境部门、50%以上的地市级生态环境部门成立了环境应急管理机构，其中独立运行的省级机构 13家、地市级机构 84 家。

3）应急联动机制建设取得积极进展

"十一五"以来，我国环境应急跨部门联动机制建设取得积极进展。2009 年，环境保护部在《关于加强环境应急管理工作的意见》中指出"创新环境应急管理联动协作机制"，明确提出了"大力推动环保部门与公安消防部门等综合性及专业性应急救援队伍建立长效联动机制"以及"与交通、公安、安监等部门建立联动机制"等具体要求。同年 12 月，环境保护部与国家安全生产监督管理总局签署了《关于建立应急联动工作机制的协议》，协议指出，双方建立长期、稳定、可靠的安全生产和突发环境事件应急联动机制，提高突发环境事件防范和处置能力。

跨部门环境应急联动机制取得积极进展。在国家层面，生态环境部与交通运输部、应急管理部等部门分别签订了应急联动工作协议。2013 年，环境保护部、国家发展和改革委员会等 6 部委联合发布《京津冀及周边地区落实大气污染防治行动计划实施细则》，指出京津冀及周边地区要构建区域性重污染天气应急响应机制，将重污染天气应急响应纳入各级人民政府突发事件应急管理体系，实行政府主要负责人负责制。2013年底，京津冀及周边地区建立区域、省、市联动的应急响应体系，实行联防联控。在地方层面，在国家相关协议的推动下，一些地方生态环境部门与水利、交通运输、安全生产部门也签订了工作协议，推动了各相关部门在应急响应工作中的协调联动。2022 年11 月，生态环境部、应急管理部签署《生态环境部 应急管理部关于建立突发生态环境事件应急联动工作机制的协议》，从联合监管执法、情况通报、信息共享、处置联动、协商交流、能力建设、宣传推广、联合研究八方面，加强在突发生态环境事件应急上的合作。在国家相关协议的推动下，地方生态环境部门与应急管理、交通运输、水利等部门也建立了协调联动机制。

流域突发环境事件应急联动工作取得突破。2008 年环境保护部发布了《关于预防与处置跨省界水污染纠纷的指导意见》，提出要加强信息互通共享，流域省界地区相邻生态环境部门定期互通水污染防治进展、断面水质等情况。生态环境部门要与水利、渔政等部门定期互通省界断面水质、水量、水文、闸坝运行等信息。当上游地区发生污染事故或污染物排放、流域水量水质水文等出现异常并可能威胁下游水质时，除按规定上报外，上游政府或生态环境等有关部门应立即通知下游政府或生态环境等有关部门，并对重点污染源采取限产、限排或暂时关闭等措施。当下游地区发生水质恶化或死鱼等严重污染事故并确认由上游来水所致时，除按规定上报外，应及时通报上游政府和生态环境等相关部门。上游地区应积极采取措施控制污染，并向下游地区及时通报事故调查处理进展。2020 年 1 月，为全面贯彻落实习近平生态文明思想和全国生态环境保护大会精神，推动建立跨省流域上下游突发水污染事件联防联控机制，生态环境部、水利部联合印发《关于建立跨省流域上下游突发水污染事件联防联控机制的指导意见》，该意见聚焦机制建设"谁来做""做什么""怎么做"的问题，明确省级政府负责统筹建立并落实跨省流域上下游突发水污染事件联防联控机制，主要包括 8 项工作任务：建立协作制度、加强研判预警、科学拦污控污、强化信息通报、实施联合监测、协同污染处置、做好纠纷调处、落实基础保障。

4）流域环境应急防控机制存在的问题

流域突发环境事件应急防控法律法规体系尚不健全。从宪法层面上，对"紧急状态"下流域应急程序和权利义务规定得较为模糊，国家的环保应急义务和有关机关的环保应急职责的宪法性规定是原则的或隐含的，其职责履行程序又相当不完善，与该要求还有相当大的差距。《中华人民共和国突发事件应对法》没有相应的实施细则，法律实施依据不够充分，在流域重大突发事件风险防控和应急响应等方面，需进一步明确规定。《中华人民共和国环境保护法》和其他环境污染法律法规对流域环境突发事件应急管理的规定存在着内容过于笼统、形式过于分散的弊端，这就给流域环境应急的程序、行政职权的分配以及环境应急的具体行为规范和机制机理等留下了空白。

流域应急联动机制有待深化。流域突发环境事件往往涉及流域上下游多个政府、部门和企事业单位，2020 年发布的《关于建立跨省流域上下游突发水污染事件联防联控机制的指导意见》只涉及省级层面的联防联控工作，而从我国现行的行政体制来看，地方各级政府之间、生态环境部门与相关政府部门之间、上下级生态环境部门之间的衔接协作更为重要，但该部分防控机制还有待完善。此外，基层政府和部门也就流域应急防控工作开展了一些探索实践，但已签订的"实施意见""联动机制"等缺乏约束力，甚至在有些地方流于形式，一旦涉及多部门、多个地方政府的突发环境事件，应急联动机制难以切实发挥作用，还需要依赖上级政府的行政协调。

5.1.2　流域水环境应急管理协同机制基本框架

1. 构建思路

根据我国环境应急的总体形势和环境应急响应存在的现实问题，在借鉴国外相关领域经验的基础上，以及时、科学、高效应对突发环境事件为目标，以"事前准备—事中应对—事后评估"全过程为主线，以法规制度、组织指挥、信息互通、处置救援以及能力建设为重点，构建重点流域应急响应机制，以最大限度降低突发环境事件对群众生命健康、生态安全造成的损害。

2. 管理目标

协同机制建设服务于突发环境事件应急管理，根据突发环境事件特征和应对需求，应急响应机制需满足及时、科学、高效等要求。因此，重点区域应急响应机制建设的主要目标为：流域内各行政区、各部门及其他相关方职责分工明确、组织指挥统一、信息互通共享、行动及时有力以及能力建设集成优化，科学、有效应对突发环境事件，最大限度降低区域突发环境事件对群众生命健康、生态环境安全造成的损害。

3. 工作原则

属地管理，区域统筹。区域内各级政府负责本行政区域内的突发环境事件应对工作，区域环境应急机构统一指挥协调整个区域的突发环境事件应对工作，各级政府、相关部门各司其职、密切配合，统筹实施区域应急准备与响应。

科学预警，及时响应。加强区域环境监测，特别是跨界、饮用水水源地等环境敏感目标环境质量监测，及时准确把握环境质量和气象的变化情况，科学实施预警并及时有效应对突发环境事件，建立健全突发环境事件监测、预警、响应体系。

明确责任，有效落实。明确区域内各级政府、各有关部门和单位职责分工，厘清工作重点、工作程序，严格落实工作职责，确保应急准备、监测、预警、响应等应急工作各环节有人、有据、有序、有效执行。

多方联动，社会参与。加强区域内各级政府、各有关部门协调联动，建立健全信息互通共享机制，充分发挥各自专业优势，协同做好区域突发环境事件应对工作。加强信息公开制度，鼓励社会力量参与。

4. 典型流域水环境应急管理协同响应机制

1）重点流域跨界水污染协同响应机制

跨界流域水污染突发环境事件是我国流域污染防治和风险防范面临突出的问题，建立健全重点流域跨界水污染应急响应机制意义重大。

根据重点区域应急响应总体目标、工作原则以及基本框架，结合重点流域跨界水污染突发环境事件应急响应的特点，构建重点流域跨界水污染应急响应机制五项支撑体系，基于支撑体系的流域响应程序如图 5-2 所示。

法规制度体系。根据流域跨界水污染突发环境事件应急工作涉及的法律法规（包括国家、流域、地方政府、有关部门涉及应急工作的法律法规），制定流域跨界水污染突发环境事件应急预案、方案，规定流域内各方特别是上下游政府有关水污染突发环境事件应急的基本职责、责任范围与有关权利、义务，以及机制运作方式等，保障整个机制运行的效果与目标的实现。

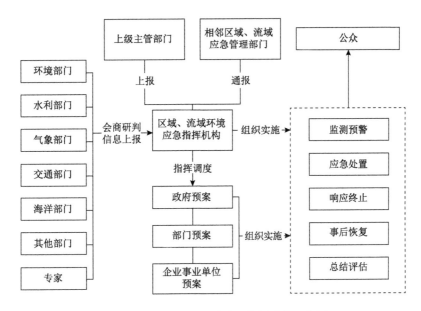

图 5-2　流域水环境风险管理协同响应程序图

组织指挥体系。按照流域水污染突发环境事件应急预案、方案等，成立流域跨界水污染突发环境事件应急指挥机构，统一组织指挥协调流域内各级政府及生态环境、水利、应急管理、交通运输、卫生、消防、公安等有关部门以及相关企业等开展水污染突发环境事件的应急工作，组织上下游政府、相关部门开展会商，确定有关应急措施，统一开展水污染情况信息报告和发布，向有关政府提供相关技术与支持等。

信息互通体系。完善各级政府之间、相关部门之间、上下游之间以及企业水污染突发环境事件报告机制，明确流域与地方各自的报告职责与报告责任范围，相应的信息报告与通报（交流）的方式、渠道、途径，以及相应的法律责任等，建立流域水污染突发环境事件应急信息平台。

处置救援体系。根据水污染类型、污染程度以及可能影响的范围，按照事先制定的预案、方案、协议等，组织实施区域、流域水环境污染应急调查、监测，建设拦截、导流等防污工程，投放应急药剂，实施应急供水，开展应急救援等。

能力优化建设体系。实施流域应急人员队伍、物资装备、指挥平台、信息平台等应急能力建设集成优化，充分考虑流域内政府、企业等已具备能力，根据流域污染源类型和分布、上下游关系以及可能发生的事件特征统筹开展人财物能力建设，避免重复建设，发挥流域协同应急优势。

2）流域海域水污染协同响应机制

鉴于我国沿海地区石化企业分布集中、油类/危化品存储量大，发生涉及流域海域的溢油、危险化学品泄漏事件的风险很高。尽快建立健全应急响应机制是有效应对此类事件的当务之急。

根据重点区域应急响应总体目标、工作原则以及基本框架，结合流域海域溢油/危化品泄漏突发环境事件应急响应的特点，构建流域海域溢油/危化品泄漏应急响应机制五大支撑体系。

法规制度体系。根据国家、地方政府、有关部门涉及应急工作的法律法规文件、预案、方案以及协议等，结合流域入海口石油和危险化学品加工、存储、输送等重点企业与环境敏感目标分布、区域气象地理条件以及可能的事件类型等，制定流域入海泄漏应急工作法规、预案、方案等，规定区域内各方有关流域入海口陆源溢油/危化品泄漏突发事件应急的基本职责、责任范围与有关权利、义务，以及机制运作方式等，保障整个应急机制运行的效果与目标的实现。

组织指挥体系。按照事先制定的预案、方案等，及时成立沿海区域陆源溢油/危化品泄漏应急指挥机构，统一组织指挥协调沿海区域各级政府及环境、海洋、交通、海事、应急、渔业、消防、公安等有关部门流域入海口溢油/危化品泄漏突发环境事件的应急工作。主要工作内容包括：组织开展监视监测、堵漏控制、导流截流、清污、回收物存储转运，组织会商和监督检查，统一实施信息报告和发布。

信息互通体系。流域陆源溢油/危化品泄漏应急指挥机构根据实际情况，及时向区域内各级政府通报溢油/危化品泄漏的最新趋势，督导各级政府做好监测、预警以及响应工作，及时向上级政府报送相关信息，并向相邻区域通报。区域内各级政府、相关部门按照职责分工及时准确地向应急指挥机构报告监测、处置和救援等情况。各级政府应及时向社会公众发布溢油/危化品泄漏应急的有关信息，确保发布信息的准确性和权威性。建立区域应急信息平台，完善信息报告机制，明确各级政府、企业各自的报告职责、报告内容以及程序，相应的信息报告与通报（交流）的方式、渠道、途径以及相应责任等。

处置救援体系。根据溢油/危化品泄漏种类、数量，以及可能影响范围、程度等，确定应急响应级别，按照预案、方案组织实施环境应急调查、监测，启动拦截缓冲设施，根据需要建设拦截、导流等防污工程，投放应急药剂，开展应急救援，实施岸线清污及回收物暂存、转运和处理处置等工作。

能力优化建设体系。根据溢油/危化品泄漏风险程度统筹开展人财物能力建设，充分考虑流域海域内政府、涉油企业等已具备的能力，实施区域应急人员队伍、物资装备、指挥平台、信息平台等应急能力建设集成优化，充分发挥、调动涉油企业、第三方服务企业能力，避免重复建设。

5.2 流域突发水环境事件应急预案

5.2.1 我国流域突发水环境应急预案管理现状

1. 流域突发水环境事件应急预案管理要求

国家高度重视流域突发环境事件风险防控和应急管理。2013 年发布的《突发事件应急预案管理办法》提出"鼓励相邻、相近的地方人民政府及其有关部门联合制定应对区域性、流域性突发事件的联合应急预案"。2015 年发布的《水污染防治行动计划》提出，七大重点流域干流沿岸要严格控制石油加工、化学原料和化学制品制造等项目环境风险，环境风险高的重点流域和地区应执行水污染物特别排放限值。2017 年发布的《长江经济带生态环境保护规划》将开展流域环境风险评估作为加强环境风险防控和应急管理的一项重要任务。2018 年之后生态环境部成立了七大流域海域生态环境监督管理局，将编制流域预案纳入机构职责。针对流域突发环境事件，2020 年生态环境部、水利部联合印发《关于建立跨省流域上下游突发水污染事件联防联控机制的指导意见》，对跨省流域上下游突发水环境事件联防联控机制进行了专门部署，要求流域上下游做好研判预警、科学拦污、信息通报以及协调处置等工作，并提出"鼓励跨省流域上下游协商制定突发水污染事件应急预案"。与此同时，水利部针对流域水利灾害应对也开展了预案编制工作，例如，2022 年水利部长江水利委员会制定了《长江流域水旱灾害防御预案》。

2. 流域突发水环境事件风险评估现状

国家鼓励开展流域环境风险管理相关研究工作。早在 2009 年，国家水污染控制与治理科技重大专项设立了"流域水环境风险评估与预警技术研究和示范项目"，以流域水生态分区及控制单元划分为基础，开展污染源监管与风险评估技术、流域水环境风险评估方法研究，选择太湖、辽河、三峡库区和松花江跨界河流 4 个流域进行示范。2017 年科技部设立了"流域水环境损害评估技术和风险管理"专项研究项目。科研人员针对流域环境风险评估开展了多方面的研究。肖瑶等（2018）结合水功能区控制单元和子流域划分工作单元，采用压力-状态-响应（PSR）环境分析模型构建环境风险源危险性指标体系，参考河流一维污染物衰减模型，建立了工作单元危险性等级评价方法，进行流域风险评价区划并将其应用于滦河流域。张志娇等（2018）针对广东省流域"多源-多受体-多影响"大尺度评估难题，构建了流域风险评估概念模型，提出不同情景下评估单元划分方法，应用评分法和矩阵法进一步优化了环境风险要素量化过程。周夏飞等（2020）运用地理信息系统空间分析法、区域生长法，综合考虑水系流向、水系级别及水质等因素，构建了流域突发水环境风险分区方法，并在东江流域和长江流域进行了应用。

开展流域突发环境事件典型情景研究。生态环境部环境规划院在全国环境风险评估的基础上，研究提出了七大流域及跨国河流突发环境事件典型情景，针对每种情景，明确了风险来源、可能影响的敏感目标以及可能发生流域突发环境事件情景的高风险省（自治区、直辖市）详见表 5-1。

地方积极探索流域突发水环境事件风险防控和应急准备工作。2014 年广东省生态环境厅制定了《广东省横石水流域重金属突发水环境事件应急预案》，适用于横石水河韶关市和清远市的跨界重金属水污染应急工作。2017 年重庆市人民政府制定了《长江三峡库区重庆流域突发水环境污染事件应急预案》，适用于发生在长江三峡库区重庆流域内的突发水环境污染事件的应对工作，以及在重庆市行政区域外发生的可能影响长江三峡库区重庆流域水环境安全的污染事件应对工作,在该预案的指导下,重庆市南岸区等也编制了流域辖区范围的应急预案。2011 年珠江上游武水河出现锑浓度异常事件、2014 年太浦河出现锑超标造成江苏—上海跨界水污染事件、2016 年新疆伊犁哈萨克自治州 218 国道柴油罐车泄漏导致伊犁河主要支流巩乃斯河水污染事件,事后各地组织开展了流域风险评估和与防控方案编制工作。甘肃省于 2019 年启动了黄河、嘉陵江、泾河、渭河等重点流域环境风险评估,探索流域风险评估基础上的应对工作。

表 5-1　全国流域突发环境事件情景类型

序号	情景类型	来源	敏感目标	高风险区省(自治区、直辖市)
1	长江干流及主要支流突发水环境事件	尾矿库,化工、电力等行业企业,水上运输,陆上运输,输油管道	长江干流,嘉陵江、汉江、赣江、岷江、乌江、沱江、雅砻江、乌江、湘江、饶河等支流,河上集中式饮用水水源地	青海、西藏、四川、云南、重庆、湖北、湖南、江西、安徽、江苏、上海
2	黄河干流及主要支流突发水环境事件	煤化工、医药制造、造纸等行业企业,陆上运输,输油管道	黄河干流,汾河、洛河、洮河、渭河、黄水、黑河、无定河、沁河、大汶河等支流,河上集中式饮用水水源地	青海、四川、甘肃、宁夏、内蒙古、陕西、山西、河南、山东
3	松花江干流及主要支流突发水环境事件	化工、冶炼等行业企业,陆上运输,输油管道	松花江干流,嫩江、呼兰河、蜿蜒河、双子河、西北河、依吉密河、欧根河等支流,河上集中式饮用水水源地	吉林、黑龙江
4	辽河干流及主要支流突发水环境事件	煤炭加工、石油和天然气开采等行业企业,陆上运输,输油管道	辽河干流,老哈河、西拉木伦河、浑河、太子河、西辽河、大辽河、招苏台河、柴河、教来河等支流,河上集中式饮用水水源地	河北、内蒙古、吉林、辽宁
5	珠江干流及主要支流突发水环境事件	非金属、有色金属冶炼加工等行业企业,陆上运输,输油管道	珠江干流,清水河、龙江、黑水河、贺江、锦江、滨江、新丰江、西枝江、石马河等支流,河上集中式饮用水水源地	云南、贵州、广西、广东、湖南、江西
6	淮河干流及主要支流突发水环境事件	黑色金属冶炼、医药制造等行业企业,陆上运输,输油管道	淮河干流,史灌河、东淝河、池河、洪汝河、沙颍河、西淝河、涡河、浍河、新汴河等支流,河上集中式饮用水水源地	河南、安徽、江苏
7	海河干流及主要支流突发水环境事件	煤炭加工、有色金属采选等行业企业,陆上运输,输油管道	海河干流,北运河、永定河、大清河、子牙河、南运河等支流,河上集中式饮用水水源地	山西、河北、北京、天津、山东、河南
8	伊犁河突发跨国水污染事件	石化、冶炼等行业企业,陆上运输,输油管道	伊犁河、霍尔果斯河、中国与哈萨克斯坦交界	新疆
9	黑龙江突发跨国水污染事件	化工、煤炭加工等行业企业,陆上运输,输油管道	黑龙江,中国与俄罗斯交界	黑龙江

3. 典型流域突发水环境事件

20 世纪 70 年代至今,我国社会经济快速发展,生态环境问题呈现出复合型、压缩性、累积性特点,并不断以突发环境事件的形式爆发出来。据统计 1986 年至 21 世纪初，黄河及其主要支流共发生突发水环境事件 100 余起。但由于社会发展阶段的局限性，流域突发水环境事件尚未引起足够重视，流域突发水环境事件的应急管理工作更无从谈起。

自 2000 年开始，我国突发环境事件发生数量连年攀升，为环境管理部门敲响了警钟，环境风险管理能力开始逐步加强，流域环境风险管理工作逐步开展。2003 年，黄河上游各水库蓄水较往年偏少许多，可调节水量为历史同期少，各河段水量偏枯，水污染呈加重趋势。其中，黄河中下游的汾河、涑水河、渭河、沁潜河和洛河等入黄支流污染物排放量大，直接影响黄河中下游的郑州等大中城市饮用水源水质和调水安全。黄河画匠营子断面多项指标超Ⅴ类，水质恶化，经分析，与上游一些地方小采矿、小造纸、小冶炼反弹和一些须重点管理的排污企业不能稳定达标排放有关。为防止枯水期、紧急调水期突发污染事件，保障水质安全，国家环境保护总局下发了《黄河流域敏感区域水环境应急预案》，对黄河龙门至花园口段沿线城市和排污企业进入预警或应急状态时的污染物限排和环境监管提出了明确要求。预案范围内沿黄省市也根据此预案制定了各自行政区域的专项应急预案（方案）。

2005 年 11 月 13 日，松花江发生严重水污染事件，影响沿岸数百万居民日常生活，事件暴露出我国环境风险管理基础薄弱、应对能力不足等诸多问题。《国家环境保护"十一五"规划》在执法监督体系框架内，首次要求"防范环境风险"；重点流域水污染防治"十一五"规划中，要求各重点流域（海河、淮河、辽河、太湖、巢湖、滇池、黄河、松花江等流域）要在重点领域（饮用水源地、工业企业）建立环境风险管理体系，包括应急预案、监测预警、应急处置等方面。在此背景下，松花江辽河流域水利委员会于 2007 年出台《松辽水利委员会应对重大突发性水污染事件应急预案》，预案中特别要求，若发生重大突发性水污染事件，在 1 小时内将有关情况报告水利部和国务院有关部门，通报有关省级人民政府及其有关部门。特别紧急的，在报告水利部的同时，可直接报告国务院。预案共有总则、主要职责及组织机构分工、预警、应对、应对保障、预案管理、演习和附则八部分。

2005 年 12 月韶关冶炼厂在设备检修期间超标排放含镉废水，造成广东北江韶关段水体镉超标，南华水厂停水 15 天。经调查发现，北江所在的横石水流域重金属污染严重。为了建立健全横石水流域重金属突发水环境事件应急响应机制，提高流域重金属突发水环境事件防范、应对能力，广东省于 2014 年发布了《广东省横石水流域重金属突发水环境事件应急预案》，预案中确定了省、市、县三级应急指挥体系和响应条件，明确了监测预警、应急处置、恢复与重建等运行机制。

在"十一五"期间，突发事件应对工作受到了各方重视，《国家突发环境事件应急预案》《国家突发公共事件总体应急预案》《中华人民共和国突发事件应对法》等文件法规相继出台，进一步规范和引导了环境风险管理事业的发展。在"十二五"期间，《国家环境保护"十二五"规划》十分重视环境风险管理工作，要求"加强重点领域环境风险防控"，明确提出"推进环境风险全过程管理"，这进一步为环境风险管理迈向专业化指明了方向。在这一时期，《国务院办公厅关于印发国家突发环境事件应急预案的通知》（国办函〔2014〕119 号），在顶层为环境风险管理提供了坚实支撑。

2015 年先后发生多起重特大突发环境事件，例如"8·12"天津滨海新区爆炸事故、甘肃陇星锑业有限责任公司"11·23"尾矿库泄漏次生重大突发环境事件等。这些事件充分检验了我国环境风险管理体系的完整性和有效性，暴露了管理中存在的基础能力不足、体系不完善等问题。因此在《"十三五"生态环境保护规划》中，首次提出"实行全程管控，有效防范和降低环境风险"，特别要求要"完善风险防控和应急响应体系"。这为流域突发环境事件应急管理指明了工作方向，因此几年来各流域、区域逐步开展了流域突发环境事件应急的编制工作，如重庆、汉中等地区，预案从行政区域管理角度出发，突出区域内流域水环境管理理念，构建了符合地方工作实际的专项应急预案。现有流域突发水环境事件应急预案见表 5-2。

表 5-2 现有流域突发水环境事件应急预案

序号	预案名称	年份	发布主体	涉及流域	适用范围
1	《黄河流域敏感区域水环境应急预案》	2003	国家环境保护总局	黄河	黄河龙门至花园口段沿线城市和排污企业进入预警或应急状态时的污染物限排和环境监管工作
2	《松辽水利委员会应对重大突发性水污染事件应急预案》	2007	松花江辽河流域水利委员会	松花江、辽河	松花江辽河流域内涉及省、自治区界缓冲区水体、重要水域、直管江河湖库、跨流域调水及国际河流等重大突发性水污染事件
3	《广东省横石水流域重金属突发水环境事件应急预案》	2014	广东省人民政府	横石水	自然灾害引发槽口坑尾矿库、李屋拦泥库发生溃坝、漫顶及污染治理设施损毁和企业违法排污以及生产安全事故、交通事故等突发事件导致横石水流域重金属突发水环境事件的应急管理和处置工作
4	《长江三峡库区重庆流域突发水环境污染事件应急预案》	2017	重庆市人民政府	长江三峡库区重庆流域	适用于发生在长江三峡库区重庆流域内的突发水环境污染事件的应对工作，以及在重庆市行政区域外发生的可能影响长江三峡库区重庆流域水环境安全的污染事件应对工作
5	《汉中市汉江、嘉陵江流域环境突发环境事件专项应急预案》	2019	汉中市	汉中市汉江、嘉陵江流域	——
6	《洋县汉江流域突发环境事件专项应急预案》	2020	洋县人民政府	洋县汉江流域	洋县汉江流域各类突发水环境事件，或相邻区域发生影响或者可能影响本县生产、生活的各类突发水环境事件的应对工作。洋县汉江主要一级支流流域范围，包括溢水河、党水河、酉水河、金水河、沙河等

4. 现有预案存在问题

近年来，《中华人民共和国水法》《中华人民共和国水污染防治法》《中华人民共和国环境保护法》《国家突发环境事件应急预案》等相继修订实施，为适应新时期突发水环境事件应对形势，与国家及有关部门最新政策法规要求保持一致，各地区逐步开展了流域突发水环境事件应急预案的编修工作，进一步明确了应对突发水环境事件的组织机构、职责分工、处置程序等内容，为有效应对突发水环境事件提供了制度依据。但目前出台的流域突发水环境事件应急预案较少，机制、体系、能力、决策等层面仍未理顺，各类问题有待解决。具体问题如下。

1）应急协作机制不明确

《国家突发环境事件应急预案》体系中，未明确流域应急预案定位，也未明确流域管理机构在流域性突发水污染事件应对工作中的职责定位，流域机构与各地生态环境、水利部门的应急协作工作机制尚不完善，在应急资源共享、应急监测联动等方面缺乏有效的协作机制。

2）预案编制基础薄弱

预案编制最重要基础是摸清流域范围内涉水潜在风险源，目前出台的流域应急预案数据信息尚不健全，风险源分布和风险等级划分尚不明确。此外，近年来经济社会发展出现一些新变化，涉水风险企业变化较大，动态管理难度较大。

3）流域应急监测机制有待提升

由于流域面积大、路途远，应急监测人员需要花费较长时间才能抵达现场开展工作，采样、流转、分析、报送等环节运转机制有待完善，流域内不同行政区域如何整合监测资源仍需加强，流域分中心和共建共管实验室还不能有效参与应急监测。此外，突发水污染事件污染因子趋于复杂，针对重金属、有机污染物等特殊污染物的应急监测能力有待加强。

4）流域应急保障有待提高

突发水环境事件应对工作资金渠道尚不畅通，缺乏专项资金用于解决应急工作中的设备购置维护、人员培训、差旅食宿等费用，流域内各行政区域如何合理分配资金尚不清晰。

5.2.2　流域突发水环境事件应急预案主要内容

1. 预案模块划分原则

1）预案模块应符合逻辑结构合理性要求

根据预案各部分内容的作用，如规范要求作用、具体指导作用、辅助支持作用等，将预案划分为原则部分、行动部分和附件部分。原则部分是对应急工作的定位和总体要求，行动部分是对具体事件应对的指导内容，附件部分是能够帮助实施预案或开展应急工作辅助性材料。

2）预案模块符合应急工作需求

以应急需要开展的工作内容模块为依据，一方面满足应急工作对预案的需求，保障预案的完整性和实用性；另一方面使预案在总体上表现出连贯性和整体性。

3）预案模块应符合预案管理需求

预案划分模块的初衷是便于预案管理，设置模块及各模块内容时，也以便于管理为宗旨：一是便于预案培训和实施，各部门或人员根据自己的应急工作职责，只需掌握对应模块的内容；二是便于内容扩充，即模块是相对灵活的框架，可随着应急工作积累不断补充情景素材；三是便于预案修改，某一模块内容变化不会影响其他模块，避免牵一发动全身而增加工作量。

预案模块构成可参考图 5-3。

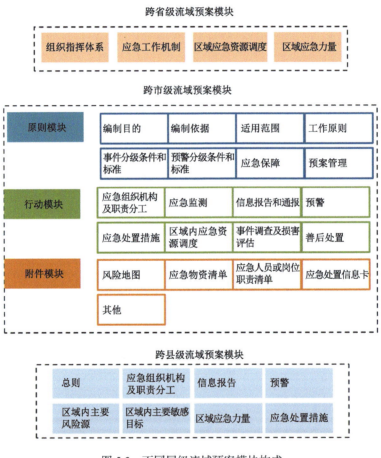

图 5-3　不同层级流域预案模块构成

2. 预案模块及主要内容

1）跨省级流域预案模块及主要内容

跨省级流域预案内容侧重组织指挥机制，信息报告、分级响应等应急工作机制，区域队伍、物资调动及保障机制，重点规范各相关省（自治区、直辖市）层面应对行动，同时体现指导性。

2）跨市级流域预案模块及主要内容

跨市、县级流域预案侧重明确突发事件的组织指挥机制、风险评估、监测预警、信息报告、应急处置措施、队伍物资保障及调动程序等内容，重点规范市、县级政府层面应对行动，体现应急处置的主体职能。

A. 原则模块

第一类模块为原则部分，可全部划入预案的"总则"内容，包括预案编制目的、编制依据、预案适用范围、工作原则、事件分级条件和标准、预警分级条件和标准、应急保障、预案管理等。这些内容相对比较稳定，一般短期内不会发生变化，且对于单次应急预案实施不会产生直接影响，将这些内容汇总在一起作为预案的总则。

B. 行动模块

第二类模块为行动部分。行动模块部分包含以下主要子模块。

（1）应急组织机构及职责分工。应急组织机构及职责分工模块可沿用当前预案中的对应内容，但要根据实际需要进一步修改。一方面，理顺应急组织机构的工作机制；另一方面，完善应急组织机构的构成，在组织机构成员中增加各县区的相关部门、机构和应急力量，同时将责任企业纳入应急组织机构成员。此外，组织机构在常规工作组以外，增设应急工作监督组和信息处理中心，或在现有的机构中增加监督和信息处理工作职能。

各县区职责：县区相关政府部门和应急机构服从市应急指挥部的指挥，负责具体落实应急处置措施。

责任企业职责：责任企业服从市应急指挥部指挥，贡献本企业的应急资源和应急力量，配合市指挥机构做好现场调查、污染源控制、应急处置等工作。

应急工作监督组由参与应急的各部门抽调人员组成，工作职责是每天根据指挥部的工作部署监督各部门的工作进度及工作成效，反馈给指挥部，保障应急工作开展。

信息处理中心承担所有应急相关数据、信息的收集、发布、共享，实现所有信息出入口径一致。

各单位职责不仅包括应急期间的工作任务，也应规定应急机构日常的工作内容，如编制预案、设计突发事件情景、设计演练形式、组织演练等。

（2）应急监测。监测工作由市级政府和县级政府共同开展，市级预案做好总体部署工作，明确市级监测部门和县级监测部门的工作关系，明确市级的监测能力以及市级和县级监测机构各自的工作范围与工作职责。例如，若县级监测力量很薄弱，则由县级负责采样工作，市级负责检测工作。

（3）信息报告和通报。向上级（省级）报告，向下级县级区域通报，向同级市级区域通报。明确各自需要报告（通报）的情形、报告程序、报告方式、报告内容等。

（4）预警。预警部分，在预警分级标准研究出成果以前，先注重预警措施。预警措施包括预警信息发布和其他应急准备措施。对于不同的预警对象，预警信息内容侧重不同；不同的对象预警行动措施也不同。

（5）应急处置措施。针对区域内的风险源类型或者敏感目标类型，给出指导性的污染控制措施和敏感目标保护措施。措施不必具体到操作方案，主要起到指导方法的作用。另外，在该模块，明确各工作组的工作职责，做好应急处置工作的统一分配。

该模块下可根据处置措施类型不同进一步划分小模块，如抑制污染物扩散措施、降低污染物浓度（减少污染物总量）措施、人员防护措施、饮用水源地保护措施、医学救援措施、对外信息发布和舆论引导措施（重点是口径统一，对外固定一个单位负责消息和数据发布）。各小模块以指导方法或推荐方法的形式发挥作用。

（6）区域内应急资源调度。区域内可用的应急资源、负责资源调度的主体单位、调度程序等做好部署安排。

（7）事件调查及损害评估。明确主要牵头和配合的部门，明确相应工作程序或需要遵循的指导文件。

（8）善后处置。明确主要牵头和配合的部门，涉及补助、赔偿工作的，明确相关标准文件；尚无标准的，明确指定标准的原则和负责指定标准的部门。

C. 辅助信息模块

第三类模块为辅助信息，通常为附件部分，内容包括风险地图、应急物资清单、应急人员或岗位职责清单、应急处置信息卡、其他能够支持应急处置工作的内容。

3）跨县级流域预案模块及主要内容

（1）总则。县级预案的总则包括预案编制目的、预案适用范围、预案管理等。事件分级、预警分级（若仍保持统一分级标准）等不再在县级预案中重复。预案适用范围主要明确在突发环境事件应对中，县级政府的工作内容和职责范围，注意与事发企业的工作衔接。

（2）应急组织机构及职责分工。县级成立领导小组，职责是根据市级组织机构的指导和要求，领导县级应急力量，完成具体的应急处置工作。领导小组下根据应急需求设置工作组，明确各工作组的职责和工作关系，明确各工作组的信息交流和共享方式。

（3）信息报告。企业或个人向县级报告的情形、方式，县级接到企业或个人报告后需要采取的行动安排。县级向上级报告，需要报告的情形、报告程序、报告方式、报告内容等。县级不负责向同级相邻的县级区域报告，需要向相邻县级区域报告时，由市级对其通报。

（4）预警。县级不再负责预警发布工作，预警统一由市级政府发布，县级需配合市级做好预警信息的扩散和传播工作。在该模块明确负责信息通知的部门和必要的信息传播方式。

（5）区域内主要风险源。在该模块中明确出县级区域的风险源情况，包括风险物质、风险源规模、可能发生的时间情景等。若风险源数量众多，则进行分类，以能够采取相同或类似风险防控措施或应急处置措施作为分类依据。

（6）区域内主要敏感目标。明确县级区域内需保护的环境敏感目标，包括敏感目标类型、规模、可能受到的威胁等。

（7）区域应急力量。明确区域内可用的应急资源，包括人员、物资等，并分析出这些资源能够发挥的作用。

（8）应急处置措施（行动）。综合以上风险源、敏感目标和应急力量情况，通过拟定事件情景，明确需要采取的应急措施。做好工作分配，明确责任主体。若区域内风险源数量较少，可制定针对每个风险源的可能需要的应急处置措施；若风险源数量众多，则制定针对环境敏感目标的应急处置措施。

5.2.3 流域突发水环境事件应急预案典型案例应用

为支撑太湖流域水环境风险管理工作，试点研究成果，增强太湖流域突发环境事件风险防控能力，作者团队选取太湖流域常州段开展流域突发环境事件应急预案编制研究工作，主要工作内容为对太湖流域（常州段）的环境风险状况开展识别分析，筛选流域典型突发水环境事件情景，针对情景研究制定应急处置方案，基于分析评估工作结果研究提出太湖流域常州段突发环境事件应急预案。

1. 预案总体情况

流域突发水环境事件应急预案与《江苏省突发环境事件应急预案》《常州市突发公共事件总体应急预案》《常州市突发环境事件应急预案》相衔接，指导各区县制定本辖区太湖流域突发水环境事件应急预案。本预案与常州市其他突发水环境事件相关预案或方案、各区县突发水环境事件应急预案、企业突发环境事件应急预案共同构成常州市太湖流域突发水环境事件应急预案体系，各级预案配合发挥作用。各区县根据本预案制定本辖区太湖流域突发水环境事件应急预案；相关部门（指挥中心成员单位）应根据本预案制定太湖流域突发水环境事件部门预案，或者在部门预案中增加太湖流域突发水环境事件应急相关内容或制定现场处置工作方案；环境风险企业应根据本预案修订企业相关应急预案或工作方案。

本预案适用于常州市行政区域内的以及发生在本市行政区域外的，可能直接或间接影响太湖流域水环境质量的突发水环境事件应对工作。

预案主要包括七部分，分别是组织指挥体系、监测预警和信息报告、应急响应、后期工作、应急保障、宣传教育、培训演练。此外，根据太湖流域（常州段）特点，设计了 4 个附件，包括分级标准、现场指挥工作分工与职责、应急工作手册和典型情景应急工作方案。

2. 典型情景应急工作方案

本预案典型情景筛选主要以保护重点环境风险受体为出发点，针对区域内可能对环境风险受体造成影响的各类环境风险源，开展突发水环境事件分析（图 5-4）。按照突发环境事件类型进行典型突发环境事件情景的归类整理。通过情景分析识别太湖流域

（常州段）可能发生的突发环境事件类型，并对其环境应急资源配置情况能否满足事件应急的需要进行分析。

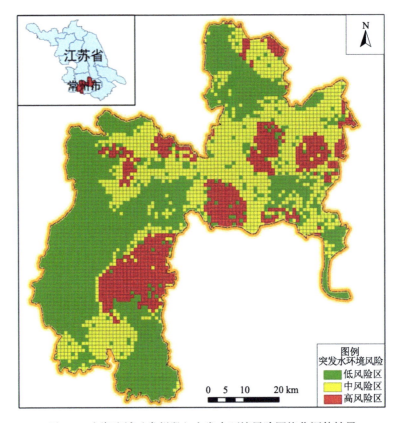

图 5-4   太湖流域（常州段）突发水环境风险网格化评估结果

典型情景筛选原则：一是结合环境风险评估结果，筛选区域重点关注的水环境风险受体，确定流域重点关注的各类环境风险源和"热点区域"；二是梳理企业环境风险评估报告中针对重点关注的环境风险受体的典型突发环境事件情景；三是对于受多个环境风险源影响的环境风险受体，综合分析可能发生的突发环境事件情景。

1）水上加油站事故危化品泄漏次生的河流水污染事件

本工作方案适用于水上加油站事故次生的油类突发水污染事件。

（1）事件情景设定。假定长荡湖上游水上加油站事故柴油泄漏突发水污染事件。在长荡湖上游约 20km 处的水上加油站发生事故，柴油泄漏并全部进入河流。具体情景信息见表 5-3、图 5-5。

表 5-3   煤焦油泄漏模拟情景

泄漏发生区域	事故发生路段名称	水库水文数据	泄漏量
金坛区	水上加油站	平均流量为 11m³/s，水深 0.5m，河道宽度 80m	柴油 30t

图 5-5　事故点示意图

（2）事件情景模拟。柴油相对密度为 0.810～0.855，比水清，微溶于水，进入水体后，在水流、风力作用下迁移扩散，油膜面积不断扩大。模拟预测结果见表 5-4。29.3h 后柴油向下游迁移 20km，由于事故发生地距长荡湖 20km，在不采取任何措施的情况下，事故发生 29.3h 后柴油污染团将进入长荡湖。

表 5-4　柴油泄漏预测后果

时间/h	漂移距离/km	时间/h	漂移距离/km
0.5	0.67	5	3.72
1	1.01	10	7.11
1.5	1.35	15	10.50
2	1.69	20	13.89
3	2.37	25	17.28
4	3.05	29.3	20

事发点至长荡湖约 20km。金坛区人民政府到事发点最快约 20min 车程，常州市人民政府和常州市生态环境局到事发点约 60min 车程。

（3）应急处置要点。启动《太湖流域（常州）突发水环境事件应急预案》，处置措施如下：①切断污染源。封堵柴油泄漏点，阻止柴油向河中泄漏。②清理柴油泄漏现场。调拨移动储罐和船只，使用收油装置清理泄漏点附近柴油。③发布预警信息，提醒公众禁止靠近事故河段，禁止从事故河段取水、捕捞等作业。通知下游水厂密切关注水质变化，必要时暂停取水。④开展应急监测，沿河布设监测点，监测、预测污染物扩散变化。至少布置 9 个监测点位，同时根据污染物迁移变化，做好加密监测准备。⑤从政府和企业物资库调集处置过程所需的物资、辅助设备等，相关信息见表 5-5，后期根据污染情况再进行补充。⑥在丹金溧漕河入长荡湖之前的河段，在跨河桥、河流交叉点、闸门等位置布设 9 道以上围油栏（图 5-6），回收泄漏柴油。必要时投加消油剂，消减污染物浓度。

表 5-5 建议物资储备清单

序号	物资名称	用途	数量
1	水样采集装置	环境监测类物资	9 套
2	吸油毡	污染物收集类物资	2t
3	真空收油机	污染物收集类物资	4 台
4	溢漏围堤	污染物控制类物资	50m
5	导流管件	污染物控制类物资	200m
6	普通围油栏	污染物控制类物资	2000m
7	防火围油栏	污染物控制类物资	2000m
8	便携式喷洒装置	污染物降解类物资	4 台
9	溢油分散剂	污染物降解类物资	4t
10	活性炭	污染物降解类物资	10t
11	工作服	安全防护类物资	50 套
12	下水靴	安全防护类物资	50 双
13	防护手套	安全防护类物资	50 双
14	护目镜	安全防护类物资	50 个
15	安全绳	安全防护类物资	若干
16	安全警示背心	安全防护类物资	50 个
17	安全鞋	安全防护类物资	50 双
18	对讲机	应急通信和指挥类物资	10 台

注：以上储备为基本储备，可根据实际情况调整类型、增加储量。

图 5-6 临时围油栏、监测点分布图

（4）应急响应流程。事件发生后，员工或路人向市公安局报告，市公安局接到报告后向相关部门报告。各部门相互报告后，组织研判、预警，开展应急监测、污染处置、物资调用、安全警戒、信息发布等应急处置工作。应急响应流程见表5-6。

表5-6 应急响应流程

序号	部门	应急措施
1	员工或路人	水上加油站发生事故后，第一时间拨打110向常州市公安局报告，报告事件地点、泄漏的物质种类、泄漏情况、有无人员伤亡
2	市公安局	①接到事件报告后，接报人与报告人确认有无人员伤亡以及事故现场状况。 ②上报市政府应急办。 ③组织交警支队、消防支队赶往事故现场
3	市政府应急办	①接到事件信息后，通知市生态环境局和金坛区政府赴现场勘查污染状况。 ②报告分管副市长。 ③应急结束后组织事件调查
4	应急决策组	①副市长组织市生态环境局、交通局、应急局、水务局、财政局、公安局、建设委、政府应急办召开第一次工作会议，初步部署工作，建立应急处置微信工作群。 ②会议决定，启动突发环境事件应急预案，市应急指挥部指导应急工作，各工作组进入应急状态。 ③市应急指挥部决定发布事件预警（第一次会议决定）。 ④通过电话方式调集事故点周边人员，在确保人员安全的前提下，开展拦截、疏导等先期处置。 ⑤长荡湖上游河流中和长荡湖中的柴油全部清除完毕水质达标后，应急决策组召开会议，商讨是否结束应急处置工作。 ⑥讨论决定结束应急后，以应急指挥部名义发布结束现场应急处置工作的通知
5	市委宣传部	①指挥部做出预警决策后，组织市广电局和通信公司在2h内向社会发布预警信息。 ②应急处置期间，在应急指挥部的指挥下，组织持续对社会和公众信息公开
6	市公路管理局	到达事故现场后，清除路面障碍物
7	市公安交警支队	负责在事故点来车方向50m处设置"前方事故"警示牌，根据现场具体情况暂时阻断交通或使来往车辆不影响现场处置的情况下有序通过
8	市生态环境局	①接到应急办事件信息后，派出勘查小组赴现场勘查污染状况。 ②接到报告后，记录报告信息，立即派出第一支应急监测队伍，携便携式监测仪器，赴现场勘查污染情况。 ③监测队伍在2h内到达现场，开始应急监测。 ④勘察过程中通过电话或微信及时反馈现场污染情况。 ⑤与区县生态环境局共同派人组成采样送样小组，分为3～4个小队，实行轮班制完成采样送样工作。每2h采集一次样品。 ⑥安排专人负责样品分析检测，出具监测报告。 ⑦及时将监测数据公布至微信群中，监测报告每日报送给市应急指挥部办公室。 ⑧应急结束后，负责编写应急处置废弃材料处理方案，对应的部门或企业按照方案要求统一、规范处置应急废弃材料，避免二次污染

续表

序号	部门	应急措施
9	市水务局	①根据生态环境局污染扩散预测需求，监测与污染扩散相关的水文信息。 ②及时将监测数据公布至微信群中，监测报告每日报送给市应急指挥部办公室。 ③负责协调相关部门或企业调集至少 2 条船只至现场，用于河上及长荡湖上采样监测和污染物去除；负责调集下水服供现场处置人员使用。 ④与市生态环境局、金坛区政府协作，在污染区域使用封堵材料封堵泄漏点，同时调动工程队铺设围油栏，阻止或减少污染物进入水库
10	市民政局	组织物资保障组成员负责物资调用保障工作。联系相关企业，调集吸油毡、围油栏等至事件处置现场，供污染处置组取用
11	市建委	负责协调建材公司，调集工地简易房搭建材料，在应急现场搭建临时办公和休息场所
12	市应急指挥部办公室	①统一向新闻媒体提供事件相关信息和数据，保证信息发布客观、真实。 ②每日收集掌握各工作组的工作进度、应急监测数据、处置措施效果等重要事件信息，根据需要向应急决策组或其他部门提供信息
13	金坛区人民政府	①在处置现场确定应急指挥部、物资存放点、人员集合点、医疗救护点。 ②负责采用吸油毡等吸附处理事故现场路面和周边地面上的污染物。 ③吸附完全后，吸附材料清运至河滩附近安全场所堆存，待事故结束后统一处理。 ④与物资保障组协作，保障应急处置现场人员用餐、饮水等基本生活需求

2）生产事故硫酸泄漏次生的突发水污染事件

（1）事件情景设定。假定常州市某电镀厂在生产过程中发生生产事故，导致硫酸泄漏。泄漏的硫酸约有 10t 进入太滆运河，具体位置见图 5-7。太滆运河平均流量约为 10.81 m^3/s，泄漏点到太湖的距离约为 17.82 km。

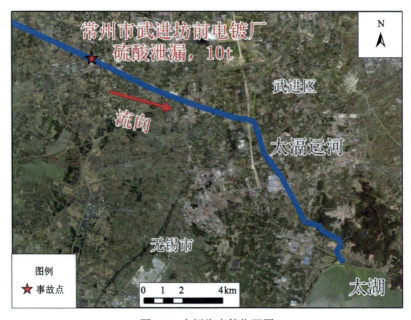

图 5-7　水污染事件位置图

（2）事件情景模拟。经模型计算，在不采取措施的情况下，污染团大约 347min 后进入太湖，具体模拟结果见表 5-7。根据饮用水水源地水质标准，硫酸盐浓度要低于 250mg/L，根据模拟结果，事故发生地下游 3km 范围内硫酸浓度均超过水质标准。由于事故发生地距下游太湖 17.82km，事件将不会对太湖水质安全造成影响。

表 5-7　泄漏预测后果

漂移距离/km	时间/min	浓度/（mg/L）	漂移距离/km	时间/min	浓度/（mg/L）
1	21	491.271	10	210	123.352
2	41	375.528	15	317	73.777
3	62	308.982	17.82	347	57.863
5	103	226.641			

武进区人民政府到事发点最快约 30min 车程，常州市人民政府和常州市生态环境局到事发点约 40min 车程。硫酸约 5.8h 后进入太湖。处置人员到达现场时，硫酸未进入太湖。

（3）应急处置要点。启动《太湖流域（常州）突发水环境事件应急预案》，处置措施如下：①切断污染源。封堵硫酸泄漏点，阻止其向河中泄漏。②清理泄漏现场。调拨厂内应急人员及资源，回收泄漏的硫酸；使用石灰、片碱等中和无法回收的硫酸。③发布预警信息，提醒公众禁止靠近事故河段，禁止从事故河段取水、捕捞等作业。通知下游水厂密切关注水质变化，必要时暂停取水。④开展应急监测，沿河布设监测点（图 5-8），监测、预测硫酸扩散变化。至少布置 8 个监测点位，同时根据污染物迁移变化，做好加密监测准备。⑤第一时间从政府和企业物资库调集处置过程所需的物

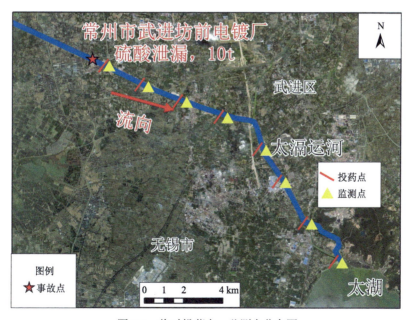

图 5-8　临时投药点、监测点分布图

资、辅助设备等，相关信息见表 5-8，后期根据污染情况再进行补充。⑥在太滆运河入太湖之前的河段，在跨河桥、河流交叉点、闸门等位置布设投药点 8 个以上，必要时投加药剂削减污染物浓度。

表 5-8 建议物资储备清单

序号	物资名称	用途	数量
1	水样采集装置	环境监测类物资	12 套
2	溢漏围堤	污染物控制类物资	500m
3	导流管件	污染物控制类物资	200m
4	便携式喷洒装置	污染物降解类物资	4 台
5	石灰	污染物降解类物资	10t
6	片碱	污染物降解类物资	10t
7	工作服	安全防护类物资	50 套
8	下水靴	安全防护类物资	50 双
9	防护手套	安全防护类物资	50 双
10	护目镜	安全防护类物资	50 个
11	安全绳	安全防护类物资	若干
12	安全警示背心	安全防护类物资	50 个
13	安全鞋	安全防护类物资	50 双
14	对讲机	应急通信和指挥类物资	10 台

注：以上储备为基本储备，可根据实际情况调整类型、增加储量。

（4）应急响应流程。事件发生后，公司上报市公安局，市公安局接到报告后，报告市政府应急办并通报各部门后，组织研判、预警，开展应急监测、污染处置、物资调用、安全警戒、信息发布等应急处置工作。各部门应急措施见表 5-9。

表 5-9 应急措施

序号	部门	应急措施
1	公司人员	硫酸泄漏事故发生后，第一时间拨打 110 向常州市公安局报告，报告事件地点、运输的物质种类、泄漏情况、有无人员伤亡
2	市公安局	①接到事件报告后，接报人与报告人确认有无人员伤亡以及事故现场状况。②上报市政府应急办。③组织交警支队、消防支队赶往事故现场。④到达事故现场后，将事故车辆转移安全场所
3	市政府应急办	①接到事件信息后，通知市生态环境局赴现场勘查污染状况。②报告分管副市长。③应急结束后组织事件调查

序号	部门	应急措施
4	应急决策组	①副市长组织市生态环境局、应急局、水务局、财政局、公安局、建设委、政府应急办召开第一次工作会议，初步部署工作，建立应急处置微信工作群。 ②会议决定，启动常州市突发环境事件应急预案，市应急指挥部指导应急工作，各工作组进入应急状态。 ③市应急指挥部决定发布事件预警（第一次会议决定）。 ④通过电话方式调集事故点周边人员，在确保人员安全的前提下，开展拦截、疏导等先期处置。 ⑤河流和太湖中的 pH 和硫酸根浓度全部达标后，应急决策组召开会议，商讨是否结束应急处置工作。 ⑥讨论决定结束应急后，以应急指挥部名义发布结束现场应急处置工作的通知
5	市委宣传部	①指挥部做出预警决策后，组织市广电局和通信公司在 2h 内向社会发布预警信息。 ②应急处置期间，在应急指挥部的指挥下，组织持续对社会和公众信息公开
6	市生态环境局	①接到应急办事件信息后，派出勘查小组赴现场勘查污染状况。 ②根据现场勘查状况和污染趋势预测结果，必要时，报告给区生态环境厅。 ③接到报告后，记录报告信息，立即派出第一支应急监测队伍，携便携式监测仪器，赴现场勘查污染情况。 ④监测队伍在 1h 内到达现场，开始应急监测。 ⑤勘察过程中通过电话或微信及时反馈现场污染情况。 ⑥与区县生态环境局共同派人组成采样送样小组，分为 3~4 个小队，实行轮班制完成采样送样工作。每 2h 采集一次样品。 ⑦安排专人负责样品分析检测，出具监测报告。 ⑧及时将监测数据公布至微信群中，监测报告每日报送给市应急指挥部办公室。 ⑨应急结束后，负责编写应急处置废弃材料处理方案，对应的部门或企业按照方案要求统一、规范处置应急废弃材料，避免二次污染
7	市水务局	①根据生态环境局污染扩散预测需求，监测与污染扩散相关的水文信息。 ②及时将监测数据公布至微信群中，监测报告每日报送给市应急指挥部办公室。 ③组织在污染区域使用围挡材料等设置堵截，减少污染物进入太湖。 ④在入库口附近水域抛撒石灰中和水质酸度，减轻水质 pH 突然变化对水库中生物的危害。 ⑤负责调集下水服给现场处置人员使用
8	市民政局	组织物资保障组成员负责物资调用保障工作。联系相关企业，调集石灰、氢氧化钠等药剂至污染处置现场，供污染处置组取用
9	市建委	负责协调建材公司，调集工地简易房搭建材料，在应急现场搭建临时办公和休息场所
10	水业集团	①负责取水口水质监测。 ②及时将监测数据公布至微信群中，监测报告每日报送给市应急指挥部办公室。 ③若取水口水质受到影响，pH 和硫酸根浓度超出水厂取水标准要求，协同自来水厂通过改善水处理工艺保障水厂出水水质
11	自来水厂	当取水口 pH 和硫酸根浓度超标时，负责改善水处理工艺满足出水水质要求
12	市应急指挥部办公室	①统一向新闻媒体提供事件相关信息和数据，保证信息发布客观、真实。 ②每日收集掌握各工作组的工作进展、应急监测数据、处置措施效果等重要事件信息，根据需要向应急决策组或其他部门提供信息
13	武进区人民政府	①与物资保障组协作，保障应急处置现场人员用餐、饮水等基本生活需求。 ②在处置现场确定应急指挥部、物资存放点、人员集合点、医疗救护点

5.3　研究与管理发展展望

5.3.1　流域突发环境事件应急防控机制展望

流域环境应急响应机制应是一个系统。针对我国流域应急响应机制建设存在的问题，借鉴国际经验，需要在明确主要目标、基本原则的基础上，构建包括法规制度体系、组织指挥体系、信息互通体系、处置救援体系以及能力优化建设体系等在内的五大基础体系。其中，法律制度体系建设主要解决基础性保障问题，组织指挥体系为应急响应机制提供系统支撑，信息互通体系是连通应急响应的各个环节、各个要素的关键，处置救援体系是应急响应机制的核心，能力优化建设体系是应急响应机制运转的根本。

为有效应对我国典型的流域性突发环境事件，需要在区域应急响应机制基本框架的基础上，进一步构建体现流域特征的应急响应机制，包括重点流域跨界水污染应急响应机制以及流域海域溢油/危险化学品泄漏应急响应机制。具体建议如下。

1. 健全法规制度基础

研究制定《环境应急管理条例》。以《中华人民共和国突发事件应对法》和新修订的《中华人民共和国环境保护法》等为基础法律依据，研究制定《环境应急管理条例》，从法律层面明确生态环境部门、其他政府相关部门、企业以及社会公众在环境应急过程中的职责定位，理顺综合监管与专业监管、不同层级监管之间的关系。

编制和修订配套环境应急管理规章制度。环境应急预案管理、信息管理、资源管理、队伍建设以及培训教育、运行保障等规章和标准。建立和完善环境应急管理的基本制度，促进环境应急管理工作走上法治化、规范化的轨道。

完善突发环境事件应急预案体系。尽快修订《国家突发环境事件应急预案》，充分体现"预防为主"的原则，强调预防为主和妥善处置相结合，明确突发环境事件应急各环节中的相关人员和部门的责任范围和法定义务，完善责任追究和补偿机制。在此基础上，建立健全具有法律约束力的重点区域应急预案体系。加强联合应急演练，完善演练的内容和形式。为重点流域应急响应机制有效运转提供基础保障。

2. 完善组织指挥体系

推进地方和重点流域应急管理机构建设。明确规定各级环境保护部门的应急管理机构定位、职责，确定各级环境应急管理机构建设内容与规模，推进地方环境应急管理机构建设。在未设专职环境应急管理机构的省（自治区、直辖市）及重点环保城市建立专职的环境应急管理机构，加快推进其他有条件的市县建立专职、兼职的环境应急管理机构。选取突发环境事件频发、环境风险源密度较大、环境风险较高的流域开展环境应急管理机构试点建设。

完善流域环境应急组织指挥体系。以地方和重点流域应急管理机构建设为基础，在流域突发环境事件应急预案中明确提出应急组织指挥机构的成立条件、职责分工以及成员组成，建立"以应急指挥机构为核心，涵盖应急响应全过程，包括主要利益相关方"的组织指挥体系，为流域突发环境事件应急响应提供组织支撑。

3. 加强信息互通共享

建立流域应急管理信息共享机制和平台。基于流域环境风险和监管体系特征，搭建包括危险源、风险源、敏感目标、风险隐患、事件统计、值班情况、环境监测、应急能力储备、应急处置救援等的多部门、多层级、多主体的信息互通共享平台，完善信息互通共享机制，保障日常和应急状况下各类信息的及时、准确、全面互通共享。

建立风险信息研判、报送及预警发布体系。依托各级环境应急平台，开发符合实际、科学有效的综合研判系统、预警信息报送系统。建设区域、流域统一管理、环境保护部门牵头负责的各类突发环境事件预警信息发布系统，建立预警信息通报与发布制度，充分利用广播、电视、互联网、手机短信息、电话、宣传车等各种媒体和手段，及时发布预警信息。

建立健全突发环境事件信息调度网络。按照属地管理、分级响应的原则，完善区域应急值守信息网络，规范健全环保系统信息报送体系。完善区域部门间流域间横向联动信息共享互通制度，加强预警、应急信息的互通。制定企业突发环境事件报告制度。充分发挥 12369 环保举报热线网络作用。

4. 强化处置救援联动

加强跨部门应急协调联动。根据流域突发环境事件特征，建立健全跨部门应急协调联动机制。对于流域跨界水污染突发环境事件，重点加强生态环境与水利等部门应急处置联动，联合实施拦污、治污及导流等工程；对于流域海域溢油/危化品泄漏应急，重点加强生态环境与海洋、交通等部门应急联动，联合实施应急监测、应急拦截以及污染处置行动等。

推进流域上下游行政区域环境应急联动。加强行政区域上下游环境应急联动，根据流域关系，以流域信息互通共享为基础，确保上游对下游及时预警，上下游实时联动实施应急处置措施。

5. 集成优化应急能力

开展流域应急能力评估。系统调查梳理流域内各级政府、各有关部门以及企业已具备的应急人员队伍、物资装备、规章制度等软硬件应急能力储备，结合流域突发环境事件的类型、特征以及可能的危害程度，开展流域应急能力评估，识别存在的问题和能力差距。

优化流域应急能力配备。充分利用存量资源，挖掘潜力，提高效率，实现流域应急资源共享，促进信息、队伍、装备、物资等方面的有机整合，提高应急人员队伍业务能力，完善流域应急物资装备储备、调拨及紧急配送体系，提高区域综合应急能力，避免重复建设。优先加强重点流域应急体系薄弱环节建设。

5.3.2 流域突发水环境事件应急预案实施建议

流域突发水环境事件应急预案是落实流域突发水环境应急防控机制的有力抓手，能够从健全法治基础、完善指挥体系、加强信息互通、强化救援联动以及优化应急能力等方面不断推进流域突发水环境应急防控机制建立健全，基于此提出流域突发水环境事件应急预案实施建议如下。

1. 开展流域预案编制试点

根据目前我国经济社会发展和生态环境保护战略布局，结合七大流域突发环境事件发生情况和风险分布特征，可优先选择长江流域、太湖流域东海海域开展流域预案编制试点。长江流域预案以长江入海断面以上流域和澜沧江以西（含澜沧江）区域为主要对象，太湖流域东海海域预案以太湖流域、钱塘江流域及浙江省、福建省跨省界流域（韩江流域除外），以及东海海域（包括黄海南部）和长江入海断面以下河口为主要对象，探索跨省流域预案编制模式、内容及应急运行机制。与此同时，长江流域选择嘉陵江开展大流域范围内的子流域开展预案编制试点，选择长江苏段开展省内流域预案编制试点；太湖流域选择东海海域开展海域突发环境事件预案试点。

2. 研究制定流域突发环境事件风险评估指导性文件

流域风险评估是流域预案编制的必要性、基础性工作，为规范、指导各级流域预案的编制，需要及时研究制定流域突发环境事件风险评估指导性文件。对各级、各类流域风险评估的范围、内容、流程以及关键模型方法等予以规范。对于跨省流域评估重点规范宏观风险状况和应对能力分析研判等相关内容，突出流域整体风险特征和可能的重大事件研判；对于跨市、县流域评估重点规范风险识别、量化评估以及风险防控和应急能力差距分析等相关内容，突出流域典型突发水环境事件情景构建。

3. 研究制定流域预案管理指导性文件

在试点探索的基础上，梳理问题、总结经验，结合近年来典型跨流域突发环境事件应急处置经验教训，研究制定流域预案管理指导性文件，对于各类、各级流域预案基本定位、体系架构、编制方式、主要内容及演练、培训、宣传等实施保障进行规范、指导。推动将流域预案编制及时纳入新一轮政府突发环境事件应急预案修编进程，强化流域预案编制和实施的科学性、针对性，提高上下、左右预案之间的衔接性，有效落实流域海域生态环境监督管理局、各级政府和相关部门环境应急职责。

4. 建立以预案为抓手的流域环境应急准备体系

紧抓流域风险评估和应急资源调查基础上的应急预案编制和备案，摸清流域风险底数，绘制流域突发生态环境事件风险"一张图"，推动建立流域、子流域突发生态环境事件风险基础数据库、事件情景库以及应急资源库，构建流域突发生态环境事件风险预警和应急指挥平台。紧抓"不利"情景应对，推广"南阳思路"，在重要集中式饮用水水源地、汇流点等建设一批监控预警和风险防控实体工程，加强针对性应急物资装备储备。紧抓应急预案联合演练、宣传、培训，健全跨区域、跨部门、陆海统筹的环境应急联动机制，提高应急管理队伍决策、组织能力和现场处置队伍实施、操作能力。针对流域预案编制、备案、演练以及应急准备能力，适时组织开展流域环境风险防控与应急准备专项行动。

参 考 文 献

陈明. 2010. 美国环境应急体系的特点与启示. 环境保护, (14): 64-66.

邓仕仑. 2008. 美国应急管理体系及其启示. 国家行政学院学报, (3): 102-104.

顾桂兰. 2010. 日本应急管理法律体系的六大特点. 中国应急救援, (1): 53-56.

凌学武, 庄汉武. 2010. 德国应急管理培训的特点及对我国的启示. 行政与法, (2): 3.

刘芳, 王圣瑞, 李贵宝, 等. 2015. 韩国湖泊水污染特征与水环境保护管理. 水利发展研究, (6): 5.

罗丽. 2000. 日本环境法的历史发展. 北京理工大学学报: 社会科学版, 2(2): 4.

倪洋, 洪恩柱, 郭新彪, 等. 2014. 韩国环境与健康安全体系及其对我国相关工作的启示. 环境卫生学杂志, (1): 5.

王金南, 曹国志, 曹东, 等. 2013. 国家环境风险防控与管理体系框架构建. 中国环境科学, (1): 6.

肖瑶, 黄岁樑, 孔凡青, 等. 2018. 基于水功能区控制单元的流域突发性水污染事件风险评价区划及其应用. 灾害学, 33(3): 7.

筱雪, 吴雅琼, 吕志坚, 等. 2009. 日本应急管理的最新进展研究. 中国软科学, (S2): 198-202.

张志娇, 叶脉, 张珂. 2018. 广东省典型流域突发水污染事件风险评估技术及其应用. 安全与环境学报, 18(4): 6.

周夏飞, 曹国志, 於方, 等. 2020. 长江经济带突发水污染风险分区研究. 环境科学学报, 40(1): 9.

周圆, 陈超, 张晓健. 2017. 美国环境应急管理制度简析. 中国环境管理, 9(5): 6.

朱达俊. 2010. 欧盟环境应急管理制度研究及其启示. 上海: 上海交通大学.

第6章 我国水环境风险管理战略

随着社会经济的高速发展，环境和生态系统面临越来越大的压力，要遏制重大环境污染事故多发的势头，最关键的是要坚持源头防控的理念，加强对环境风险的深入研究，建立健全环境风险监督管理体制，并对关系国计民生的高风险行业（石油、化工等）给予统筹规划，合理布局。加强环境风险管理，构建有效的国家环境风险管理的政策体系，是实现建设环境友好型社会的有力保证。从风险类型来说，环境风险划分为突发性风险与累积性风险。突发性风险通常是因为人为因素导致水环境污染；累积性风险需要经历漫长的形成过程，经过污染物的长期累积作用而对水环境和人群居住健康造成威胁。对于累积性风险的处理，需要提前做好防控措施，防止累积性风险发生转变，过渡到突发性风险，只有及时遏制风险蔓延趋势，加强管理，才能有效避免风险扩大化。因此，环境风险管理是环境发展到一定阶段必然进行的过程。实施全生命周期管理，贯彻精细化管理理念，突出管理政策协调性，强化综合性管控措施，明确接受可持续性的概念是从根本上保护自然资源，这是维持社会健康以实现经济健康的唯一途径。

6.1 流域水环境风险管理思路与政策体系框架

1. 流域水环境风险管理思路

目前，我国的环境管理从"总量管理"迈进了"质量管理"阶段，随着水、土、气等污染防治攻坚战的推进，人民群众看得见摸得着的环境问题逐渐被解决，我国的环境管理未来需要从环境介质的末端治理朝向源头管控方向发展，从泛化面上管理向精准点线管理方向发展，从污染事件问题应对向科学预防监控的方向发展，从常规污染物的管理向有毒有害污染物的管理发展。风险管理恰恰符合这些发展方向，既具备风险管控方法的科学性，又充分考虑我国实际情况，既可以做全国或大区域的宏观管控，又可以实现重点流域、重点行业的精准管理。与传统的末端治理理念相比，也更容易实现全生命周期管理和全过程监管。

1）实施全生命周期管理

有毒物质风险管理贯穿化学物质的生产、使用、消费、流通、排放、治理、利用、处置。与传统的从水、气、土等环境介质逆向（自下而上）追溯管理不同，全生命周期更加强调打破水、气、土、化学物质、危险废物等领域之间的限制，从正向进行源头和过程管控，从源头预防、过程监管和末端控制 3 个环节构建完善的环境风险管理体系，实现从常规污染物末端治理向优先控制化学品和有毒有害污染物源头及过程管控的转变。

2）贯彻精细化管理理念

针对有毒物质风险管理的需求，通过开展化学物质风险评估、有毒有害水污染物排放单位风险分级、流域复合污染环境风险评估等，基于风险识别和风险评估结果，结合社会经济影响评估，实现对管控物质、管控流域、管控行业以及管控点源的管控优先次序分级，在整体提升管控水平的同时，实现有重点、有层次、有目标、有效率的精细化管理。

3）突出管理政策协调性

实施流域水环境风险管理需要做好四方面的衔接：一是有毒物质、有毒有害水污染物和危险废物管理之间的衔接；二是优先控制化学品名录与有毒有害水污染物名录之间的衔接；三是国家有毒有害水污染物名录与流域优先控制有毒有害水污染物之间的衔接；四是风险源有毒物质风险评估（自上而下的风险评估）和基于流域复合污染风险评估（自下而上的风险评估）之间的衔接。

4）强化综合性管控措施

流域水环境风险管理的目标是有效管控有毒物质通过水环境对公众健康和水生态环境造成的风险，涉及有毒物质风险管理、有毒有害水污染物的排放管理以及危险废物的风险管理，因此，实施流域水环境风险管理，需要综合利用多种管理措施，采用更科学的方法、更充足的数据、更系统的管理机制、更务实的管理手段，抓住优先管理的物质、流域、行业并管细管透，尤其要实现基于技术的排放管理向基于水质的排放管理的转变。

2. 流域水环境风险管理政策体系框架

1）确定流域水环境风险管理的保护对象

当前我国流域水环境风险管理，以保护水环境质量为目标。但是我国的水环境质量标准的设定，是参考国外的水环境质量标准设定的，由于我国流域水生态环境和国外的情况有差异，国外的水环境质量标准是否适用于我国，在目前我国水环境质量标准控制下的水环境是否会对流域水生态和人体健康造成不良影响，这些尚无定论。

流域水环境风险管理应以保护水生态和人体健康为目标，即保护对象应为水生态环境及人体健康。从受体的角度出发，制定基于流域内水生生物和人体健康的水质标准，并采取多种手段使水环境质量达到这一标准。

2）基于风险评估制定水质基准

筛选流域水环境管理优先控制污染物，针对优先控制污染物开展水生态环境风险评估和人体健康风险评估，明确污染物对生物的急性毒性和慢性毒性，确定污染物的急性毒性基准值和慢性毒性基准值。

3）确定流域水质目标

制定水生态区划方案，在已有的水功能区划成果的基础上，统筹考虑水环境质量和水生态系统健康，考虑水生态环境的自然差异性，进一步明确和细化水体功能与指定用途。针对不同功能的水体，科学确定不同的水质标准。以水生生物慢性毒性水质基准为基础，制定水体的日常状态下的水质目标。以水生生物急性毒性水质基准为基础，制定突发环境事件应急处置水质目标。

4）基于流域水质目标，构建排放源管理政策体系

构建以排污许可证为核心的点源环境管理政策体系，将排污许可建设成为点源环境管理的核心制度，整合环境影响评价、污染物排放标准、总量控制、排污交易、排污收费等环境管理制度，实行排污许可"一证式"管理。以环境质量改善为基本出发点，执行更严格的排放标准，整合点源环境管理相关制度，实现一企一证、分类管理，坚持属地管理、分阶段推进，强化企业责任，加强发证后的监督与处罚。

制定综合性的农业面源污染防治法，并注重立法的配套性和针对性，与现有法律法规整合归并，减少相互间的矛盾冲突。完善和细化地方防治农村面源污染的法规制度。建立健全防治农业面源污染的生态补偿机制，对农户防治面源污染、保护生态环境的行为进行补偿，兼顾农户的直接收入和间接损失，科学计算补偿数额。制定税费制度控制农业面源污染，调节和引导农户生产生活行为，采取多种税收优惠政策，推进面源污染排放税的推行。建立农民职业培训教育制度，提高农民环保意识和面源污染控制水平。

5）构建以预案和预警为核心的突发水环境风险管理政策体系

当前我国流域突发水环境风险管理政策体系的现实需求和相关政策措施的有效供给之间存在较大差距，结构性、布局性等突出的环境风险问题很难通过现行管理制度彻底解决。国内企业、工业园区、区域等级别的环境风险研究已有长足进步，但流域性的突发水环境风险管理研究尚处于起步阶段，突发水环境风险防控和管理体系宏观层面的研究仍然很少。

在流域层面考虑突发水环境风险防控与管理，应重点围绕人体健康和生态安全，以突发环境事件应急预案与预警为核心，以全方位的视角统筹考虑风险评估、应急预案、预警监测与模拟以及区域应急能力等要素，注重法律、法规、政策、标准、基准以及相关基础研究的保障和支撑作用，实施系统化的突发水环境风险管理政策体系构建。

我国重金属、危险废物、持久性有机污染物、危险化学品等引发的突发水环境问题十分突出，流域突发水环境风险防控以一次类污染物为主要对象，实施风险评估和重点防控。流域内的政府、企业、公众应建立起多维度的风险管理制度，多层次预防与应对突发水环境事件，着力解决涉及人体健康和生态安全的突发水环境风险问题。在制度构建中，应着力建设预警监测、预警模拟和区域应急能力，通过系统的风险识别、科学的风险评估、恰当的风险控制和应急措施，确保流域性突发水环境风险问题得到有效管控。

6）建立流域生态环境损害评估与赔偿制度

基于生态环境损害赔偿制度改革方案，制定流域水生态环境损害赔偿制度，明确

流域水生态环境损害赔偿的范围、责任主体、索赔主体、损害赔偿解决途径等，形成流域水生态环境损害鉴定评估管理制度体系。

制定流域水生态环境损害评估技术指南，明确流域水生态环境鉴定评估的程序和内容，鉴定评估准备、损害调查确认、因果关系分析、损害实物量化、损害价值量化、评估报告编制、恢复方案实施、恢复效果评估等具体方法，完善流域水生态环境损害评估技术体系。

6.2　实施流域水环境风险管理的战略任务

1. 实施有毒有害化学物质源头管理

1）新化学物质注册、评估和授权管理

按照年生产量或进口量，对新化学物质进行分类登记，提交新化学物质物理化学性质、健康毒理学、生态毒理学和计算毒理学等数据，评估或预测新化学物质环境行为和毒性，重点关注新化学物质的持久性、生物累积性、毒性，对于持久性、生物累积性和毒性物质（PBT 物质）或高持久性和高生物累积性（vPvB 物质）或其他具有同等或者健康危害性的化学物质，分析新化学物质健康和环境危害以及环境暴露潜力，开展人体健康和环境风险评估，并基于风险评估和社会经济效益分析实施分类管理。对人体健康和环境风险可以接受的新化学物质，授权生产、进口和加工使用；对人体健康和环境风险不可接受的新化学物质，禁止生产、进口和加工使用，或者限制用量或用途。

2）现有化学物质风险评估与风险管控

开展现有化学物质环境风险评估。制定现有化学物质优先评估计划，利用国内外权威数据库，结合环境和健康危害预测与测试，全面开展现有化学物质环境与健康危害筛查；综合分析现有化学物质生产使用信息调查和危害筛查结果，确定需优先开展风险评估的物质清单。开展现有化学物质风险评估，识别化学物质的致癌性、致畸性、生殖毒性、持久性、生物累积性、水生毒性等危害，评估化学物质对人体健康和生态环境的风险。经环境风险评估可能对生态环境或者人体健康存在不合理风险、需要实施环境风险管控的化学物质，以及根据国家条约履约要求、需要实施环境风险管控的化学物质，列入有毒有害化学物质名录。2025 年底前，发布有毒有害化学物质名录（2025 年），每五年更新一次。

实施现有化学物质环境风险管控。由生态环境部会同国家发展和改革委员会、工业和信息化部、农业农村部、商务部、国家卫生健康委员会、国家市场监督管理总局、国家药品监督管理局等相关主管部门和海关总署，根据有毒有害化学物质的环境风险，结合经济技术条件和国际履约要求，制定、调整和公布禁止或者限制使用的化学物质名录。对列入禁止或者限制使用的化学物质名录的化学物质，采取含量限制、用途限制措施，或禁止生产、加工使用和进出口措施。由国家发展和改革委员会、工业和信息化部等主管部门将含量限制措施、用途限制措施、禁止措施要求纳入相关产业政策；由工业和信息化部、国家市场监督管理总局、农业农村部、国家药品监督管理局等主管部门将含量限制措施纳入相关产品质量标准；由商务部、海关总署将禁止进出口措施纳入禁止进出口货物名录或严格限制进出口化学物质名录，实施进出口环境许可管理；由生态环境部负责组织监督落实除涉及农业生产、医疗器械生产以外的化学物质用途限制措施和禁止措施。国家有毒有害化学物质名录（2025 年）发布后两年内落实相关风险管理措施。

2. 严格有毒有害化学物质过程监管

1）强制实施生产使用释放信息报告

建立化学物质生产使用、运输转移、处置、释放/排放信息报告制度。生态环境主管部门建立化学物质环境信息公开平台。2025 年底前，建立化学物质环境信息公开平台并上线运行。2026 年起，由生产、加工使用或进口有毒有害化学物质的企事业单位每年在化学物质环境信息平台公开上一年度有毒有害化学物质的名称、数量、用途、向环境（大气、水、土壤等）排放途径、排放数量等情况，以及含有毒有害化学物质的固体废物产生和处置情况，并向下游用户传递有毒有害化学物质环境风险管控措施要求。

2）严格落实强制清洁生产审核

对生产、加工使用有毒有害化学物质或者在生产过程中排放有毒有害化学物质的企业，实施强制性清洁生产审核，通过不断采取改进设计、使用清洁的能源和原料，采用先进的工艺技术与设备、改善管理、综合利用等措施，从源头削减污染，提高资源利用效率，减少或避免生产、服务、产品使用过程中有毒有害污染物的产生和排放。制修订清洁生产推荐技术工艺目录和国家淘汰目录，引导鼓励优先采用无毒、无害或者低毒、低害的原料替代毒性大、危害严重的原料，采用污染物产生量少的清洁生产技术、工艺和设备。2026 年起，国家有毒有害化学物质名录（2025 年）中物质的生产加工使用企业全面实施强制清洁生产审核。

3）有效防范突发环境事故风险

加强危险化学品生产、储存、使用、经营和运输的安全管理，预防和减少危险化学品安全事故，防范危险化学品安全生产事故次生的突发环境事件风险。完善突发环境事件风险管理体系，制定企业、行业、园区、流域、集中式饮用水水源地等重点风险防控领域的突发水环境事件风险评估和应急预案编制指南，落实突发环境事件应急预案管理要求，逐步建立流域突发水环境事件应急预案体系，防范有毒有害化学物质突发环境事件风险。2030 年底前，建立流域突发水环境事件应急预案体系，建立流域突发水环境应急管理协同机制。

3. 强化有毒有害水污染物排放管理

1）全面实施基于技术的排放限值

利用有毒有害化学物质释放转移信息报告数据，掌握有毒有害化学物质排放的重点行业、重点区域以及有毒有害水污染物的排放方式和排放总量；针对排放集中且排放量大的重点流域和典型区域（工业园区、城镇污水处理厂、饮用水源地）开展有毒有害化学物质环境监测和人体生物监测；结合有毒有害化学物质排放情况、环境赋存情况以及危害特性，评估有毒有害化学物质对人体健康和水生态环境的风险以及管控技术可行性和经济社会影响，将具备管控条件的污染物列入国家有毒有害水污染物名录。2025年底前，发布国家有毒有害水污染物名录（2025 年），每十年更新一次。

将有毒有害水污染物纳入国家水污染物行业排放标准排放控制指标，并制定基于最佳可行技术和最佳环境实践的排放要求。制定有毒有害水污染物的水质和沉积物环境监测方法标准，制修订排污单位自行监测技术指南。制修订排污许可证申请与核发技术规范，将有毒有害水污染物排放限值要求纳入排污许可证管理。2030 年底前，将国家有毒有害水污染物名录（2025 年）中物质全部纳入国家水污染物排放标准。2030 年底前，建立国家有毒有害水污染物名录（2025 年）中物质的环境监测方法标准、排污单位自行监测技术指南和排污许可证申请与核发技术规范。

2031 年起，全面实施基于技术的排放限值，将有毒有害污染物排放要求纳入排污许可证，严格控制有毒有害污染物排放。争取到 2040 年底，有毒有害水污染物排放总量比 2030 年底下降 25%。

2）逐步实施基于水质的排放限值

筛选有毒有害化学物质生产使用排放量的重点流域，开展化学污染物复合污染水生态风险评估，评价化学污染物复合污染对水生态环境的风险水平，确定流域重点管控的水污染物和重点管控区域。开展有毒有害水污染物排放企业事业单位风险分级，根据排放类型、排放总量和排放浓度，筛选确定重点管控的有毒有害水污染物排放源。2035年底前，完成全国重点流域的复合污染风险评估，并确定重点流域重点管控的有毒有害水污染物固定排放源。

开展环境基准研究，制定有毒有害水污染物的淡水水生生物水质基准和人体健康水质基准；修订地表水环境质量标准，将有毒有害水污染物名录中的物质纳入地表水和沉积物环境质量标准。2030 年底前，建立国家有毒有害水污染物名录（2025 年）中物质的淡水水生生物和人体健康水质标准，每十年更新一次。

针对重点管控有毒有害水污染物排放源，逐步实施基于水质的排放限值。综合考虑废水综合毒性、地表水环境质量标准、国家或流域水污染物排放标准，确定重点管控排放源的排放限值要求，并纳入排污许可证管理。2036 年起，选择长江三角洲、珠江三角洲等重点区域启动试点探索。2041 年起，全面实施基于水质的排放限值，力争到2050 年，有毒有害水污染物排放总量比 2030 年底下降 50%。

4. 完善有毒有害物质管理支撑体系

1）完善法律法规体系

制定发布有毒有害化学物质环境风险管理条例，建立健全化学物质信息报告、调查监测、环境风险评估、优先管控、新化学物质登记许可、信息公开、进出口等制度。

适时修订《中华人民共和国环境保护法》《中华人民共和国水污染物防治法》《中华人民共和国清洁生产促进法》等法律，强化有毒有害化学物质和有毒有害水污染物风险管控相关法律规定。加强农药、兽药、药品、化妆品、日用消费品等相关法律中对有毒有害化学物质风险管理的法律要求。2030 年底前，形成相对完善的有毒有害化学物质和水污染物管理的法律体系（司法部、生态环境部、农业农村部、国家药品监督管理局、国家卫生健康委员会、国家发展和改革委员会、国家市场监督管理总局、工业和信息化部）。

2）完善技术标准体系

完善化学物质环境和健康危害特性测试方法体系。建立化学物质危害评估、暴露评估、风险表征、计算毒理、数据质量评估、经济社会影响评估、替代品评估等化学物质环境风险评估与管控技术标准体系。制定完善地表水和沉积物中有毒有害水污染物的监测标准与技术规范。制定流域化学污染物复合污染水生态风险评估技术方法。制定排水综合毒性测试技术标准。修订排污单位自行监测技术指南和排污许可证申请与核发技术规范。2030 年底前，形成系统完善的有毒有害化学物质风险评估和风险管理的技术标准体系。

3）加强基础科学研究

整合高等院校、研究机构、企业等科研资源，开展化学物质的内分泌干扰性等危害特性测试技术、有毒有害水污染物环境基准、纳米材料和微塑料等新污染物危害机理研究，加强化学物质暴露预测、生成机理、迁移转化、环境归趋、追踪溯源研究，探索建立化学物质非靶向、高通量筛查与监测检测方法，推动计算毒理学、信息毒理学、分子毒理学发展，加强体外筛查和快速化、精准化、网络化暴露科学的前瞻性基础研究，加快化学物质毒性检测试剂盒和仪器设备自主研发。

4）加强监管能力建设

加强生态环境、农业农村、食品卫生、工业和信息化、市场监督管理等主管部门化学物质环境风险管控能力，加强有毒有害化学物质专项培训，培养充实国家和地方层面有毒有害化学物质监管专业人才。建设国家化学物质环境风险管理信息系统，构建化学物质计算毒理平台。加强排污许可核发技术能力培训，提升排污许可监察执法能力。

6.3 流域水环境风险管理推进路线图

1. 路线图的基本架构

本研究提出的路线图的基本框架包括一个时间线、时间节点、3 个要素以及优先度。至于路线图设计时经常要考虑的路线图实施人力、物力、财力及政策保障、政策推进实施过程中的任务分工等内容，本路线图设计时暂不考虑，本研究主要是抓要点、明方向、定路线。

时间线是基于时间节点的实施规划图，指战略实施的时间尺度范围，描述从现在到设定时间点（2050 年）需要解决的政策出台优先序和政策具体实施路径问题。

时间节点表示在某个确定时间需要完成的任务目标。如前所述，本路线图分为 3 个时间节点，不同时间节点期间的政策特点不同。第一阶段，以建立流域水环境风险管理法律法规体系、技术标准体系、信息管理平台和风险管控机制为主；第二阶段，以实施有毒有害水污染物基于技术的排放限值为主；第三阶段，以实施有毒有害水污染物基于水质的排放限值为主。

3 个要素主要指具体政策措施、政策措施推进的时间进度、推进政策措施实施的部门分工安排。路线图制定需要注重 3 个要素的关联和协调。政策措施的推进必须在考虑需求导向、基础条件具备的前提下，与政策形式、实施进度、政策部门配合紧密结合，清晰提出不同政策的发展路线。

尽管实施流域水环境风险管理对很多政策措施都有需求，但是所有政策措施不可能一步到位。不同的政策条件、基础和重要性不同，路线图将根据对任务措施贡献度目标、可行性目标给出政策措施的优先次序。

明确以上基本问题，在前述解析 3 个阶段各项政策措施的基础上，描绘出具有科学性、可行性、有效性的政策实施路线图。

2. 路线图设计方法与流程

一般来讲，路线图的设计要考虑以下因素：①综合各种利益相关者的观点，统一到工作目标，特别是专家、政策实践者的观点。专家访谈法旨在发挥和利用专家的知识、经验、阅历，分析发展需求与趋势，准确把握需求，形成供讨论的专家研判意见及建议，在此基础上，有关专家与政府管理部门官员对初步建议进行评估、研讨、审阅，通过集中式的研讨会讨论等多种形式，根据评估、讨论意见对路线图进行修改和完善。通过多次的反复过程，形成最终的路线图。路线图过程一般也需要一个"自下而上"与"自下而上"结合的方式，回应地方及有关部门的需求和意见，可以使得政策路线图更加有针对性，更加"落地"。②路线图在纵向上将政策目标、任务及措施等诸路线图要素结合起来，横向上是将过去、现在和未来统一起来，既描述现状，又预测未来，是一项复杂的系统工程，设计与多因素优化决策问题。流域水环境风险管理战略路线图主要采用的专家研判方式。纵向上主要考虑具体任务措施的落实安排，横向的时间线主要考虑政策的时间节点进度。

本研究路线图制定流程分为 3 个步骤，分别为现状及需求分析、政策分析和选择、确定政策路线安排。①现状及需求分析。基于政策目标，充分分析各项政策现状、实施基础、未来趋势、可能选择，明确政策的需求性、可行性以及重点关键问题。②政策分析和选择。针对需求和问题，分析成熟度不同的政策、政策的不同表现形式等。③确定政策路线安排。明确计划期内政策路线图中各项政策实施进程，确定政策实施的总体部署，为不同阶段部署、推进不同政策措施提供依据。

3. 流域水环境风险管理政策路径

流域水环境风险管理政策路径见图 6-1。

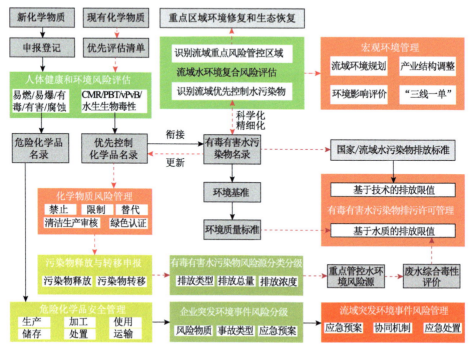

图 6-1   流域水环境风险管理政策路径
实线箭头指初步实现，虚线箭头指有待实现

4. 流域水环境风险管理战略推进路线图

流域水环境风险管理战略推进路线图见表 6-1。

表 6-1   流域水环境风险管理战略推进路线图

	第一阶段：2021~2030 年	第二阶段：2031~2040 年	第三阶段：2041~2050 年
战略任务	重点：建立流域水环境风险管理法律法规体系、技术标准体系和信息管理平台，初步形成有毒有害水污染物风险管控机制	重点：实施有毒有害污染物基于技术的排放限值，力争 2040 年底有毒有害水污染物排放量比 2030 年下降 25%，有毒有害水污染物环境风险得到基本管控	重点：实施有毒有害水污染物基于水质的排放限值，力争 2050 年有毒有害水污染物排放总量比 2030 年下降 50%，有毒有害水污染物环境风险得到全面管控
新化学物质注册、评估和授权管理	实施新化学物质环境管理登记办法； 制定有毒有害化学物质环境风险管理条例或化学物质安全法； 健全国家化学品毒理学评价程序和实验方法标准体系； 建立国家新化学物质注册登记管理平台	持续开展新化学物质环境管理登记	持续开展新化学物质环境管理登记

续表

	第一阶段：2021～2030 年	第二阶段：2031～2040 年	第三阶段：2041～2050 年
现有化学物质风险评估与风险管理	制定有毒有害化学物质环境风险管理条例或化学物质安全法； 建立国家化学物质环境风险评估信息系统（包括毒性数据库）； 建立国家化学物质危害评估、暴露评估、风险表征技术标准体系； 开发化学物质风险评估模型和工具； 发布国家有毒有害化学物质名录（2025 年），每五年更新一次； 国家有毒有害化学物质名录发布后两年内落实风险管理措施	每五年更新发布国家有毒有害化学物质名录； 国家有毒有害化学物质名录发布后两年内落实风险管理措施	每五年更新发布国家有毒有害化学物质名录； 国家有毒有害化学物质名录发布后两年内落实风险管理措施
化学物质生产使用释放转移报告	2025 年底前，建立化学物质环境信息公开平台并上线运行； 2026 年起，启动有毒有害化学物质生产使用释放转移信息报告	每年度报告上一年度有毒有害化学物质生产使用释放转移信息	每年度报告上一年度有毒有害化学物质生产使用释放转移信息
严格落实强制清洁生产审核	2026 年起，有毒有害化学物质名录（2025 年）中物质的生产加工使用企业全面实施强制清洁生产审核	持续开展强制清洁生产审核	持续开展强制清洁生产审核
有效防范突发环境事故风险	2030 年底前，建立流域突发水环境事件应急预案体系，建立流域突发水环境应急管理协同机制	流域突发水环境事件风险防控	流域突发水环境事件风险防控
全面实施基于技术的排放限值	2025 年底前，发布国家有毒有害水污染物名录（2025 年），每十年更新一次； 2030 年底前，将国家有毒有害水污染物名录（2025 年）中物质全部纳入国家水污染物排放标准； 2030 年底前，建立国家有毒有害水污染物名录（2025 年）中物质的环境监测方法标准、排污单位自行监测技术指南和排污许可证申请与核发技术规范	2031 年起，全面实施基于技术的排放限值，将有毒有害污染物排放要求纳入排污许可证，严格控制有毒有害污染物排放	继续实施基于技术的排放限值，同时实施基于水质的排放限值
逐步实施基于水质的排放限值	2030 年底前，建立国家有毒有害水污染物名录（2025 年）中物质的淡水水生生物和人体健康水质标准，每十年更新一次	2035 年底前，完成全国重点流域的复合污染风险评估，并确定重点流域重点管控的有毒有害水污染物固定排放源； 2036 年起，选择长江三角洲、珠江三角洲等重点区域启动试点探索	2041 年起，全面实施基于水质的排放限值